U0193086

蒸养GFRP筋混凝土预制构件损伤

杨文瑞　张　恺　何雄君　著

机械工业出版社

本书介绍了国内外蒸养混凝土与 GFRP 筋抗拉性能的研究成果，总结了近年来作者针对蒸养 GFRP 筋混凝土预制构件损伤的研究成果，从宏观和微观的角度展开了蒸养混凝土损伤、蒸养混凝土中的 GFRP 筋抗拉性能损伤、蒸养混凝土热传递机理、蒸养混凝土与 GFRP 筋黏结性能损伤的研究，并利用有限元从能量耗散角度分析了蒸养 GFRP 筋混凝土梁的损伤演化过程，最后以建立各性能损伤预测模型为目的，以修正蒸养 GFRP 筋混凝土预制构件设计方法为落脚点，完善蒸养 GFRP 筋混凝土预制构件设计理论研究，为土木工程中蒸养 GFRP 筋混凝土预制构件设计提供一定的理论指导，从而解决蒸养混凝土预制构件设计寿命低、耐久性不足的难题。

本书可供土木工程、交通运输工程、工程力学、材料科学与工程等领域的教学和科研人员参考。

图书在版编目（CIP）数据

蒸养 GFRP 筋混凝土预制构件损伤/杨文瑞，张恺，何雄君著. —北京：机械工业出版社，2019.12
ISBN 978-7-111-65035-5

Ⅰ.①蒸…　Ⅱ.①杨…②张…③何…　Ⅲ.①加筋混凝土结构-预制结构-损伤（力学）　Ⅳ.①TU377

中国版本图书馆 CIP 数据核字（2020）第 041593 号

机械工业出版社（北京市百万庄大街 22 号　邮政编码 100037）
策划编辑：李　帅　责任编辑：李　帅
责任校对：肖　琳　封面设计：张　静
责任印制：常天培
北京捷迅佳彩印刷有限公司印刷
2020 年 6 月第 1 版第 1 次印刷
184mm×260mm · 11.25 印张 · 278 千字
标准书号：ISBN 978-7-111-65035-5
定价：59.00 元

电话服务　　　　　　　　　网络服务
客服电话：010-88361066　　机　工　官　网：www.cmpbook.com
　　　　　010-88379833　　机　工　官　博：weibo.com/cmp1952
　　　　　010-68326294　　金　书　网：www.golden-book.com
封底无防伪标均为盗版　机工教育服务网：www.cmpedu.com

前 言
PREFACE

　　高速铁路工程建设中，蒸养混凝土预制构件不但用量极大，而且对工程的建设速度、工程质量与工程安全等方面都起着至关重要的作用。然而，随着大规模的推广应用，蒸养混凝土预制构件面临着极大的安全隐患，其中以钢筋锈蚀导致的耐久性问题的蒸养混凝土梁体比例较大。因此，采用性价比优越的玻璃纤维材料（Glassfiber Reinforced Plastic，简称 GFRP）作为蒸养混凝土中钢筋替代品或部分替代品，以从根本上解决钢筋腐蚀的问题，并有效提高构件的耐久性能及其使用寿命的研究是具有一定的工程意义的。目前，我国长湘高速公路、郑州轨道交通 1 号线、广昆铁路、上海过江隧道、深圳地铁 5 号线、北京地铁等轨道工程预应力混凝土轨枕或其他构件都有 GFRP 筋的应用。国内外研究学者几十年的理论研究及工程实例证明，GFRP 筋替代或部分替代钢筋的方法，已成为解决钢筋腐蚀问题行之有效的一个热点方法。

　　然而新型材料 GFRP 筋性能有别于钢筋，蒸养混凝土有别于标养混凝土，不论是《混凝土设计规范》（GB 50010—2010）还是《FRP 筋应用技术规范》（GB 50608—2010），都不再完全适用于蒸养 GFRP 筋混凝土预制构件设计。因此，要推广蒸养 GFRP 筋混凝土预制构件的适用范围，就必须系统、深入地开展蒸养 GFRP 筋混凝土预制构件损伤及其控制机理的研究，分析各性能损伤的潜在关联，为结构设计提供更贴合实际的设计理论方法。

　　基于此，本书第 1 章概述了蒸养 GFRP 筋混凝土预制构件发展的意义及国内外研究的现状；第 2 章概述了蒸养混凝土热传递机理；第 3 章、第 4 章及第 5 章分别从宏观与微观的角度展开了蒸养混凝土损伤、蒸养混凝土中的 GFRP 筋抗拉性能损伤、蒸养混凝土与 GFRP 筋黏结性能损伤的研究；第 6 章利用有限元从能量耗散角度分析了蒸养 GFRP 筋混凝土梁的损伤演化过程；第 7 章建立了各性能损伤预测模型；第 8 章针对蒸养 GFRP 筋混凝土预制构件设计方法进行了相关修正。本书不但完善了蒸养 GFRP 筋混凝土预制构件设计理论研究，为土木工程中蒸养混凝土预制构件设计提供一定的理论指导，而且可以解决蒸养混凝土预制构件设计寿命低、耐久性不足的难题。

　　东华理工大学杨文瑞和江西省交通科学研究院张恺完成了本书

第2~8章的编写工作，武汉理工大学何雄君完成了第1章的编写工作，同时对本书进行了统稿。衷心感谢东华理工大学土木与建筑工程学院李栋伟院长、易萍华副院长、梁炯丰副院长在本书写作过程中给予的支持与帮助。同时，本书参考了国内外大量的文献资料，在此一并向相关作者与研究机构表示衷心的感谢。

由于作者理论与学识水平有限，书中谬误与不足之处在所难免，敬请广大读者批评、指正。

作　者

目 录
CONTENTS

第1章

绪　论

1.1　纤维增强复合材料

复合材料是由两种或两种以上的单一材料，用物理的或化学的方法经人工复合而成的一种固体材料，因此在微观构造上它是一种不均匀材料，具有明显的界面。各种组分材料在界面上存在着力的相互作用，复合材料可保留组分材料的主要优点，克服或减少组分材料的缺点，还可产生组分材料所没有的一些优异性能，其微观构造和复合机理非常复杂。

FRP 筋是由高性能的纤维和聚合物基体组成的复合材料，由多股连续纤维通过聚合物基体胶合再经特制的模具挤压和拉拔成型工艺制成。FRP 材料性能与纤维及树脂的强度密切相关，与钢材和混凝土等传统结构材料有很大的不同，其制品形式多种多样。一般制备用的连续纤维丝的直径为 $5\sim20\mu m$，起加固作用，纤维的种类主要有碳纤维、玻璃纤维和芳纶纤维。根据采用纤维的不同，制成的 FRP 筋分别称为碳纤维增强聚合物（CFRP）筋、玻璃纤维增强聚合物（GFRP）筋、芳纶纤维增强聚合物（AFRP）筋和混杂纤维增强聚合物筋（HFRP）。FRP 筋材中纤维的体积含量一般为 60%～65%，质量比约 70%～80%，起黏结和传递剪力的作用，常用的有聚酯、乙烯酯、环氧树脂等热固性树脂。纤维含量越高，FRP 筋的强度也越高，但同时挤压成型也越困难。常用的 FRP 筋的外形有光圆、螺纹、矩形、工字形等，其外径一般为 $3\sim40mm$。为了增加 FRP 筋和混凝土之间的黏结力，常对 FRP 筋材的表面进行处理，如表面喷砂、纤维缠绕和表面压痕等。纤维是 FRP 材料中的主要受力材料，可分为长纤维和短纤维，其中纤维起增强作用。纤维增强复合材料常见的类型有纤维布和纤维板、筋材和索材、网格材和格栅、拉挤型材、缠绕型材、模压型材等。由于纤维和基体的不同，纤维增强复合材料的品种很多，例如碳纤维增强环氧、硼纤维增强环氧、Kevlar 纤维增强环氧、Kevlar 纤维增强橡胶、玻璃纤维增强塑料、硼纤维增强铝、石墨纤维增强铝、碳纤维增强陶瓷、碳纤维增强碳和玻璃纤维增强水泥等。钢纤维（或细钢丝）增强水泥和玻璃纤维增强水泥属于短纤维增强复合材料，它是结构复合材料，主要用于民用建筑。

作为一种新型复合材料，FRP 筋有许多不同于传统建筑材料的地方，在进行设计时，除了应遵循已有的钢筋混凝土规范外，还应该了解 FRP 筋材的特性及设计原则。FRP 筋不仅能适应现代工程结构中轻质、高强、大跨、重载以及在恶劣环境中高耐久长寿命的需要，而且符合现代工业化发展的潮流，符合高强和轻质发展以及承受恶劣条件的需要。FRP 筋的材料特性奠定了其在土木工程领域应用的巨大优势，纤维增强复合材料在航空、航天、船舶、汽车、医学和机械等领域得到了广泛应用。FRP 优良的材料性能也受到工程界的广泛关注，在传统建筑材料受到限制的领域，FRP有着很大的优势，如地磁观测站、变电站基础、机场跑道、医院核磁共振室等要求无电磁干扰的环境，以及海工建筑、化工厂等对耐久性和耐腐蚀具有较高要求的环境。但目前FRP筋混凝土结构并没有在国内外的实际工程中得到广泛的应用，其根本原因是对这种新型材料的耐久性能研究还不够充分，对其在复杂使用环境下的工作性能没有足够的信心。近年来，纤维增强复合材料价格不断降低，在一定程度上促进了其应用推广。

纤维复合增强筋具有其自身的优势和特点，可综合发挥各种组成材料的优点，使一种材料具有多种性能，同时还具有天然材料所没有的性能。例如，玻璃纤维增强环氧基复合材料，既具有类似钢材的强度，又具有塑料的介电性能和耐腐蚀性能，可按对性能的需要进行材料的设计和制造，可根据需要制成任意形状的产品，可避免多次加工工序。例如，可避免金属产品的铸模切削和磨光等工序。纤维增强复合材料还具有抗拉强度高、密度小、良好的抗腐蚀性能、无磁性、抗疲劳性好、塑性变形小等优点。但目前使用的FRP筋也存在着一些不足，如材料性质为各向异性、抗剪强度低、弹性模量低、热稳定性差、成本较高以及不利于现场加工等。

1.2 FRP筋在土木工程中的应用

1.2.1 纤维增强聚合物在土木工程中的应用背景

21世纪，随着FRP的国产化进程和材料技术的不断进步，FRP无疑将会带来相当大的经济效益和社会效益。钢筋混凝土结构使用至今已有一百多年的历史，其承载能力高、抗震性能好、延性好、造价较低，同时可以充分发挥钢筋和混凝土两种材料的性能等特点，使得钢筋混凝土成为目前土木工程中最常用的主要结构材料之一。但在钢筋混凝土结构的使用过程中，混凝土碳化、氯离子腐蚀以及环境侵蚀等原因，使得钢筋不可避免地会产生锈蚀，这也成了长期以来困扰着土木工程界的一个问题。纤维增强塑料筋具有优良的耐腐蚀性能，若能在混凝土结构中用FRP筋替代钢筋，将从根本上解决钢筋混凝土结构中的钢筋锈蚀问题，从而大大增加结构的耐久性，确保处于恶劣环境下建筑工程的可靠性，同时可以节省大量的后期维护、加固甚至拆除重建的费用。

FRP复合材料是一种力学性能优异的非金属材料，其电磁绝缘性能良好，如果能替代钢筋用于混凝土结构中，将能够提供无磁性环境从而满足特殊需要。对于某些有特殊功能要求的建筑物，如地磁观测站、变电所基础，以及使用过程中要求抗干扰无磁性环境，普通的钢筋混凝土结构不能满足需要时，目前国内常使用消磁钢筋或铜筋，但价格均比较昂贵，而且这些材料是良性导体，使用过程中仍有一定的磁性，用这些材料建成后因磁性检测不合格而拆除重建的事例屡有发生。近几年，由于环境影响，水边码头地下基础结构性能劣化与抗力衰减的缺陷得到了广泛的关注。这种情况的产生原因很多而且很复杂人们越发意识到FRP复合材料作为一种解决复杂环境下结构问题的可行材料的优势。例如，增加FRP材料的层数以加强一个现有结构，或者用CFRP加强筋替换一些钢筋，这些新材料的使用将会极大改进原始结构的结构性能。

21世纪以来，各国都加强了对FRP混凝土结构的研究，领先的国家和地区主要是美国、日本和欧洲，我国在 1990 年代末期也开始了对 FRP 在土木工程中应用的研究。国内 FRP 材料及其在土木工程中的应用研究的主要材料是单向碳纤维织物和片材，主要应用于旧结构的加固，且已经比较成熟，制定了相应的技术规程。而 FRP 筋应用于混凝土结构中的研究尚处于起步阶段，FRP 筋混凝土结构的设计理论尚未建立，更没有指导 FRP 筋用于混凝土结构的设计、施工技术规程。总之，FRP 的应用相对比较广泛，因应用条件比较复杂，需要加以重视和控制。土木工程中混凝土与钢材的应用较为广泛，且发展历程相对较长，而 FRP 应用时间较短，因此在土木工程实际施工中，强化 FRP 复合材料的应用，可以实现工程质量的全面提升，具有较为理想的应用前景。将新型高性能材料运用于大跨度空间结构是土木工程发展的重要方向。纤维增强复合材料 FRP 具有轻质高强、低松弛、耐腐蚀等优点。目前，国内外学者对 FRP 应用于大跨度空间结构进行了研究，如应用于斜拉桥拉索和索穹顶结构的索构件等。但 FRP 材料抗剪能力较差，在受到垂直于筋材轴线方向的荷载作用时，如风荷载和地震作用会对斜拉桥中的 FRP 拉索产生剪切作用，梁面荷载会对配有预应力 FRP 筋的混凝土梁产生剪切作用，易发生剪切破坏进而导致整体结构破坏。

综上所述，将 FRP 纤维筋混凝土结构应用于恶劣环境或对电磁干扰有特殊要求的建筑工程中，一方面可彻底解决恶劣环境中工程的钢筋锈蚀问题，保证工程设施安全正常地使用，同时可以节省大量的后期维护、加固甚至重建费用。FRP 筋混凝土结构具有普通钢筋混凝土结构不可比拟的优点。

1.2.2 FRP 结构研究现状

本节主要从三个方面介绍 FRP 结构的研究现状。

1. FRP 筋混凝土黏结性能研究现状

在 FRP 筋混凝土结构中，FRP 筋的材料强度能否得到充分的利用在很大程度上受 FRP 筋与混凝土之间的黏结效率的影响，FRP 筋的黏结性能对 FRP 筋混凝土结构构件的受力性能有着重要的影响，FRP 筋混凝土的黏结问题是 FRP 筋混凝土结构理论中的重要内容。由于 FRP 筋和钢筋的材料性能存在较大的差异，所以对 FRP 筋混凝土结构而言，不能简单地套用钢筋混凝土结构的黏结理论，而需要根据 FRP 筋的材料特性和 FRP 筋混凝土的黏结特性，对钢筋混凝土结构的有关理论进行修正，建立适用于 FRP 筋混凝土结构的黏结理论。

近年来，国内外学者针对 FRP 筋与混凝土黏结强度已经展开了许多实验研究，如混凝土强度、保护层厚度、黏结长度、FRP 筋直径、FRP 筋表面形状、外部环境因素等都对 FRP 筋与混凝土的黏结强度有不同程度的影响。不同纤维的 FRP 筋受力性能有差异，导致 FRP 筋与混凝土的黏结滑移实验可比性不高，所以还需进行系统合理的实验研究，确定各变量因素对 FRP 筋与混凝土黏结性能以及黏结-滑移本构模型主要参数的影响，建立更加准确的黏结-滑移本构模型。国内外学者在钢筋混凝土结构基础上，对 FRP 筋混凝土黏结-滑移模型展开了具体的分析和有效的验证。得到普遍认同的模型有：BEP 模型、Malver 模型、改进的 BEP 模型和 CMR 模型。

FRP 筋混凝土的黏结强度与 FRP 筋的黏结长度有关，当 FRP 筋的黏结长度越长时，FRP 的极限拉力就越大，黏结应力分布就越不均匀，试件破坏时的平均黏结强度与实际最大黏结应力的比值越小，所以当 FRP 筋的黏结长度越长时，FRP 筋混凝土的黏结强度就越低。另外，泊松比、剪切滞后、混凝土泌水等因素对其黏结性能也有一定的影响。直径的增大不利于 FRP 筋黏结性能的体现，FRP 筋混凝土的黏结强度将会随 FRP 筋直径的增大而减小。混凝土的保护层厚度对 FRP 筋混凝土的黏结强度也有影响，当混凝土保护层较薄时，构件受力破坏时常发生 FRP 筋拔出破坏，当增大混凝土的保护层厚度时，能加强 FRP 筋外围混凝土的抗劈裂能力，提高试件的劈裂应力和极限黏结强度，因此，厚的混凝土保护层会延缓混凝土的劈裂破坏从而提高黏结性能。温度对 FRP 筋与混凝土黏结性能也有一定的影响，100℃时黏结强度的损失与普通钢筋相似，但当温度继续升高时黏结强度就会大幅度降低，当温度提高到 200~220℃时残余黏结强度仅为室温时的 10%。

2. 非预应力 FRP 筋混凝土梁受力性能研究现状

因为 FRP 筋为线弹性材料且弹性模量较低，所以其配筋混凝土梁通常产生过大的挠度和裂缝，并且易发生脆性的受弯破坏，关于 FRP 筋混凝土梁的延性、耐久性、抗裂度和挠度等方面目前有以下结论：

1）FRP 筋混凝土梁裂缝间距和宽度随着 FRP 筋配筋率的增加而减小，FRP 筋的类型对裂缝间距和宽度也有一定影响，但 FRP 筋的配筋率对抗裂承载力的影响十分有限可以忽略，当 FRP 筋的配筋率在一定范围内时，FRP 筋混凝土超筋梁的极限抗弯承载力随着配筋率的增大而增加。

2）FRP 筋混凝土梁的结构性能在很多方面类似于普通钢筋混凝土梁，但由于 FRP 筋的弹性模量低，FRP 筋混凝土梁的挠度要比相应的钢筋混凝土梁大 3~4 倍，裂缝宽度也相应大得多。

3）根据截面尺寸和 FRP 配筋率的不同，FRP 筋混凝土梁可能出现两种正截面破坏形式，即受压区混凝土压碎破坏和 FRP 筋断裂破坏，这两种均为脆性破坏，相比之下前者的延性较好，变形较小。

FRP 筋混凝土梁的结构性能很多方面类似于普通钢筋混凝土梁，按普通钢筋混凝土梁的极限强度设计方法可较准确地估算出 FRP 筋混凝土梁的极限承载力。但 FRP 筋的弹性模量较低，不同类型 FRP 筋与混凝土黏结性能也有差异。此外，尽管 FRP 像钢筋那样具有明显的屈服点，但随着应变的不断增加，纤维产生磨损以及 FRP 外表的肋发生断裂，这些都可能造成 FRP 筋与混凝土之间的黏结滑移。

另一方面，从 FRP 筋混凝土结构研究与应用的发展趋势来看，对 FRP 箍筋及其配筋混凝土构件的受剪性能进行研究是一个迫切需要开展的课题，这方面国外已经走在了前面，但也仅限于用矩形 FRP 箍筋替代钢箍。

王洋等[1] 为了改进 GFRP 筋混凝土梁裂缝宽度较大的缺陷，提出一种将 GFRP 筋穿入金属波纹管并灌注水泥基高强灌浆料的新型构造措施，对配置钢筋、拉结筋以及新型构造措施 GFRP 筋的 6 根简支梁开展了单调加载受弯试验，考察了 GFRP 筋混凝土梁在正常使用极限状态下的裂缝分布、平均裂缝间距以及平均裂缝宽度的发展规律。试验结果表明：与普通 GFRP 筋相比，新型构造措施可减小梁在使用阶段的裂缝宽度，延缓顺筋裂缝的出现，新型构造措施 GFRP 筋混凝土梁可满足各国规范 0.5mm 最大裂缝宽度的限值规定；普通 GFRP 筋混凝土梁则不能满足要求，当 GFRP 筋配筋率接近或大于界限配筋率时，梁表现为混凝土先受压破坏然后 GFRP 纵筋受拉断裂的失效模式，其受弯承载力高于钢筋混凝土梁，破坏前有较大的变形能力，平均挠跨比约为 1/56。

国外已有的 FRP 箍筋抗剪性能的研究也仅限于用矩形 FRP 箍筋替代钢箍，而新型的

FRP 连续螺旋箍筋的研究则罕有开展。对 FRP 连续螺旋箍筋而言，虽然非顺纤维方向的作用力和受剪斜裂缝也会削弱它的抗剪能力，但它具有很好的整体性能。而国内目前对 FRP 箍筋的抗剪性能的研究还非常欠缺。

总结国内外研究现状发现，非预应力 FRP 筋混凝土受弯构件在应用中存在两个问题：一是纤维筋的高强度特性不能得到充分发挥，当混凝土达到极限压应变的时候纤维筋还未达到极限强度；二是受弯构件在正常使用阶段的工作性能如梁裂缝和挠度均得不到有效限制，同时国内外众多学者还停留在混合配筋的矩形梁试验阶段，对纵筋和箍筋均采用 CFRP 筋的 T 形梁尚无研究。

3. 预应力 FRP 筋混凝土梁受力性能研究现状

钱洋[2] 进行了预应力 AFRP 筋混凝土梁试验研究，结果表明：预应力芳纶筋混凝土梁开裂前的力学性能与预应力钢筋混凝土梁没有差别，正常使用状态下的挠度和裂缝宽度计算也可采用现有规范，但需将 AFRP 筋按等刚度原则等效成预应力钢筋，极限荷载计算方法与现有规范不同，由力的平衡条件和平截面假定推导得出极限荷载计算值和试验值吻合较好。

当 CFRP 筋混凝土梁配置为超筋梁时，即当梁的破坏由受压区混凝土被压碎控制时，预应力 CFRP 筋混凝土梁的极限变形和预应力钢筋混凝土梁相当，而当 CFRP 筋混凝土梁的配筋率为少筋时，即当梁的破坏由 CFRP 筋断裂控制时，梁的极限变形则低于相应的预应力钢筋混凝土梁。

有相关研究发现对 CFRP 筋施加预应力之后，筋材不易发生剪切破坏，CFRP 和 GFRP 筋在 10% 极限强度预应力下所能承受的最大剪力与其在纯剪切状态下相差不大。BFRP 筋在 10% 以及 30% 极限强度预应力下所能承受的最大剪力与其在纯剪切状态下相差不大。但在 50% 极限强度预应力下所能承受的最大剪力与其在纯剪切状态下相比下降了约 20%。由于试验中试件数量较少，且试验结果存在一定的离散性，所以该结论还需更多试验去验证。

纤维增强复合材料 FRP 是一种新型高强耐腐蚀材料，广泛应用于混凝土结构加固以及斜拉桥和悬索桥的拉索结构。对 3 种 FRP（CFRP、BFRP、GFRP）筋进行预应力状态下剪切试验和纯剪切试验结果表明，FRP 筋在预应力状态下有 3 种剪切破坏模式，部分 FRP 筋在预应力状态下抗剪强度有所提高。

姬瑞璞、张宁远[3] 通过研究发现 FRP 筋在受剪切力作用下有 3 种典型破坏形态，分别是筋材炸裂破坏形态，截面一半剪切、一半拉伸破坏形态，完全剪切破坏形态。CFRP 和 GFRP 筋在 10% 的极限强度预应力下能承受的最大剪力与其在纯剪切状态下能承受的最大剪力差异不大。随着预应力值的增大（30% 和 50% 极限强度预应力），CFRP 和 GFRP 筋在预应力状态下能承受的最大剪力比纯剪切下提高了 20%。

综上所述，FRP 筋具有优良的抗电磁干扰特性和耐腐蚀性能，但其剪切性能没有明显优势，在位于恶劣环境下的建筑物以及对电磁干扰有特殊要求的建筑物中使用效果要明显优于钢筋。一方面可彻底解决原有钢筋混凝土结构的电磁干扰问题，更好地发挥建筑物的使用功能；另一方面在环境恶劣的地区，可从根本上解决原有钢筋混凝土结构中的钢筋锈蚀问题，提高恶劣条件下建筑物的使用寿命，可大量减少加固、维修、拆除的工作量，具有很高的社会效益和经济效益。然而目前我国对复合纤维筋在土木工程中使用的受力性能、破坏特点等研究不充分，相应的规范、标准不完善，这些都成为制约复合纤维筋在我国土木工程领域应用的瓶颈。

1.3 蒸养混凝土预制构件的研究现状

高速铁路（高铁）是指设计开行时速 250km/h 以上（含预留），且初期运营时速达 200km/h 以上的客运列车专线铁路[4]。随着经济水平的不断提高，高速铁路的建设逐渐在全球兴起。在中国、日本与韩国的助力下，亚洲成为全球最大的列车市场，高铁工程实力逐渐在全球凸显。2015 年 7 月 10 日，国家主席习近平在上合组织成员国元首理事会第十五次会议上对外透露，未来几年将在上合国家（上海合作组织国）推动建成 4000km/h 铁路，以 4000km/h 高铁作为建设目标，预计我国将新增 400 列高铁出口计划。可见，我国高铁产业之路将更加蓬勃发展，然而这种蓬勃发展，对基础工程建设、电力工程等行业同样提出了更高的挑战，主要体现在更"快"、更"安全"两大方面，这也是高速铁路工程发展的趋势。

高速铁路建设中轨枕、轨道板和预应力简支梁体等主要采用工期较短的蒸养混凝土预制构件。高铁建设中，蒸养混凝土预制构件不但用量极大，且对高铁工程的建设速度、工程质量与工程安全问题等方面都起着至关重要的作用。然而，随着大规模的推广应用，蒸养混凝土预制构件却面临着极大的安全隐患。据统计，一般蒸养混凝土轨枕设计 50 年的使用寿命，而实际平均服役寿命却达不到 20 年；其中服役 17 年的美国 San Mateo 大桥显示，蒸养预制混凝土梁较常温养护的预制梁发生了较明显的腐蚀破坏，且必须进行维修处理；其中钢筋锈蚀导致的耐久性问题的蒸养混凝土梁体比例较大；特别是处于侵蚀性环境条件下时，混凝土梁体使用寿命出现了较大程度的降低；目前长期工程实践显示，设计使用寿命 100 年的蒸养预制混凝土结构构件未出现成功案例[5]。因此，改善蒸养混凝土预制构件的耐久性问题是高铁建设过程中亟待解决的关键问题。

国内外蒸养混凝土预制构件的研究现状表明，蒸养混凝土性能的研究已比较成熟，通过改变混凝土组分、添加外加剂及优化蒸养养护制度等措施能够在一定程度上改善蒸养混凝土损伤及提高蒸养混凝土耐久性能[6-9]；部分研究[10] 表明蒸养养护过程中混凝土产生的热损伤，如孔隙率增大、内部碱性增强等，将更大程度加速内部钢筋的腐蚀，带来更严重的工程经济及安全隐患，然而，目前对蒸养混凝土中筋材损伤的研究则较为有限。同时，由于传统的蒸养钢筋混凝土预制构件并不能满足我国高速铁路工程中安全发展的要求，因此，为有效提高蒸养混凝土预制构件的耐久性能，必须从根本上解决钢筋的腐蚀问题。

面对钢筋腐蚀导致的重大工程经济及安全问题，国内外铁路、桥梁等工程领域中兴起了使用纤维聚合物材料，尤其是性价比优越的玻璃纤维材料作为混凝土中钢筋替代品或部分替代品的研究，以从根本上解决钢筋腐蚀的问题，并有效提高构件的耐久性能及使用寿命[11]。目前，我国长湘高速公路、郑州轨道交通 1 号线、广昆铁路、上海过江隧道、深圳地铁 5 号线、北京地铁等轨道工程预应力混凝土轨枕或其他构件都涉及了 GFRP 筋的应用。国内外学者几十年的理论研究及工程实例证明，GFRP 筋替代或部分替代钢筋的方法，已成为解决钢筋腐蚀问题行之有效的一个热点方法[12-13]。因此，采用 GFRP 筋替代或部分替代钢筋的方法是改善蒸养混凝土预制构件性能更新、更高要求的解决途径，也响应了高速铁路工程中更"安全"的挑战。

然而由于新型材料 GFRP 筋性能有别于钢筋，并且蒸养混凝土有别于标养混凝土，不论是 GB 50010—2010《混凝土结构、设计规范》[193] 还是 GB 50608—2010《纤维增强复合材料建设工程应用技术规范》[85] 都不再完全适用于蒸养 GFRP 筋混凝土预制构件设计。因此，要推广蒸养 GFRP 筋混凝土预制构件的适用性，必须系统、深入地开展蒸养 GFRP 筋混凝土预制构件损伤及其控制机理的研究，分析各性能损伤的潜在关联，为结构设计提供更贴合实际的设计理论和方法，尽可能地缩短实际使用寿命与设计寿命之间的差距。

因此，为响应高速铁路工程中更"快"、更"安全"的两大挑战，本书提出了蒸养 GFRP 筋混凝土预制构件使用的新方法，并从宏观与微观的角度展开了蒸养混凝土损伤、蒸养混凝土中的 GFRP 筋抗拉性能损伤、蒸养混凝土与 GFRP 筋黏结性能热损伤的研究，并利用有限元从能量耗散角度分析蒸养 GFRP 筋混凝土梁的损伤演化过程，最后以建立各性能损伤预测模型为目的，修正蒸养 GFRP 筋混凝土预制构件设计方法为落脚点，完善蒸养 GFRP 筋混凝土预制构件设计理论研究，为高速铁路工程中蒸养 GFRP 筋混凝土预制构件设计提供一定的理论指导，以解决蒸养混凝土预制构件设计寿命低、耐久性不足的难题。

1.4 蒸养混凝土的研究现状

高速铁路中蒸养养护实质是指在湿热介质（水蒸气）的作用下，加速养护过程水泥的水化速率，促使混凝土内部结构的快速形成，获得早强快硬的效果。蒸养混凝土预制构件具有工期短、环境污染少、施工方便、成本低的优点，在高速铁路工程中得到了较大的推广与应用。但蒸养热效应引起了混凝土一系列的物理、化学及力学变化，使混凝土预制构件在蒸养过程中产生了一定的损伤。从蒸养 GFRP 筋混凝土预制构件力学性能角度评估，决定因素主要有混凝土、GFRP 筋、GFRP 筋与混凝土黏结性能三方面。

目前，蒸养混凝土的研究较为成熟，主要成果为从蒸养混凝土力学性能、物理性能及耐久性能三方面总结了蒸养对混凝土的热损伤规律，并相应提出了调整蒸养制度、改变混凝土组分、添加外加剂等控制热效应的措施。

Ming-fang Ba 等[14] 则从力学性能角度研究分析了 C50 蒸养混凝土的性能影响因素，分别将蒸养混凝土的力学性能、干燥收缩、开裂敏感性、抗渗性能和抗碳化性能与标养混凝土进行比较。结果显示，蒸汽养护提高了混凝土的早期强度，降低了混凝土的后期强度与混凝土的干燥收缩率，并增加了其裂纹敏感性，减弱了其抗渗性能和抗碳化性能。同时，研究表明掺入粉煤灰可以提高蒸汽养护混凝土的后期强度，降低裂纹敏感性，提高混凝土的耐久性。

杨全兵等[15] 对蒸养混凝土抗盐冻剥蚀性能进行了研究，并指出蒸汽养护的混凝土抗盐冻性能低于自然养护，但严格控制蒸养制度及适当掺入外加剂也可改善蒸养混凝土抗盐冻性能。

基于蒸养混凝土损伤研究基础，Ramezanianpour 等[8] 从控制热效应措施角度研究分析了初始蒸汽养护和不同类型的矿物添加剂对自密实混凝土力学性能和耐久性能的影响，混凝土试件分别放置在 60℃ 和 70℃ 的环境中蒸汽养护 16h、18h 和 20h。结果表明，蒸汽养护能显著提高初始抗压强度，但是 90d 时的极限抗压强度相同；16h 的持续养护时间并不能达到强度要求，因此考虑经济方面，18h 的持续养护时间较为合适；其耐久性试验表明，矿物添加剂可以提高蒸养混凝土的耐久性的原因主要是由于碳、凝胶和晶体的形成，使其内孔不被填充；同时将养护温度从 60℃升高至 70℃时，混凝土试件的渗透性增强。

谢友均、贺智敏等[16-18]对蒸养混凝土损伤及控制措施做了较为深入的研究，并提出了表层损伤、肿胀变形和热脆化概念。研究结果强调了表层损伤对混凝土结构的影响，如表层水化程度、孔隙率、毛细吸水能力、抗氯离子渗透性影响程度比混凝土内部更为明显；并指出筋材布置位置（保护层厚度）对蒸养混凝土表层损伤具有一定的影响，布置位置不同，表层损伤程度不同。而蒸养混凝土内部主要体现在与外部之间的热质传输造成的附加压力，同时产生不可恢复的膨胀变形。

彭波[19-20]针对不同蒸养制度条件下高强混凝土性能进行了一定的研究，提出了蒸养参数与高强混凝土各性能之间的关系，如延长静养时间对混凝土后期物理性能有利，也可提高高强混凝土抗肿胀能力及抗氯离子渗透能力；升温速度宜缓慢；延长恒温时间或升高温度不利于后期强度及抗氯离子渗透能力，缩短恒温时间及降低恒温温度将减少混凝土内部气泡膨胀、破裂及连通导致的环境侵蚀退化；并以碳化程度及钢筋蒸养混凝土氯离子侵蚀作为目标函数建立了蒸养混凝土耐久性评估模型。

刘宝举[21]针对粉煤灰在蒸养混凝土中的作用效应及应用进行了研究，并分析了粉煤灰掺量等对蒸养混凝土耐久性能的影响。研究结果显示，蒸养粉煤灰混凝土强度及抗氯离子渗透性等耐久性能都在一定程度上优越于普通混凝土。西安科技大学肖茜[22]研究了蒸养条件下不同外加剂对水泥水化的影响规律，研究结果显示，蒸汽养护条件下，混凝土中单独添加萘系高效减水剂、早强剂及适量的膨胀剂都加速了水泥水化且提高了混凝土的强度。

徐雯雯等[23]对偏高岭土对蒸养混凝土强度和毛细吸水性的影响的研究得出：掺偏高岭土混凝土具有良好的蒸养适应性，其蒸养脱模强度较高，可归因于偏高岭土早期的火山灰作用和蒸养产生的热激发效应生成了更多的水化产物，微观结构更为密实；掺入粉煤灰、矿渣和偏高岭土降低了混凝土的毛细吸水性，且复掺偏高岭土混凝土试件的早期水吸附速率及总的吸水量均为最低；蒸养脱模龄期时，掺偏高岭土蒸养混凝土中的氢氧化钙已基本被火山灰反应消耗了，偏高岭土中活性的 $Al_2O_3 \cdot 2SiO_2$ 与 $Ca(OH)_2$ 发生了火山灰效应，消耗了氢氧化钙晶体，生成了 C-S-H 凝胶等产物。

马昆林、龙广成等[24]根据对开裂混凝土轨道板的现场检查、原材料检测以及轨道板混凝土的取样研究分析结果，结合轨道板实际服役状态，得出结论如下：所研究的混凝土轨道板存在一定的蒸养热损伤（热损伤导致混凝土表层与内部结构存在差异，轨道板混凝土表层孔隙率明显大于内部，表层混凝土结构疏松，存在较多微裂缝等初始缺陷）；蒸养热损伤导致混凝土轨道板出现微裂纹等缺陷，这些微裂缝在高速列车动荷载作用下扩展演化，加速了雨水对混凝土的渗透，侵入混凝土中的水与骨料中的碱—硅酸凝胶发生的碱—硅酸凝胶反应以及在混凝土中同时发生的延迟性钙矾石反应生成了大量膨胀性产物，最终导致混凝土轨道板开裂。

伍勇华等[25]对蒸养条件下两性型聚羧酸减水剂对胶砂及混凝土强度的影响的研究得出：在蒸养条件下，与阴离子型聚羧酸相比，掺入两性型聚羧酸减水剂能提高水泥水化温升（XRD 分析也表明两性型聚羧酸减水剂可以促进 C_3S 和 C_2S 的水化，生成更多的 $Ca(OH)_2$ 和 AFM 等水化产物）；DMC 引入量不同会影响两性聚羧酸减水剂的增强效果（对胶砂试件蒸养强度而言，DMC 引入量为 12% 时效果最佳）；聚羧酸减水剂掺量变化会对胶砂蒸养强度产生影响，掺量过大时会降低胶砂蒸养强度；与阴离子型聚羧酸减水剂相比，掺入两性型聚羧酸减水剂能够明显提高蒸养后再标养的胶砂和混凝土各龄期强度。

盖中林[26] 通过对高速公路装配式混凝土构件蒸养装置的研究，得出以下结论：智能蒸汽养护系统的应用通过设备自控的方式实现了混凝土养护智能化、规范化、精细化，避免了人为因素造成的混凝土质量缺陷，减少了人工投入，降低了劳动强度；智能蒸汽养护系统经济性高，与电蒸汽养护相比，智能蒸汽养护耗能仅为其 1/5，与传统燃煤蒸汽养护相比，耗能仅为其 1/2，且热效率更高，并且基本实现了二氧化碳、二氧化硫、氮氧化合物的零排放；智能蒸汽养护系统可自动调节监控养护室内的温度与湿度，保障了混凝土水化热的平稳释放，避免养护室内外温度差冲击的影响，最大可能减少温差裂缝、收缩裂缝的出现，且混凝土强度得以保障。

苏扬、徐志辉等[27] 对蒸养制度对预制构件混凝土早期强度影响的研究表明：蒸汽养护温度对混凝土早期强度的发展影响明显，设置的养护温度越高，混凝土强度发展越快，为了较好地发挥其优势，采用的养护温度不宜低于 60℃；蒸汽养护的温控流程对混凝土强度发展存在一定影响，在试验中使用的温控流程中，恒温阶段延长 1h，混凝土早期强度增长约 3%～5%，同时应避免出现环境温度快速变化的情况，以免导致试件表面出现微裂纹、起皮等外观缺陷；外加剂类型和水泥掺量对蒸汽养护效果有明显的影响，在采用蒸汽养护时，应避免使用缓凝型的外加剂，同时提高水泥掺量可以使蒸汽养护的加速效果更显著；当选用合适的原材料和配比，经 8h 加速养护后，混凝土抗压强度可达设计强度 50% 以上，满足拆模、起吊要求。

李雪梅、齐莉莉[28] 对矿物掺合料对管片蒸养混凝土强度影响的研究得出：掺合料的加入改善了蒸养混凝土的抗压强度，随着掺量增加混凝土的强度不断提高，粉煤灰和矿粉的最优掺量均为 30%，当掺量超过 30% 后，混凝土强度出现下降，掺加粉煤灰或矿粉后蒸养混凝土的 56d 强度增长率在 5%～10%；复合掺合料对蒸养混凝土的强度贡献率大于单掺矿物掺合料混凝土的对应龄期的强度，因此建议制备蒸养混凝土时使用复合掺合料，但掺量宜控制在 40% 左右。

李雪梅、齐莉莉[29] 对蒸养制度对地铁管片混凝土抗渗性能影响的研究得出以下结论：蒸养制度对混凝土的抗氯离子渗透性能影响显著，尤其是恒温温度、持续时间及静停预养护时间的影响，其影响程度排序为恒温温度——→恒温时间——→预养护时间——→升温速率，在地铁管片混凝土蒸养制度设计时应慎重选择养护制度，并通过试验确定适宜的养护制度；选择蒸养养护制度既要考虑混凝土的抗氯离子渗透性能的影响，又要结合实际生产效率的需要，因此不宜采用过长的早期预养护时间，本研究条件下混凝土的蒸养制度为：预养护时间选取 4h 较适宜，升温速率控制在 20℃/h，恒温温度 60℃，恒温时间 8h，釜内降温 2h 后自然冷却至室温，移入水中养护 7d。

苏小梅、李坚等[30] 对重金属离子对蒸养混凝土力学性能影响及浸出特性的研究表明：

1）Zn、Cr 和 Cu 离子能够不同程度降低蒸养混凝土的抗压强度，且降低程度随着掺量的提高而加强。当 Zn、Cr 和 Cu 的掺量为 1.0% 时，未掺粉煤灰样品的抗压强度分别降低了 50.63%、13.23% 和 99.27%。

2）Zn 离子的浸出浓度几乎不随掺量的提高而增大，蒸养混凝土对 Zn 离子具有很好的固化作用，当掺量低于 1.0% 时，Cr 离子在蒸养混凝土中的浸出浓度始终低于 0.21mg/L；蒸养混凝土对低浓度（0.5%）的 Cu 离子具有很好的固化效果，但当掺量增大时，其浸出浓度显著增多。

3）掺加20%粉煤灰的蒸养混凝土抗压强度会降低5~8MPa，并不能提高其对重金属离子的固化性能。

贺炯煌、马昆林等[31]对蒸汽养护过程中混凝土力学性能的演变的研究得出以下结论：

1）蒸养过程中混凝土力学性能的变化可分为3个阶段。在静停和升温阶段（0~4h），混凝土强度非常低，几乎可以忽略，在升温阶段（4~12h），混凝土强度和动弹性模量迅速增长，阻尼比迅速降低，12h的抗压强度已达到28d的60%以上，动弹性模量在第12h时达到28d时的70%以上；在恒温结束至24h（12~24h）阶段，混凝土的力学强度、动弹性模量及动剪切模量增长速率显著降低。

2）相同水化程度条件下，蒸养混凝土的抗压强度较标养混凝土低约9MPa，蒸养混凝土的抗压强度随水化程度的增长率略低于标养混凝土。蒸养混凝土的动弹性模量和动剪切模量均低于相同水化程度的标养混凝土，但阻尼比高于标养混凝土。随着水化程度的不断增长，两种混凝土的动弹模量、动剪切模量及阻尼比的差异逐渐变小。

3）基于等效龄期预测的水化放热曲线与实测曲线较为相符，蒸养条件下水泥的水化放热量与混凝土的抗压强度有良好的线性相关性。

米刘芳[32]对蒸汽养护混凝土抗冻性能的试验研究表明：通过对不同的蒸养制度、含气量、粉煤灰掺入比例的抗冻性能的研究，可以优化出满足北方水工混凝土F350抗冻等级要求的蒸养制度和配合比。对抗冻性能要求较高的蒸汽养护混凝土，要注意控制静停时间和恒温温度，蒸养时的静停时间宜大于3h，恒温温度不宜高于50℃；适量的含气量有助于提高混凝土的抗冻性能，且比常规养护的含气量稍低，适合控制在3%~4%；粉煤灰的掺入可有效提高混凝土的抗冻性能，但掺入量不宜过高，掺量适合控制在20%以内。

何巍巍[33]对蒸汽养护对轨枕混凝土力学性能和耐久性影响的研究表明：经蒸汽养护后，掺矿渣的混凝土力学性能得到改善，各龄期的抗压强度、抗折强度、劈裂抗拉强度和轴心抗压强度均高于基准混凝土，且后期强度的增长幅度均大于基准混凝土；经蒸汽养护后，掺矿渣的混凝土耐久性能达到了TB 10424—2010《铁路混凝土工程施工质量验收标准》中的要求。

吴芳[34]对含气量对蒸养混凝土强度和抗冻影响的研究表明：宜采用静停5h、升温0.5h、50℃下恒温8h后开池降温的蒸养制度；含气量越大，混凝土抗冻性越好，但28d抗压强度越小，为保证混凝土抗冻性和强度均满足设计要求，将含气量控制在3%~5%比较合理；混凝土配合比宜采用（水泥+矿渣粉）：水：砂：石=（0.75+0.25）：0.35：1.83：2.72；掺入少量减水剂将坍落度控制在（100±20）mm，掺入少量引气剂将含气量控制在3%~5%，采用该蒸养工艺制作的混凝土可满足C40F350的设计要求。

孙丕宴[35]对双块式混凝土轨枕预制蒸养温度与芯部温度研究得出以下结论：升温过程中，轨枕芯部温度变化较慢，滞后蒸汽温度，升温完成后恒温约1h芯部温度趋近蒸汽温度；恒温阶段，蒸汽温度趋于稳定，波动幅度较小，在设计控制温度范围内，轨枕芯部温度随着水化热逐渐升高，混凝土灌注完成后约9h达到最高温度；轨枕芯部最高温度约高于蒸汽温度11.5℃；建议轨枕蒸汽养护温度控制在42℃以满足芯部温度不超过55℃要求。

周予启、刘进、王栋民等[36]对不同水胶比下磷渣在蒸养混凝土中的应用得出了以下结论：

1）在相同水胶比条件下，无论是对于普通混凝土还是高强混凝土，掺入磷渣均会降低蒸养混凝土的拆模强度。

2）降低水胶比后，无论是对于普通混凝土还是高强混凝土，掺 15% 和 30% 磷渣的蒸养混凝土的拆模强度均能接近甚至超过对照组。

3）降低水胶比后，掺磷渣的混凝土后期具有较高的抗压强度增长速率和抗氯离子渗透性能。

基于上述蒸养混凝土的研究现状可见，蒸养混凝土损伤或控制蒸养混凝土热效应措施方面的研究成果较多，也较为成熟。然而对蒸养混凝土预制构件整体性能影响的研究较少，虽然有部分研究者[10]对蒸养钢筋混凝土预制构件的耐久性能进行了研究，并说明控制蒸养混凝土热效应的措施对钢筋锈蚀有所改善，但这种改善仍改变不了蒸养混凝土预制构件中钢筋易腐蚀的本质属性，也不能从根本上提高蒸养混凝土预制构件的使用寿命。

1.5　GFRP 筋性能的研究现状

1.5.1　GFRP 筋抗拉强度的研究现状

FRP 是一种由纤维材料与基体材料按一定比例拉挤成型的复合材料，轻质高强且具有较好的耐腐蚀性能。20 世纪 60 年代美国，为解决因路桥用盐解冻造成的混凝土内部钢筋严重锈蚀的重大工程安全及经济问题，FRP 筋的研发与应用横空出世。20 世纪 70 年代后日本、欧洲也相应开展了 FRP 材料的研究。然而直到 20 世纪 90 年代中期，我国才开展了 FRP 筋的生产及应用的初步研究[37]。FRP 材料已受到国内外研究学者和工程师的关注，并逐渐应用于新型建筑、铁路、桥梁结构。其中 GFRP 材料凭借其性价比高的优异性能在土木工程领域具有很大的发展潜力，已经成为当今土木工程界研究与应用的热点。目前，GFRP 筋作为普通筋在美国、日本、加拿大及我国等都出现了较多的工程应用，并且各国也出台了 GFRP 筋应用及设计的相关规范。

GFRP 筋性能的研究主要体现在 GFRP 筋抗拉强度的变化。GFRP 筋抗拉强度的影响因素很多，其中直径是 GFRP 筋抗拉强度初始值确定的主要因素，不同直径的 GFRP 筋抗拉强度不同，这与钢筋有所不同，高温、高湿度、应力是 GFRP 筋抗拉强度退化的主导因素，也是目前研究者们较为关注的影响因素。

1. 直径影响

FRP 筋混凝土结构设计中，FRP 筋的直径是抗拉强度选取的唯一标准。但研究发现 GFRP 筋抗拉强度并不随直径的增加呈直线变化，并且在特殊环境下，不同的直径也会造成抗拉强度不同的退化规律，环境退化系数也有所不同。金清平等[38-39]对 GFRP 筋抗拉强度参数进行了试验与理论研究，试验设置 18mm、25mm 两种直径，由破坏强度计算公式与试验值对比可见，其破坏强度受纤维、增强材料及界面性能影响，直径 18mmGFRP 筋的破坏强度较 25mm 的高 10%。GFRP 筋破坏强度的统计分布模型表明，GFRP 筋直径增加反而减弱了复合材料的强度，GFRP 筋拉伸应力的减少速度明显受到直径的影响且直径的影响大于纤维含量的影响。

GFRP 筋应用于混凝土结构中将长期受到混凝土碱性特性的影响。经研究者[40]证实，碱性溶液对 GFRP 筋抗拉强度的影响较为显著。因此，在不同直径 GFRP 筋抗拉强度设计时，应充分考虑混凝土对 GFRP 筋抗拉强度的退化规律。王伟[41] 针对不同直径 GFRP 筋抗拉强度受特殊环境碱溶液侵蚀的退化规律进行了研究，结果表明：侵蚀 183d 后，直径 9.5mm、12.7mm、16mm 和 19mm 的 GFRP 筋抗拉强度衰减量分别为 62.03%、56.08%、48.81%和 41.97%，综合金清平[39] 对 GFRP 筋抗拉强度受直径影响的研究可见，不同直径 GFRP 筋受碱溶液侵蚀后，其抗拉强度的变化规律与正常使用条件下有所不同。这主要是由于不同直径 GFRP 筋的纤维和树脂受侵蚀比例不同，因此拉伸应力的分配与传递能力有所不同，故特殊环境下 GFRP 筋抗拉强度会随直径的变化出现不同的影响规律。

综上，蒸养混凝土中不同直径 GFRP 筋受蒸养高温高湿度养护后，不但混凝土内部碱性变化对 GFRP 筋抗拉强度退化规律有所改变，其黏结面积也受到直接的影响。因此，蒸养 GFRP 筋混凝土预制构件设计中，对不同直径 GFRP 筋受环境影响系数的确定必须有所区别。

2. 应力影响

国际权威 FRP 筋混凝土结构设计指南 ACI440.1R-06[42] 指出：GFRP 筋抗拉强度在持续应力及有关环境作用下，建议拉应力限制为设计抗拉强度的 0.2 倍。然而 ACI440.1R-06 同样指出这个取值是偏于保守的。因此，较多研究者针对应力水平对 GFRP 筋抗拉强度的变化规律进行了研究。

王伟等[41] 对无应力和 25%应力水平作用下 GFRP 筋抗拉强度进行研究，研究结果表明其抗拉强度分别下降了 48.81%和 55.56%，可见，25%应力水平并未对该 GFRP 筋耐久性产生显著影响，验证了 Chen[43] 试验过程中持续荷载取极限荷载 25%时，其影响作用较小的结论。同时王伟等采用了应力水平 45%对 GFRP 筋抗拉强度进行同样的试验研究，发现 GFRP 筋出现了断裂，与无应力和低应力水平都不同，可见，应力水平的影响已进入另一个阶段。

依据不同的应力水平，长期服役状态下 GFRP 筋的破坏机理分别有较低应力水平下的扩散控制、中等应力水平下的基体裂缝扩展控制及较高应力水平下的应力控制[44-45]。蒸养混凝土内部会产生附加应力，使蒸养混凝土中 GFRP 筋一直处于额外附加应力状态下，对其抗拉强度具有一定的影响。

3. 湿热等环境影响

GFRP 筋混凝土结构设计中，抗拉强度取值不但与直径、应力水平有关，而且针对每种不同环境规定了不同的退化系数。目前针对 GFRP 筋抗拉强度环境退化影响的研究中，温度、湿度及混凝土碱性受到了极大的关注，也被证明为 GFRP 筋抗拉强度环境退化的关键影响因素。

研究者对湿热环境下 GFRP 筋长期性能进行了研究，通过设置自然水溶液或加入侵蚀介质水溶液及高温环境，研究 GFRP 筋抗拉强度的退化机理。如 Steckel 等[46] 将 GFRP 筋浸泡于水溶液中，温度设置为 38℃进行试验，试验结果表明：GFRP 筋浸泡 1000h、3000h 时抗拉强度分别下降 10%、30%，其他参数确定时，下降率与浸泡时间成正比关系。Dejke[47] 设置了 20℃、40℃、60℃、80℃四种不同温度下的水溶液环境；Chen 等[48-50] 也对 GFRP 筋抗拉强度随温度变化的影响进行了研究，研究结果同样表明，水溶液对 GFRP 筋抗拉强度具有较大的影响，并且 GFRP 筋的劣化程度随温度的升高而增大。

除以上研究因素，部分研究者[41]对纤维含量也进行了研究，研究结果显示，纤维含量对 GFRP 筋抗拉强度影响并不是很明显。生产工艺对 GFRP 筋纤维含量比例目前也已形成了一定的制度。对环境因素的研究相对涉及较广，如酸、碱、盐、水、温度、冻融循环、应力、紫外线等，但以混凝土碱性、温度、湿度及应力研究为主。何雄君等[51-52]对混凝土裂缝对 GFRP 筋抗拉强度影响也作了相关研究，研究发现裂缝对混凝土梁内 GFRP 筋抗拉强度劣化影响是不可忽略的。

基于混凝土中 GFRP 筋的抗拉强度研究可知，混凝土保护层厚度对外界侵蚀内部 GFRP 筋的难易程度有较大的影响，加之蒸养混凝土表层损伤概念的存在，GFRP 筋配置不同位置，其受蒸养养护环境影响程度存在较明显的不同。

可见，研究不同保护层厚度下蒸养湿热养护环境及蒸养混凝土产生的碱性增强、内部附加应力、孔隙或裂缝等引起不同直径 GFRP 筋抗拉性能损伤规律的影响是十分必要的，不仅可避免蒸养 GFRP 筋混凝土预制构件中 GFRP 筋抗拉强度设计偏差的问题，而且可尽可能地缩短设计使用寿命与实际使用寿命的差距。

1.5.2 混凝土与 GFRP 筋黏结性能的研究现状

GFRP 筋与混凝土的黏结性能体现了两者的协同工作能力，一旦两者发生滑移，则预示着结构性能的退化甚至失稳。因此，在蒸养 GFRP 筋混凝土预制构件设计中，GFRP 筋与混凝土的黏结性能直接影响整体的承载性能。

基于 GFRP 筋与混凝土黏结性能的重要性，许多研究者[53-56]展开了两者黏结性能影响因素的研究，主要包括锚固长度、直径、混凝土保护层厚度及表面形态等，并且随着对 GFRP 筋混凝土构件长期性能研究的关注，部分研究者[57-59]展开了高温高湿度等环境对黏结性能的影响规律研究。

Katz 等[57]对不同表面处理形式的 FRP 筋与混凝土在不同温度下进行了拉拔试验，温度设置为 20~210℃。研究结果表明，温度越高，极限荷载与黏结强度越低，并且下降幅度由温度区域决定。Abbasi 等[58]则对 FRP 筋与混凝土进行了高温浸泡试验，试验考虑了温度、水及碱溶液对两者黏结性能的影响。研究结果表明，高温加速了水与碱溶液对两者黏结强度的影响。当温度较低时，水溶液或碱溶液中 FRP 筋与混凝土的黏结强度相差不大；当温度超过 80℃后，两者的黏结强度将明显下降。Yi Chen 等[50]采用 60℃高温碱溶液对 GFRP 筋混凝土试件进行浸泡，并进行黏结性能试验，试验结果显示，当 60℃高温碱溶液浸泡 60d 时，两者的黏结强度下降了 12%。

吕西林、王晓璐等[60-62]也对高温 FRP 筋混凝土的黏结性能进行了研究，研究同样发现，两者的黏结强度会随温度的上升而下降，并且温度在 60~120℃之间时，黏结强度下降幅度较大。

早期研究者主要采用拉拔试验方法对 FRP 筋与混凝土黏结性能进行研究，并基于试验研究建立了较典型的黏结滑移模型（mBEP）。如 1987 年 Chapman 采用拉拔试验对 FRP 光圆筋和 FRP 螺纹筋在不同埋置深度和不同养护时间条件下的荷载滑移特征进行了比较研究，得到了适用于 FRP 筋的早期黏结强度修正模型[63]。而随着研究结果及设计要求的提高，研究者们开始重视研究方案与实际服役状态的一致性，提出梁式试验研究 GFRP 筋混凝土黏结性能的试验方法，并重视环境因素对黏结性能的影响。如 Bakis[64]采用三点梁式试验对

GFRP 筋混凝土在环境及应力耦合作用影响下的黏结性能变化规律。JEONG 和 LOPEZ 等[65] 研究结果发现，在持续加载期间，温度升高导致 GFRP 的滑移增加，而在持续加载之前，聚合物树脂的固化时间增加导致滑移减少。Benmokrane 等[66] 对梁式试验与拉拔试验进行对比研究，研究发现更少的黏结约束及更多的纵向裂缝的产生使得铰接梁测试的黏结强度明显小于拉拔测试的黏结强度。

GFRP 筋与混凝土的黏结强度主要取决于两者的黏结面积及两者的黏结特性，黏结面积由 GFRP 筋直径及混凝土密实性决定，黏结特性由材料性能决定。当混凝土经过高温高湿度养护处理后，孔隙率将增加，且筋材布置位置不同对表层孔隙率分布也存在一定的影响[17]。这说明，蒸养混凝土与 GFRP 筋的黏结性能与标养混凝土不同，不同保护层厚度及不同直径条件下 GFRP 筋与蒸养混凝土的黏结面积也将产生不同的变化规律。因此，建立适合蒸养 GFRP 筋混凝土预制构件的黏结强度预测模型是十分必要的。

纵观国内外研究现状，可以看出：

1）从蒸养混凝土研究现状来看，研究对象基本可分为蒸养混凝土损伤规律与控制其热效应措施两大块。从损伤研究可见，蒸养混凝土湿热养护处理主要导致混凝土表层损伤（孔隙率增加、水化硅酸盐碱度增大、抗氯渗透性降低）及混凝土内部应力加大、后期强度降低等。而这些性能的变化程度也直接决定了蒸养混土长期服役性能的优劣，即蒸养混凝土的耐久性能及使用寿命。从控制热效应措施研究可见，调整蒸养制度、改变混凝土组分及掺入外加剂等方法可使蒸养混凝土热损伤有所降低，部分研究者也关注到筋材布置位置（保护层厚度）对表层损伤的影响。然而，为系统研究蒸养 GFRP 筋混凝土预制构件损伤性能的内在相互作用机理及对蒸养 GFRP 筋混凝土预制构件中蒸养混凝土强度作出一定的设计修正，同批次的蒸养混凝土损伤性能研究是不可避免的。

2）从 GFRP 筋抗拉强度研究现状来看，GFRP 筋抗拉强度设计取值主要依据直径、应力限值及环境退化系数。不同直径 GFRP 筋受不同应力与环境耦合作用，其抗拉强度退化规律不同，即相关退化机理存在一定的差异。蒸养混凝土表层损伤概念的存在及蒸养混凝土内部结构的变化，也将导致不同蒸养混凝土保护层厚度下的 GFRP 筋抗拉强度出现不同的损伤程度。而蒸养养护过程中混凝土内部应力的变化对 GFRP 筋抗拉强度的影响相对较小。因此，有必要对不同蒸养混凝土保护层厚度下的不同直径 GFRP 筋的抗拉性能损伤进行较为系统的研究，为蒸养混凝土中 GFRP 筋抗拉强度设计值的确定提供理论依据。

3）从混凝土与 GFRP 筋黏结性能研究现状来看，梁式试验研究方法更贴近构件实际受力形式，并且研究结果显示，混凝土与 GFRP 筋黏结性能在一定程度上受高温、高湿度影响，GFRP 筋直径与不同保护层厚度蒸养混凝土结构性能都将决定两者黏结性能。因此，蒸养混凝土与 GFRP 筋的黏结性能有别于标养混凝土。蒸养混凝土与 GFRP 筋的黏结性能直接关系到蒸养 GFRP 筋混凝土预制构件的整体受力、裂缝开展等性能。因此，为使蒸养 GFRP 筋混凝土设计更合理、更安全，除考虑 GFRP 筋性能及混凝土性能外，还需深入研究 GFRP 筋直径与保护层厚度对蒸养混凝土与 GFRP 筋的黏结性能的影响规律。

基于研究现状 1）、2）、3），蒸养过程中湿热环境及混凝土孔隙率增加、混凝土内部附加压力、碱性性能等都将直接影响 GFRP 筋的抗拉性能，并且筋材的布置位置（保护层厚度）也将直接影响蒸养混凝土表层损伤的程度，两者间的黏结性能也会受到影响。因此，蒸养 GFRP 筋混凝土预制构件中混凝土、GFRP 筋及两者间的黏结性能三者都会存在一定的损伤，并且存在一定的关联，同步系统研究这三者的损伤规律对提供较完整的设计修正具有一定的工程意义。

然而，目前国内外研究主要集中于蒸养混凝土性能损伤规律，对蒸养混凝土预制构件中筋材性能及两者黏结性能损伤研究较少，特别是对蒸养 GFRP 筋混凝土预制构件的研究基本未见报道。

发展蒸养混凝土预制构件是推动高速铁路工程中更"快"发展的必然趋势。而要达到高速铁路工程更"安全"的目标，必须提高蒸养混凝土预制构件的使用寿命，并将平均使用寿命与设计使用寿命的差距拉到最小。然而仅从改善蒸养混凝土损伤、控制蒸养混凝土热效应的研究思路实现有效改善蒸养混凝土预制构件寿命低的目标是不够的。而 GFRP 筋应用于混凝土结构的研究及应用于轨枕中的工程实践证明：在高铁蒸养混凝土预制构件中采用 GFRP 筋替代或部分替代钢筋以提高蒸养混凝土预制构件耐久性能的思路是可行的，且有利于改变蒸养混凝土预制构件平均使用寿命仅 20 年的现状，也将直接提高高速铁路蒸养混凝土预制构件的使用寿命。但由于蒸养过程对混凝土及 GFRP 筋性能都产生了一定的影响，因此，系统研究蒸养 GFRP 筋混凝土损伤规律并提出相关设计修正方法对蒸养 GFRP 筋混凝土预制构件的推广使用是刻不容缓的。

综上所述，蒸养 GFRP 筋混凝土预制构件响应了高速铁路工程对安全的要求。为完善其设计规范，有效推广蒸养 GFRP 筋混凝土预制构件的应用，有必要对蒸养 GFRP 筋混凝土结构损伤规律进行进一步研究，如分别从蒸养混凝土性能、蒸养混凝土梁中 GFRP 筋抗拉强度及 GFRP 筋混凝土黏结性能三方面深入研究蒸养养护制度对 GFRP 筋混凝土预制构件性能的损伤规律，以及利用有限元从能量耗散角度分析 GFRP 筋混凝土梁整体构件的损伤性能演化规律，最后建立各性能预测模型，为蒸养 GFRP 筋混凝土预制构件设计修正提供理论指导。蒸养 GFRP 筋混凝土预制构件的损伤性能研究及性能预测推广是高速铁路蒸养混凝土预制构件应用研究及规范设计理论修正指导的研究发展趋势。

1.6　研究内容和研究目标

1.6.1　研究内容

本书针对蒸养 GFRP 筋混凝土损伤规律进行研究，并对其结构设计进行修正。首先，分别从宏观和微观角度分析蒸养混凝土、蒸养混凝土中 GFRP 筋抗拉强度及 GFRP 筋混凝土黏结性能三方面的损伤规律，通过与蒸养钢筋混凝土梁试件的对比研究，验证蒸养 GFRP 筋混凝土预制构件的适用性及可推广性；进一步探索不同龄期蒸养混凝土强度，不同直径、不同保护层厚度条件下蒸养混凝土中 GFRP 筋抗拉强度及 GFRP 筋混凝土黏结性能的损伤规律；并利用有限元从能量耗散角度分析 GFRP 筋混凝土梁的损伤演化过程；基于试验研究数据，建立适合于蒸养混凝土强度（抗压与抗拉）、蒸养混凝土中 GFRP 筋抗拉强度及两者黏结强度的损伤预测模型；最后基于室内试验、有限元分析及损伤预测模型，对蒸养 GFRP 筋混凝土预制构件进行设计修正，并将其作为研究分析最终的落脚点。

1. 蒸养混凝土性能损伤研究

本书对试验过程中采用的同批次蒸养混凝土进行性能损伤研究，研究对象主要为表层及内部微观结构形貌、毛细吸水性能、蒸养混凝土抗压强度、劈裂强度和孔隙结构分布。

研究内容：研究蒸养混凝土表观形貌变化；研究蒸养混凝土微观结构形貌变化；研究蒸养混凝土的毛细吸水性能变化规律；研究蒸养与标养混凝土抗压强度、抗拉强度随养护龄期的变化规律；研究蒸养混凝土梁孔隙结构分布特点；分析蒸养混凝土性能损伤机理。

2. 蒸养混凝土梁中 GFRP 筋抗拉强度试验研究

为验证 GFRP 筋替代或部分替代钢筋应用于蒸养混凝土梁中的可行性及可推广性，试验过程中设置蒸养钢筋混凝土梁作为对比试件；并针对标养养护环境、蒸养养护环境及蒸养养护混凝土环境对 GFRP 筋抗拉强度变化进行较为系统的研究，研究参数主要设置为不同保护层厚度与不同直径，得出蒸养混凝土中 GFRP 筋抗拉性能损伤退化规律。

研究内容：对比分析蒸养混凝土梁中 GFRP 筋与钢筋抗拉性能损伤变化规律，验证 GFRP 筋替代钢筋的可行性；对比分析蒸养混凝土梁中 GFRP 筋与标养混凝土梁中 GFRP 筋抗拉强度变化规律，分析蒸养养护环境对 GFRP 筋存在的损伤影响；微观角度分析蒸养混凝土中 GFRP 筋微观结构、聚合物玻璃化温度及内部元素特征；分析蒸养混凝土梁中 GFRP 筋抗拉强度随直径、保护层厚度产生的变化规律；从吸湿扩散性角度分析蒸养混凝土中 GFRP 筋的损伤变化规律，为后期抗拉强度预测模型提供试验依据；分析蒸养混凝土中 GFRP 筋抗拉性能损伤机理。

3. 蒸养混凝土与 GFRP 筋的黏结性能试验研究

考虑不同直径 GFRP 筋与不同保护层厚度下 GFRP 筋与蒸养混凝土黏结性能演化规律，研究过程中设置蒸养钢筋混凝土梁作为对比试件，验证 GFRP 筋的适用性及可推广性。对试件进行三点弯曲梁式黏结试验，与传统拉拔黏结性能试验相比，考虑了实际构件存在的剪力或弯矩状况，更贴近 GFRP 筋混凝土梁的实际受力形式；试验过程中主要对蒸养 GFRP 筋混凝土梁开裂荷载、极限荷载、荷载—滑移曲线及荷载—挠度曲线进行研究，并计算分析滑移荷载、黏结强度及界面断裂能的变化规律。

研究内容：对比分析蒸养混凝土与不同筋材（GFRP 筋及钢筋）的黏结性能变化规律，验证蒸养 GFRP 筋混凝土梁的适用性及推广性；对比分析蒸养与标养条件下混凝土与 GFRP 筋的黏结性能变化规律，说明蒸养混凝土与 GFRP 筋黏结强度预测模型建立的必要性；分析不同保护层厚度、不同直径条件下蒸养混凝土与 GFRP 筋的黏结性能变化规律；从最大黏结强度理论及界面断裂性能角度分析不同条件下蒸养混凝土与 GFRP 筋的黏结性能变化规律；分析蒸养混凝土与 GFRP 筋黏结性能损伤机理。

4. 蒸养 GFRP 筋混凝土梁损伤性能分析

由于 GFRP 筋混凝土结构内部损伤演化及损伤过程中的能量耗散无法直接通过试验进行观测，因此，为弥补试验研究的不足，利用有限元对蒸养混凝土 GFRP 筋混凝土损伤性能进行分析。采用 ABAQUS 损伤塑性模型建立蒸养 GFRP 筋混凝土梁三点弯曲试验模型，对比分析蒸养素混凝土梁、蒸养钢筋混凝土梁的内部损伤值变化、阻裂机理及能量耗散规律；并通过改变 GFRP 筋配筋率探讨少筋、适筋与超筋蒸养 GFRP 筋混凝土梁的能量耗散及损伤规律，为蒸养 GFRP 筋混凝土配筋设计提供理论设计指导。

5. 蒸养 GFRP 筋混凝土性能损伤预测模型

基于蒸养混凝土、蒸养混凝土中 GFRP 筋及两者黏结性能损伤试验研究，建立各强度的损伤预测模型是对试验研究成果的验证及拓展，也是蒸养 GFRP 筋混凝土预制构件设计修正的直接依据。本书将基于前人研究及本书试验研究的结论，建立不同龄期的蒸养混凝土抗压与抗拉强度、不同蒸养混凝土保护层厚度中的不同直径 GFRP 筋抗拉强度、蒸养混凝土与GFRP 筋黏结强度的损伤预测模型。

6. 蒸养 GFRP 筋混凝土预制构件设计修正

为蒸养 GFRP 筋混凝土预制构件设计提供修正理论指导，是本书针对蒸养混凝土、蒸养混凝土中 GFRP 筋及两者黏结性能损伤研究的最终落脚点，也是蒸养 GFRP 筋混凝土预制构件推广应用的必然研究趋势。本书将从承载能力极限状态、正常使用极限状态及构造要求三方面对蒸养 GFRP 筋混凝土预制构件设计做出修正，修正方法主要基于现行 FRP 筋混凝土结构设计规范，结合试验研究、有限元分析及强度预测模型，引入相关修正参数。

1.6.2　研究目标

本书首先通过对比分析蒸养 GFRP 筋混凝土梁与蒸养钢筋混凝土梁损伤规律，验证GFRP 筋应用于蒸养混凝土结构中的可行性及可推广性；并与标养 GFRP 筋混凝土梁进行对比，说明蒸养 GFRP 筋混凝土结构损伤性能研究的意义；再通过改变 GFRP 筋直径、保护层厚度，研究蒸养混凝土、蒸养混凝土中 GFRP 筋和蒸养混凝土与 GFRP 筋的黏结性能三方面的损伤规律，建立三者性能损伤预测模型，以蒸养 GFRP 筋混凝土预制构件设计修正作为最终落脚点，完善蒸养 GFRP 筋混凝土预制构件设计理论指导。

第2章

蒸养混凝土热传递机理

2.1 蒸养热养护

混凝土蒸汽养护主要是利用蒸汽的热湿作用来加热混凝土并加速混凝土的硬化过程，所以有必要弄清蒸汽的基本性质和蒸汽与混凝土之间的热湿交换关系，以利于合理解决蒸养过程中的各种实际问题。热养护是钢筋混凝土制品生产中的重要工序之一，深入研究混凝土热养护的理论，对实现建筑工业化有着很重要的意义。

目前，虽然一些新的热养护方法（如红外线热养护、电热养护、太阳能热养护等）有了较快的发展，但是以蒸汽或蒸汽空气混合物作为热介质的湿热养护方法仍然应用广泛。蒸养设备中，普通坑式养护室构造简单、投资少、对产品品种的适应性强，在我国和其他许多国家的混凝土制品厂中所占的比重仍然较大。但是在这种养护室中，热蒸汽空气介质基本处于静止的状态，这就给普通坑式养护室带来一些严重的缺陷，如热介质沿养护室高度分层，制品加热不均匀，热养护时间长（12h以上），蒸汽用量大（每立方米混凝土500kg以上），难以实现自动控制等。为了改进养护坑的热工性能，许多学者提出过不少改进措施，例如采用无压纯蒸汽养护室。但是根据不稳定热交换理论，利用高放热强度的纯蒸汽来强化热质交换既无必要，又会使配汽系统和自控系统复杂化，所以无压纯蒸汽养护室在国内外都没能普遍推广。

为了从根本上克服普通坑式养护室的基本缺陷，苏联、法国等一些国家对热介质定向循环养护室进行了试验研究并已用于生产。在这种养护室中，热介质以强烈的多次定向循环流经制品的所有表面，从而显著地提高了制品与介质间的热质交换强度，同时还能根据需要，方便地控制热质交换强度。生产实践表明，热介质定向循环养护室具有下述优点：完全克服了热介质的分层现象，制品加热均匀，热养护时间短，蒸汽用量低，能简单且较可靠地实现湿热养护的自动控制等。这种养护室构造简单、投资少、耗钢量少，现有工厂中普通养护坑只需稍加改造即可，且改建费用仅相当于一次小修费。根据以现有企业为基地，挖潜革新，逐步实现现代化的原则，结合我国制品厂的具体情况，因地制宜地采用这种新型养护室将获得良好的技术经济效果。此外，热介质定向循环养护的原理不仅适用于养护坑，而且在蒸釜、立模、隧道养护窑等设备中均可予以应用。

在温热养护过程中，正在硬化的新成型的混凝土经历着一系列物理和化学变化，这些变化的结果是混凝土具有其基本性能，可于建筑工程中广泛采用。而符合质量要求的钢筋混凝土制品的工业生产，在很大程度上取决于热工设备是否能对硬化中的混凝土严格实行最佳的热养护制度。而加热温度、加热速度、加热制度以及热作用的均匀性等在这里都起着一定的作用。在养护室内加热混凝土时，由于材料和模具的温度滞后于热蒸汽空气介质的温度，因此蒸汽会在制品和模具的外露表面上凝结。

在蒸汽空气介质中热固化湿凝固的情况下，如果空气含量在宽范围内变化，并且产品与介质直接接触，则热量和水分传递到产品的表面和内部是相关的。传热强度取决于以下因素：材料和周围蒸汽空气介质的热物理性质、温差的大小和温度的高低、热湿迁移过程的方向、制品的形状和几何尺寸、介质与制品之间热接触的程度、制品表面与周围介质相互作用的流体动力学状况、材料的物理化学性质等。考虑这些过程的相互影响，阐明温度场产生不对称性的各种情况及其对硬化中混凝土结构形成的影响，消除其不利后果，所有这些都对蒸养中的混凝土能否取得必要的建筑性能起着决定性作用。因此，在养护室的全部空间内和在整个热处理过程中，对硬化中的混凝土保持热作用的均匀性和预期强度具有特别重要的意义，而这些都取决于湿热养护和外部热质交换过程的组织情况。

在一般情况下，热质迁移运动状态取决于周围蒸汽空气介质与制品相互作用的流体动力学状况、介质的组成、制品的几何形状和尺寸，还取决于蒸汽空气混合物气流的方向及其他因素。在高温下硬化的混凝土，其温度场和湿度场变化的数学描述是复杂的外部传热和伴随胶凝材料水化而产生的内部热源的增长情况，其数学描述也是复杂的，这就给湿热养护制度的计算工作带来相当大的困难。因此，在分析硬化中的混凝土的热制度时，必须研究热质交换过程的简化模型。

2.2　热传递

2.2.1　蒸汽与混凝土之间的热交换

在混凝土蒸养初期的供热升温阶段，蒸汽温度高于混凝土或其模板的温度，蒸汽压力高于混凝土内气压，所以蒸汽会在混凝土或其模板面上发生凝结，并靠凝结放热来将蒸汽热传给混凝土。蒸汽空气混合物的相对湿度也对其放热系数（α）有很大影响，因为相对湿度能直接影响凝结和蒸发过程。

蒸汽在混凝土表面或模板表面凝结时产生水膜，水膜对蒸汽继续凝结放热有不利影响。混凝土在接受蒸汽热后，在表里之间要产生温度梯度和蒸汽压差，这就有可能促使表面水向内转移。混凝土内部的传热过程主要取决于混凝土材料特性、混凝土配合比以及混凝土的硬化程度等。与此同时混凝土的干湿程度对混凝土导热系数也有影响，而混凝土外部热交换强度取决于蒸汽的凝结强度。当蒸汽与混凝土表面接触时，最初混凝土表面的温度高于混凝土内部的温度，如图 2-1 所示，混凝土经过一定时间蒸汽加热后，混凝土内部温度

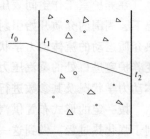

图 2-1　混凝土内部
传热示意图

将上升到等于表面温度或蒸汽温度，此后即不再向内传热，而往往由于水泥水化热的继续释放，混凝土内部温度有可能要高过外温。混凝土内温高过外温之后，蒸汽即不再在混凝土表面上凝结。纯蒸汽的凝结强度由放热速度来体现，不需考虑蒸汽质点向凝结表面的流动速度。但当蒸汽中含有少量的不凝气体杂质时，蒸汽质点由其基质向热交换表面移动的速度则对凝结强度产生巨大的影响。在这种情

况下就出现了与质点迁移过程有关的相当大的"外热阻"，因此当蒸汽在表面上凝结成水膜时，凝结强度由两个伴生过程（蒸汽质点由其基质向凝结表面移动及其放热）的进行速度确定。

当蒸汽空气混合物与温度较低的表面接触时，蒸汽开始在它上面凝结，在临近表面的混合物层中空气的相对含量增加，在产生凝结膜的地方蒸汽的温度和分压降低，而空气的分压则变得高于混合物基质中空气的分压。在这种情况下，蒸汽质点向表面流动是分子扩散或紊流扩散的结果。这时蒸汽的质点迁移机理以及蒸汽和空气分压在垂直于凝结表面方向上的分布取决于流体动力学状况。在其他条件相同时，混合物中空气含量越大以及它沿热交换表面运动的速度越高，则蒸汽凝结时的热交换也越强烈。

因此，由于有可能控制外部热质交换过程，并考虑湿热养护各阶段中这些过程的特点，湿热养护的各阶段均以含不凝气体的混合物中蒸汽凝结时热质交换的客观规律为依据，我们就能有目的地去控制蒸养混凝土中温度场的发展，以获得混凝土所需的建筑性能。

2.2.2 热介质定向循环条件下组织湿热养护的基本原理

硬化中的混凝土在有效热作用阶段的湿热养护制度为同时解决外部和内部传热问题提供了最佳方案。蒸汽空气混合物中的蒸汽在蒸养制品的表面附近凝结时热质交换过程的强度（外部传热问题），与高温条件下伴随混凝土硬化产生的内部物理—化学过程的速度（内部传热问题）两者最终必须严格吻合。由含不凝气体的混合物中的蒸汽凝结时的热交换理论可以得出：在设备工作空间内合理地组织热质交换过程，就能够在保证湿热条件均匀的同时，在整个供汽阶段控制热介质对硬化中混凝土的作用强度。

根据这一领域中能用于混凝土湿热养护过程的许多研究成果，可得出如下结论：湿热养护时的外部热质迁移运动状态，取决于热介质与制品相互作用的流体动力学状况、介质的成分、制品的几何形状和尺寸、制品对于介质流的方向以及过程的不稳定性。换言之，湿热养护组织的好坏，归结为外部传热问题，它取决于如何选择热介质沿热交换表面的合理流动方式和热交换参数规律变化的合理方案。此时，热介质的流动对提高冷凝膜的导热性也有重要的影响，而影响的程度则取决于流动的蒸汽空气混合物对冷凝膜的机械作用在多大程度上影响冷凝膜的波动。

在养护室工作空间表压恒定（可通过仔细密封和设置带冷凝器的回流管来保证）的情况下，周围的介质开始引射进已产生真空的区域，并与进入养护室的蒸汽强烈混合。此时，热介质运动的流体动力学状况及其参数特征将取决于蒸汽流速度的变化情况。因此，通过改变养护室进口处的蒸汽压力和采用适当形式的供汽装置，就能方便地对上述热介质运动的流体动力学状况及其参数进行调节。

按一定的形式布置供汽装置，可在养护室工作空间内形成不同的区域，使这些区域最有利于强化热过程。做到这一点就可以从根本上改善外形复杂（断面有变化和留有孔洞）的制品的混热养护质量，而这类制品在一般养护室中蒸养是很复杂的。此外介质在引射过程中的强烈混合，能保证在养护室的所有空间和整个供汽阶段中湿热条件的恒定。供汽装置的布置取决于产品的种类，采用这种供汽装置不会使热工设备的构造复杂化，而且实际上避免了纯蒸汽对硬化中混凝土表面的冲击，这一切除了能造成定向均匀的热介质流以外，还会使上述湿热养护方法优于其他方法，特别是在结构复杂的泵式调节器中制备混合物的方法。

实际上，无论是在无压设备或是蒸压设备中，对硬化中的混凝土都可以采用最佳的热养护制度，这就使热介质有组织循环的温热养护方法具有了通用性。因为这种方法使我们能够采用不同的胶凝材料和骨料并获得具有确定物理力学性能的建筑材料。因此只有采用以适当方式布置的供汽装置，使蒸汽能以最小的损失送入与周围介质混合的区域，才能组织热蒸汽空气介质的定向循环。采用车制的扩张型拉伐尔喷嘴作为供汽装置是比较合理的，这种喷嘴与其他形式的供汽装置相比具有更好的能量特征。

蒸汽流将惰性介质引入强烈的多次循环（必要时引入换向循环）中，并与它混合，从而使通过蒸养制品所有表面的载热体具有较高的流速，这一流速可通过改变养护室进口处蒸汽的压力进行调节，由此能够控制外部热质交换过程的强度，同时完全排除了介质沿养护室高度分层的可能性，消除了空气停滞区段，保证了制品养护的均匀性，而且实际上能得到工艺上必须的任何热过程进行速度。

在整个供汽阶段，当热过程在养护室的所有工作空间达到必需的强度时，随湿热养护制度变化的数量相当大的"介质—制品表面"的温差也消失了。将此温差保持在一定的计算水平上，就可以根据混凝土的成分和定型的产品品种，拟定具有同一效果的最佳湿热养护制度。这样就可以建立更简单有效的湿热养护自动控制系统，热工设备也就成为灵活的和可调节的了。

2.3　热损伤

火创造了文明，促进了人类的发展，但火同时也给人们带来了危害。相关资料显示，目前全世界每年发生火灾的次数约为 600 万~700 万起，全世界每年死于火灾的人数也是数不甚数，由此可见火灾的危害十分大，易残害生命，破坏自然资源，造成巨大的财产损失，破坏生态平衡，产生不良的社会和政治影响。

建筑结构常常有潜在的火灾隐患，建筑结构及构件的各种材料在火灾或高温下其性能均会受到不同程度的影响，高温条件下材料力学性能的退化是导致混凝土结构在火灾中发生破坏倒塌的主要原因之一，钢筋虽然有混凝土保护层的保护作用，但是随着火灾温度升高，其强度也会逐渐降低，不再满足承载力要求。随着纤维复合材料在建筑工程中的应用越来越广泛，国内外学者越来越关注其在室内建筑物中的耐火性能，尤其是火灾或高温环境下的工业和民用建筑。国内外关于纤维复合材料增强钢筋混凝土结构抗火性能的研究一直都在继续。

CFRP 加固的混凝土结构在遇到火灾时存在着巨大的安全隐患，用于粘贴混凝土与纤维复合材料之间的结构胶常采用环氧聚合物材料，其长期发挥黏结作用的环境温度只有 60~100℃，我国《碳纤维片材加固修复混凝土结构技术规程》也要求：粘贴碳纤维片材加固的混凝土结构长期使用的环境温度不应高于 60℃，CFRP 材料传热性较强，耐高温能力较差。当碳纤维与混凝土黏结点的温度达到 100℃时，加固层失效脱落，加固作用失效，若纤维复合材料在高温下不能有效发挥黏结性能，则很可能导致加固作用丧失，此时混凝土板底直接暴露于火场中，混凝土板内的温度继续上升，可能会引起建筑结构的破坏甚至倒塌。

当 CFRP 材料用于加固室内结构构件时，必须采取防火保护措施，且要求被加固构件的耐火极限不得低于相应原结构构件的耐火极限。在我国 CFRP 材料被广泛用于室内结构构件的补强加固，特别是中小学校舍的加固，大部分加固的构件无防火保护措施，火灾发生时极易使被加固的结构构件过早失效，导致房屋坍塌，引发群死群伤的重大事故，造成恶劣的社会影响。因此，若要用 CFRP 材料加固建筑室内结构构件，必须采取有效的防火保护措施。高温下 CFRP 加固材料表面未喷涂防火涂层时对被加固的钢筋混凝土板内的温度场基本没有影响。

基于上述问题，有研究表明当采用 40mm 厚防火板进行防火保护的 CFRP 加固混凝土梁，碳纤维黏结处在很长时间内处于低温状态，在 1h 左右有机黏胶剂达到玻璃化温度，其耐火极限能够达到 146min，是未经防火保护的 1.8 倍。通过增加防火保护层的厚度或是减小防火材料的导热系数可以有效地提高 FRP 加固混凝土构件的耐火极限。吴波和王军丽[67]对 3 块设置不同防火材料的碳纤维布加固钢筋混凝土板进行了耐火性能试验，研究指出只要采取适当的防火措施，碳纤维布加固钢筋混凝土板的耐火极限同未加固板大体相当甚至更长，厚 15mm 水泥砂浆的防火效果不如厚 3mm 的薄型防火涂料，而 3 块板中采用厚 5mm 型防火涂料的板耐火性能最好[68]。

当采用厚涂型防火涂料对 CFRP 加固钢筋混凝土板进行防火保护时，10mm、20mm 厚防火涂层对构件的防火保护效果相当有限，其耐火极限远小于未加固钢筋混凝土板的耐火极限，无法满足构件的防火设计要求与规范规定。随着防火涂层厚度的增加，防火效果越突出，当防火涂层为 30~40mm 时，普通环氧树脂胶黏剂可持续受热 67~113min 而不失效，碳纤维材料加固的混凝土板具有很好的耐火性能。结合实际工程，若加固前原钢筋混凝土楼板的承载能力较低，用 FRP 布加固后分别喷涂防火涂层 30~40mm 时，可分别达到二级耐火极限（60min）和一级耐火极限（90min），若加固前原钢筋混凝土楼板的承载能力较强，用 FRP 布加固后分别喷涂防火涂层 30mm、40mm 时，被加固构件的耐火极限分别高于 67min、113min。对于实际工程中楼板的防火设计和施工，可以根据不同的防火要求选择喷涂不同厚度的防火涂料，以满足规定的耐火极限[69]。

第3章 蒸养混凝土损伤分析

3.1 引言

3.1.1 国外混凝土损伤理论的研究现状

1958 年，Kachanov[69] 在研究金属的蠕变失效时，为了反映材料内部的损伤，首次提出了"连续性因子"和"有效应力"的概念。1963 年 Rabotnov[70] 提出了"损伤因子"的概念。这些工作为损伤力学的创造和发展做出了开创性的工作。后来，Janson 等[71] 提出了损伤力学（Damage Mechanics）的概念。与固体力学的其他分支一样，在工程实践的推动下，损伤力学得到了发展和逐步完善，在航天、核、机械、土木等工程领域应用广泛。随着损伤力学的发展和对金属蠕变损伤的研究，预测蠕变结构的寿命和蠕变裂纹扩展速率是确定工程材料和蠕变结构安全性的重要应用之一。目前，损伤力学在混凝土结构中的应用是相同的。早期的研究成果，如 Loland 损伤模型和 Mazars 损伤模型，都是基于实验获得的应力—应变曲线，利用应变等效原理建立的单轴损伤模型，是典型的弹性各向同性损伤模型，损伤变量都是标量。随后，为了反映混凝土损伤的各向异性，将混凝土视为各向同性材料，损伤视为各向异性，这个模型是基于等价原则的。具有代表性的这类模型包括由 Helmholtz 自由能在准静态载荷、小变形和等温条件下导出的 Krajcinovic 损伤演化方程（该模型认为，随着损伤的发展，混凝土的塑性变形趋于很小，可视为理想的脆性材料，并假定损伤演化方向与损伤面垂直），基于 Gibbs 自由能等价原理导出的各向异性损伤模型。Mazars 和 Lemaiter 将其损伤演化方程应用于单侧开口的 CT 试件，并将有限元数值模型的结果与应变片测量的结果进行了比较，得出了有益的结论。

3.1.2 国内混凝土损伤理论的研究现状

20 世纪 80 年代，欧洲力学协会委托 Lemmet 于 1981 年 7 月在法国卡珊举办了第一次题为"损伤力学"的国际研讨会。同年，我国《固体力学学报》发表了一篇损伤理论的译文。次年，中国学者在黄山召开了第一次全国损伤力学研讨会，标志着我国损伤力学的发展研究的开始。杨光松等[72] 建立了基于微观机制的微裂纹损伤模型，预测材料的损伤非线性本构关系和破坏。采用显微组织的相对变形来描述材料缺陷损伤的影响，物理机制清晰，可以统一为 Gprdebois 模型、Krajcinovic 模型、Kachanov 模型等几种主要损伤模型，具有较强的实用性。杨光松等[72] 曾利用混凝土材料的单向拉压实验数据对该模型进行了验证。李杰等[73] 提出了一种混凝土细观损伤物理模型，解释了高性能混凝土在本构层次上的细观损伤演化特征。建立了混凝土单轴拉伸、单轴压缩和双轴拉伸—压缩组合下的随机损伤本构模型。通过试验初步验证了利用随机损伤本构关系反映混凝土受力破坏机理的可行性。李笃权等[74]、杨强等[75]在 Gurson 损伤模型的基础上，发展了各自的推广模型和实用算法。目前国内损伤力学及其应用的研究主要集中在理论上，可以在一定程度上加以应用。由于损伤试验的难度较大，基于损伤试验的研究还比较少，仅有的试验也还是停留在单个构件的层次上[76]。

判别蒸养混凝土构件承载力的依据是蒸养混凝土的本构模型，通过对蒸养混凝土损伤理论的研究，可以更好地掌握蒸养混凝土性能，使蒸养混凝土在使用过程中能够得到更加充分的应用，这不仅可以避免材料的浪费，而且可以给专业方向的研究及社会带来巨大的经济效益。

蒸养养护实质是在湿热介质（蒸汽）的作用下，加速养护过程水泥的水化速率，使混凝土内部结构快速形成，获得早强快硬的效果，缩短工程工期。然而相比普通标养混凝土，蒸养混凝土蒸养养护过程中高温高湿度环境虽然加快了混凝土的水化反应速率，但同时对混凝土结构也造成了一定的影响。中南大学谢友均教授等[77-78]指出蒸养混凝土表层水化程度大于内部，热重损伤可达 0.65%，高出标养混凝土 1 倍，孔隙率变大且微裂缝增多。而这最终将导致蒸养混凝土设施更快速的劣化，这也是国际建筑行业面临的最严峻最艰巨的挑战之一[79]。因此，有必要对蒸养混凝土的损伤进行较为系统的研究。

目前，针对蒸养混凝土的损伤研究主要体现在蒸养混凝土强度、孔隙率及表层形貌等的变化规律评价上，并提出了调整蒸养制度、添加外加剂、改变混凝土组分等控制热效应损伤的措施[14-21]。其中蒸养混凝土的孔隙率的变化及孔径的分布是引起强度及耐久性能变化的主要因素。然而，针对筋材对蒸养混凝土损伤程度的影响及孔隙率与强度之间关系的研究较为有限。

因此，本章分别从微观与宏观角度研究蒸养混凝土的损伤规律，并考虑不同保护层厚度或不同直径 GFRP 筋对其损伤的影响；建立不同养护龄期蒸养混凝土抗压强度与抗拉强度计算模型；并从孔径分布角度揭示蒸养混凝土损伤的本质，且针对孔隙率与抗压强度建立相关关系。为蒸养 GFRP 筋混凝土预制构件设计中混凝土性能参数修正提供了理论依据。

3.2　试验设计

3.2.1　试件制作

本章试验主要针对标养混凝土与蒸养混凝土进行抗压强度测试、劈裂抗拉强度测试、微观结构观测、毛细吸水性能测试及孔隙结构分布测试。根据《水工混凝土试验规程》[80]制作 150mm×150mm×150mm 标准立方体混凝土试块如图 3-1a 所示，进行抗压强度、劈裂抗拉强度测试；在研究蒸养混凝土微观结构与毛细吸水性能的同时，考虑 GFRP 筋对蒸养混凝土表层损伤影响，微观结构观测、毛细吸水性能测试及孔隙结构测试均采用配有 GFRP 筋或钢筋的 200mm×110mm×80mm 棱柱体，如图 3-1b 所示，保护层厚度分别为 15mm、20mm、25mm、35mm，并设置钢筋与标养混凝土环境中 GFRP 筋作为对比试件。毛细吸水性能测试结束后对棱柱体进行烘干处理，对其不同部位进行取样，以便微观结构观测及孔隙结构测试，如图 3-1 所示。

a)　　　　　　　　　　　　　　b)

图 3-1　蒸养混凝土测试试件
a) 立方体试件　b) 棱柱体试件

3.2.2　试验方法

　　损伤力学研究的难点和重点是如何用损伤模型描述损伤材料的本构方程和损伤演化方程。目前，描述材料的损伤模型根据其特征尺寸和研究方法主要分为微观损伤模型、细观损伤模型和宏观损伤模型[76]。

　　微观损伤模型在原子或分子尺度上研究了材料损伤的物理过程和材料结构对损伤的影响，还研究了受损材料的微组分（如基体、颗粒、孔隙）的单独力学行为及其相互作用，然后用量子统计力学方法推导了宏观损伤行为。

　　细观损伤模型忽略了损伤物理过程的细节，对损伤变量和损伤演化赋予了真实的几何形态和物理过程，使其不再是一般抽象的数学符号和方程，也避免了连续损伤力学中的假设，从几何和热力学两个方面考虑了各种损伤的形状和分布，并对其进行了预测。预测不同介质中的生成、发展和最终失效过程。多尺度连续介质理论是建立细观损伤模型的常用方法。其研究方法分为两个阶段，首先，从受损材料中提取材料元素，从样品或结构尺度上看，该材料元素是无穷小的，从微观尺度上看，它是无穷大的。它可以包含材料损坏的基本信息，无限个元素之和就是受损物体的整体。然后，通过对受宏观应力作用的特定损伤结构的力学计算（需要各种简化假设），可以得到构件的宏观应力与总应变之间的关系以及损伤特征的演变。这些关系对应于损伤结构的本构方程，可用于分析结构的损伤行为。

　　宏观损伤模型是基于宏观尺度上的连续力学和连续热力学，它不需要直接从微观机制推导宏观量之间的理论关系，但一般将含有各种缺陷的材料视为含有"微观损伤场"的连续体，通过引入损伤变量，可以表达损伤的程度和影响，满足力学和热力学的要求。在基本假设和定理的条件下，从现象学的角度确定了材料的损伤模型和损伤演化规律。

　　（1）抗压强度试验　对混凝土进行抗压强度试验，对比蒸养混凝土与标养混凝土抗压性能及变形能力，从宏观力学角度分析蒸养对混凝土预制构件热损伤影响。谢友均等[78]针对添加矿物掺合料的蒸养混凝土抗压强度进行试验研究，发现不同养护龄期蒸养混凝土抗压强度显示不同，说明不同养护龄期蒸养混凝土的强度可能产生变化。为探明蒸养混凝土抗压强度随养护龄期的变化特征，本章分别对蒸养结束后混凝土早期脱模抗压强度及蒸养养护制度养护 7d、28d 与 56d 的抗压强度进行试验分析。

（2）劈裂抗拉强度　混凝土脆性的增加与其微裂缝的存在有直接关系，在拉应力作用下混凝土裂缝容易发生扩展，故混凝土的抗拉性能比抗压性能更能够反应混凝土裂缝的存在状态。对混凝土抗拉强度很少进行直拉试验，因为试件的装置要承受不可忽略的次生应力，不利于进行控制，所以通常采用劈裂抗拉强度来评价其抗拉性能。

对混凝土进行抗拉强度试验时，试件从养护地取出后要及时进行试验，试验过程中要保证劈裂承压面和劈裂面与试件顶面垂直，加荷速度取 0.05～0.08MPa/s[80]，则

$$f_{ts} = 2F/\pi A \qquad (3-1)$$

轴心抗拉强度可利用劈裂抗拉强度乘以 0.9 换算系数得到

$$f_t = 0.9 f_{ts} \qquad (3-2)$$

为探明蒸养混凝土抗拉强度随养护龄期的变化特征，本章分别针对蒸养结束后混凝土早期脱模抗拉强度及蒸养养护制度养护 7d、28d 与 56d 的抗拉强度进行试验分析。

（3）蒸养混凝土微观观测方法　对混凝土进行微观观测，分别从棱柱体混凝土试件上表面、中间部分及下表面取试样进行微观观测。不仅考虑蒸养养护对表面及内部的不同影响，同时考虑不同直径 GFRP 筋对蒸养混凝土表层损伤的影响。

（4）蒸养混凝土的毛细吸水性能测试　对混凝土进行毛细吸水性能测试，如图 3-2 所示，天平精度为 0.1g。为对比分析蒸养养护对混凝土表层、混凝土内部及混凝土试件底部的毛细吸水性能特征，并考虑配筋对蒸养混凝土表层损伤的影响，试验过程中取表层 0、中间层 1、下层 2 作为测试对象。蒸养湿热环境是影响 GFRP 筋吸湿率最主要的外界因素。

图 3-2　毛细吸水性能测试

本试验依据 ASTM D5229[81] 规定的方法对蒸养混凝土中 GFRP 筋及标养混凝土中 GFRP 筋的吸湿率进行测试及分析，利用吸湿率曲线得到与直径相关的扩散系数计算模型，根据要求记录吸水重量随时间的变化关系。

（5）蒸养混凝土的孔隙结构分布测试　采用压汞试验对孔隙结构分布进行测试。测试主要针对蒸养养护与标养养护龄期均达到 28d 的混凝土试样，首先烘干测试试件；然后将测试试件切割为 5～7mm 混凝土颗粒，并用无水乙醇浸泡 3～4d 终止水化；最后置于干燥箱干燥直到试样恒重后进行孔结构的压汞试验。

3.3　蒸养混凝土损伤规律分析

影响蒸养混凝土损伤的三个方面：第一，混凝土各组成材料的热膨胀不同，胀缩的不一致使混凝土中产生很大的内应力；第二，水泥石内部产生一系列物理化学变化，使结构变得疏松；第三，骨料内部的不均匀膨胀和热分解、晶体形状的转变，导致骨料强度的下降。

3.3.1　蒸养混凝土表观形貌

混凝土浇筑完成后分别进行标准养护与蒸养养护，养护完成后取出混凝土试件对其表面表观形貌进行观测，如图 3-3 所示。对比图 3-3a 与 b、c 可见，蒸养混凝土表面产生了明显的掉皮与微裂纹现象，这表明蒸养混凝土表层与内部结构实际上是存在较大差异的，这种差异必然会导致蒸养混凝土表层与内部宏观性能（如介质传输性能）的不同。而标养混凝土表面相对比较光滑，这说明蒸养养护对混凝土表面确实造成了一定的损伤。然而经过切割磨光后，混凝土切割表面明显可见不同尺寸和形状的骨料颗粒及不连续的水化水泥浆体。因此，从蒸养混凝土的表观形貌可见，蒸养养护对混凝土表面造成了一定的热损伤，但蒸养混凝土仍然是一种由骨料颗粒分散于水泥浆基体中的两相材料，这点与标养混凝土并无差异（图 3-3d）。

图 3-3　混凝土表观形貌

a）标养混凝土试件　b）蒸养混凝土试件　c）蒸养混凝土试件　d）蒸养混凝土切割磨光表面

3.3.2　水化产物微观形貌

材料领域研究的进步，主要体现在从材料的内部微观结构认识到材料性能由来的机理研究。现代材料科学的核心就是微观结构与性能关系，当一种材料的组成成分及其配制技术确定后，它的性能变化总是通过其微观结构的改变来实现，即材料的性能与其内部微细观结构有着密切的相互依存关系。混凝土的微观结构不均匀且十分复杂，目前对其建立模型并可靠地预测其性能还很困难。然而，通过了解混凝土各组分微观结构和性能之间的关系及其相互联系，对性能进行分析和控制还是可行的。因此，蒸养混凝土的微观结构研究对蒸养混凝土性能的研究较为重要。不均质且高度复杂的混凝土微结构中的两相彼此之间也不是均匀分布的。不同的混凝土组成成分会改变水泥水化产物，不同的养护环境与不同的养护龄期对水泥水化程度也存在一定的影响。因此，混凝土微结构的分布不但受混凝土组成成分的影响，而且受养护环境与养护龄期的影响。由于混凝土水泥浆与界面过渡区都会随环境温度、湿度及时间变化产生变化，因此，混凝土的微结构并不属于材料固有的特性。

蒸养养护过程中，混凝土表面、中部与底面直接接触的温度与湿度都有所不同，可能会影响水泥水化的程度。已有研究表明，不同的养护温度条件对混凝土的水化进程、水化产物及微观结构都将产生显著的影响。因此，为探明蒸养热效应对混凝土表层热损伤的机理及其影响范围，本节不仅针对标养混凝土与蒸养混凝土进行对比分析，对不同部位的混凝土微结构也进行了相应的分析研究，并分析了不同直径 GFRP 筋对蒸养混凝土表层微观结构的影响。

图 3-4、图 3-5、图 3-6 分别显示了标养混凝土与蒸养混凝土的表面、中部与底面的微观结构形貌。微观扫描电子显微镜 10000×数扫描下混凝土微观结构显示出针状结晶的硫铝酸钙水化物，即"钙矾石"，主要是水化早期钙、硫酸盐、铝酸盐与氢氧根反应的结果。随着水化过程进行，棱柱状的氢氧化钙结晶和纤维状的硅酸钙水化物不停地填充之前水与未溶解水泥颗粒所占位置，随后，"钙矾石"可能会发生分解，分解为六角形片状的单硫型硫铝酸盐水化物。由图 3-4 内置直径 10mmGFRP 筋标养混凝土表面、中部、底部混凝土微观结构可见，显微镜 10000×数时存在较明显针状结晶水化物，显微镜 5000×数时较明显地反映了柱状氢氧化钙结晶分布。与图 3-5 内置直径 10mmGFRP 筋蒸养混凝土微观结构形貌对比分析可见，蒸养混凝土中的表层水化程度较为明显，水化结晶体较为密集，相应中部较标养混凝土也更充分，然而针状晶体间存在着较多的孔隙。这说明蒸养养护制度加速了混凝土表层及中部水泥的水化程度，但整体的密实性却受到了影响，使蒸养混凝土孔隙率及裂缝更为明显，这与水化反应过程中水分流失及水化物相形成有关。对比图 3-6 中内置直径 16mmGFRP 筋的蒸养混凝土微观结构形貌可见，直径的变化对表层水化程度影响较小，但混凝土中部的水化程度会随直径的增大而降低，这主要是由于大直径的 GFRP 筋阻碍了混凝土内部水分的扩散，延缓了水泥水化过程。

不同养护制度下混凝土的水化程度不同。电子扫描电镜（SEM）可以观察水泥水化产物的形态和水化产物在混凝土中的分布。利用扫描电镜观察不同养护条件下混凝土的微观形貌，研究不同养护条件对混凝土水化产物的影响。

通过观察 28d 标准养护和 20h 直接标准养护后 28d 混凝土试件的扫描电镜照片，研究蒸汽养护对混凝土水化产物的影响。

a)   b)

图 3-4　不同养护制度下混凝土试样的 SEM 照片[82]

a）蒸养后标养 28d　b）标养 28d

从图 3-4b 可以看出，标准养护 28d 后混凝土试件的水化产物分布均匀，整体结构紧凑，形成的针状钙矾石尺寸较短，相互交织，将 $Ca(OH)_2$ 这样的六角形板包裹在里面。因此，标准养护 28d 后的混凝土具有较高的密实度和较好的抗氯离子渗透性。但蒸汽养护混凝土早期形成的钙矾石和层状 $Ca(OH)_2$ 晶体数量较少，其水化产物在混凝土中的分布均匀性比标准养护混凝土 28d 的分布均匀性差得多。结果表明，混凝土的密实度低于直接养护的混凝土试件[82]。

　　由图 3-5～图 3-7 微结构形貌可见，不同部位的混凝土水泥水化程度有所不同，形成针状结晶的硫铝酸钙水化物或六角形片状的单硫型的硫铝酸盐水化物密集度都存在着一定的差异，这主要是由混凝土微结构的不均匀性及不同水化程度导致的。然而，蒸养混凝土与标养混凝土水化产物并未显示出不同，这说明本书中采用的铁路蒸养制度对混凝土本身材料特性并未产生本质的改变。

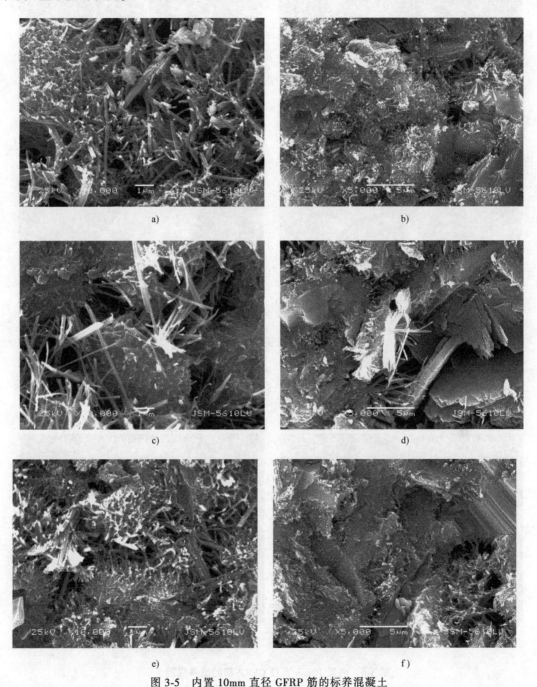

图 3-5　内置 10mm 直径 GFRP 筋的标养混凝土

a) 表面 10000×　b) 表面 5000×　c) 中部 10000×　d) 中部 5000×　e) 底面 10000×　f) 底面 5000×

由图3-5也可看出该龄期下同龄普通混凝土水化水平相对较高，距离水泥石较近。

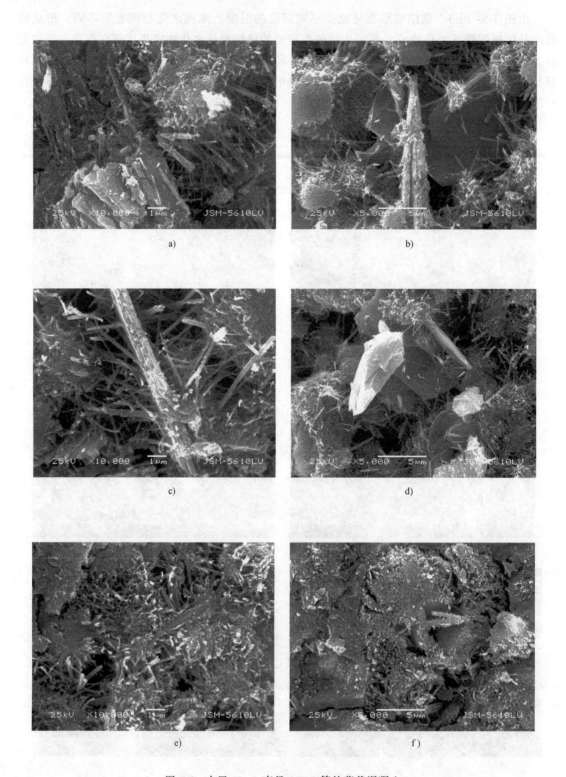

图 3-6　内置 10mm 直径 GFRP 筋的蒸养混凝土

a）表面 10000×　b）表面 5000×　c）中部 10000×　d）中部 5000×　e）底面 10000×　f）底面 5000×

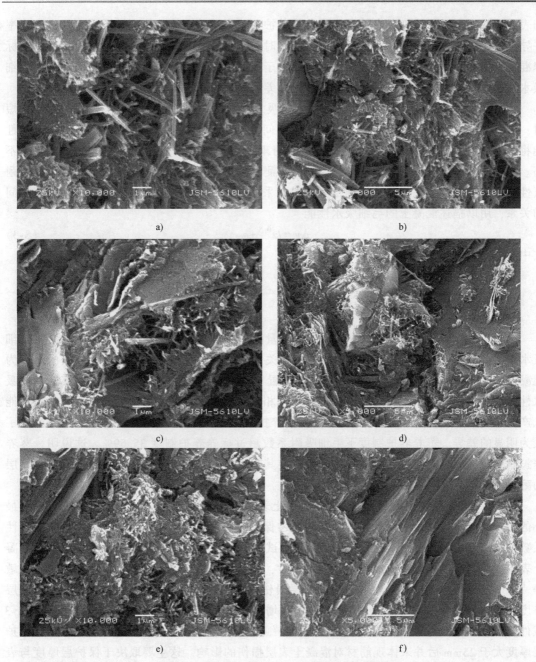

图 3-7　内置 16mm 直径 GFRP 筋的蒸养混凝土

a）表面 10000×　b）表面 5000×　c）中部 10000×　d）中部 5000×　e）底面 10000×　f）底面 5000×

3.3.3　蒸养混凝土毛细吸水性能

外界环境中的水通过混凝土中的毛细孔发生毛细作用而进入混凝土内部的性质，称为混凝土的毛细吸水性。

混凝土的毛细吸水性可作为评价混凝土耐久性的性能指标。Khatib 等[83] 提出，温度 27℃ 和相对湿度 72% 的条件下，混凝土暴露表层下 20mm、30mm 与 70mm 处的毛细吸水性随表层下深度增大，毛细吸水性减小。蒸养养护高温高湿度环境加快水泥混凝土的水化速率并导致水化产物分布不均、孔隙结构粗化的同时，也会使蒸养混凝土毛细吸水性能有别于标养混凝土，并且由于不同部位接触环境差异大于标养混凝土，故蒸养混凝土不同部位的毛细吸水性的变化规律与标养混凝土也存在一定的差异。

Hall[84] 试验研究发现，混凝土中的毛细吸水性能是符合达西定律的，当测试时间较短时，混凝土毛细吸水性能符合吸水量与 $t^{0.5}$ 之间线性变化关系；当超过 1d 时间时，吸水性能将明显偏离前期变化规律。根据管模型吸附理论，可通过指数衰减函数来拟合但精度不高。相对而言，混凝土毛细吸水性是一个较易测定的参数，且精度较高，故在评价混凝土耐久性时常采用混凝土毛细吸水性测定法。本章采用式（3-3）表示吸水重量与测试时间之间的关系，用以描述混凝土的毛细吸水性能

$$\Delta w = kt^{0.5} + a \tag{3-3}$$

式中　　Δw——吸水质量；

　　　　t——测试时间；

　　　　a——常数；

　　　　k——毛细吸附系数。

图 3-8 显示了不同条件下混凝土表层吸水量随时间 $t^{0.5}$ 的变化规律，可见，混凝土毛细吸水性能基本符合吸水量与 $t^{0.5}$ 之间线性变化关系。根据式（3-3），定义拟合曲线的斜率为混凝土的毛细吸附性系数 k。同样条件下，内置 GFRP 筋与内置钢筋的混凝土的表层毛细吸水性能变化曲线基本一致，毛细吸附系数基本相同。可见，GFRP 筋对混凝土毛细吸水性能未产生不利的影响。然而图 3-8b 显示，不同养护制度下，混凝土表层毛细吸水性能产生了较为明显的差异，蒸养养护制度下毛细吸附系数超过标养养护制度 35.59%。这说明，蒸养养护制度对混凝土表层存在较明显的影响，使其毛细吸附系数增大，同样降低了混凝土表层的耐久性能。

图 3-8c 给出了不同保护层厚度下，混凝土表层毛细吸附性能变化趋势，保护层厚度最小的 G-Ste1-1 试件毛细吸附性系数最小，仅占保护层厚度 25mm 的 G-Ste1-3 试件毛细吸附性系数的 73%，并且小于标养养护条件下 G-Sta 试件的毛细吸附性系数，说明筋材对蒸养混凝土表层损伤的抑制作用。当保护层厚度较小时，蒸养混凝土表层损伤相对较小，这与贺智敏等[16-17] 提出的筋材布置位置对混凝土表层损伤存在影响的结论一致。图 3-8c 显示保护层厚度从 15mm 到 25mm，毛细吸附性系数不断增大，然而，保护层厚度为 25mm 的 G-Ste1-3 试件与保护层厚度为 35mm 的 G-Ste1-4 试件毛细吸附系数并未存在明显的不同。可见，保护层厚度大于 25mm 后并未体现筋材对混凝土表层损伤的影响。这主要取决于保护层厚度与表层损伤深度的关系，当保护层厚度小于表层损伤深度时，即 GFRP 筋布置于表层损伤区域，筋材将对表层损伤产生一定的抑制作用；当保护层厚度大于表层损伤深度时，筋材对表层损伤的抑制作用会比较小。

为验证不同位置处蒸养养护制度对混凝土可能产生的不同损伤，图 3-9 给出了不同位置处混凝土的吸水量变化规律，不论是蒸养养护制度还是标养养护制度，不同位置处混凝土的毛细吸水性能基本都符合吸水量与 $t^{0.5}$ 之间线性变化的关系。由图 3-9a 可见，标养养护制度下，混凝土毛细吸水重量呈现表层吸水重量大于底部、底部吸水重量大于中部的规律。这与混凝土接触外界环境的难易程度有关，混凝土表层直接与养护环境接触，底部通过模板与

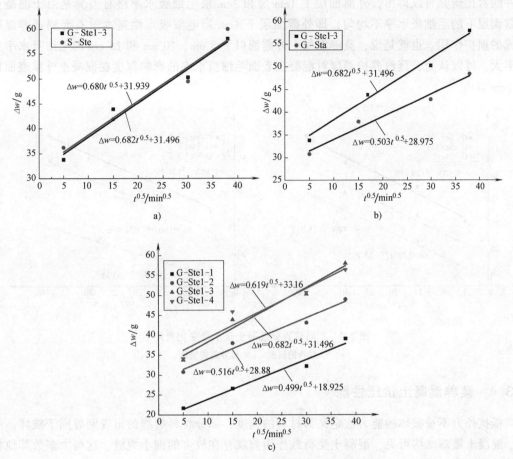

图 3-8　不同工况下混凝土表层吸水量变化规律

a) 不同筋材　b) 不同养护制度　c) 不同保护层厚度

外界环境接触，然而混凝内部则需通过混凝土内部孔结构进行传递，因此，其呈现出的性能也将有所不同。蒸养混凝土表层、底部与中部吸水重量存在着同样的变化规律（见图 3-9b），然而由于蒸养养护环境更为突出，因此蒸养混凝土不同位置处的毛细吸附系数的差异比标养混凝土更显著。由图 3-9 可见，标养养护制度下，不同位置处混凝土毛细吸附系数基本一致，最大相差仅 6.6%；而蒸养养护制度下，表层的毛细吸附系数超出了中部的43.9%。分析标养混凝土与蒸养混凝土中部的毛细吸附系数可知，两者基本相同，相差仅0.8%，这说明蒸养养护对混凝土内部的毛细吸水性能并没有产生明显的变化。

　　蒸养混凝土的内部吸水率基本相同，但表层的毛细吸水率明显大于内部毛细吸水率。研究发现，毛细吸水量的大小与混凝土的微观结构密切相关，说明在蒸汽养护过程中，混凝土表层的微观结构受到一定程度的破坏，这与实践中发现的一些现象是一致的。混凝土的性能与其内部结构密切相关。蒸养混凝土层的吸水性差异也是由混凝土层间结构差异引起的。结构差异主要有两个方面，一是物质本身原因，由于混凝土构件在振动过程中的密度不同，不同构件的沉降量也不同（粗骨料沉降较大），而由于浆体相对浮动，内部构件分布不均匀；二是外部环境原因，蒸汽养护温度对混凝土表面造成损伤。

通过对混凝土外露面层及其下 1cm 层和 3cm 层毛细吸水率梯度的蒸汽养护和标准养护条件的对比研究可以得出，外露面层下 1cm 层和 3cm 层毛细吸水率略有差异是由于混凝土外露面层下的毛细吸水率不均匀，即外露面层下 1cm 层毛细吸水性基本没有受到蒸养温度造成的损伤作用。也就是说，蒸养混凝土外露面以下 5 cm、10 cm 和 15 cm 的毛细吸水率差别不大。可以认为，蒸汽养护温度对混凝土表面毛细吸水率的影响深度在混凝土外露表面以下 1cm 以内[16]。

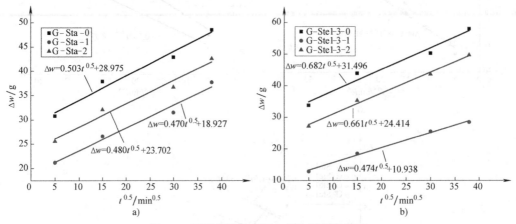

图 3-9　不同位置处混凝土吸水量变化规律
a）标养养护制度　b）蒸养养护制度

3.3.4　蒸养混凝土抗压性能

抵抗外力不被破坏的能力被定义为材料的强度，部分材料裂缝的出现则等同于破坏。然而，混凝土微观结构可见，混凝土受荷载作用前就存在较多的细小裂缝，这与大多数其他材料的结构形式是不同的。因此，混凝土的强度与引起其破坏的应力是相关的，将破坏应力定义为混凝土试样所能抵抗的最大应力即强度。混凝土的抗压强度比其他类型强度值高出数倍，因此，混凝土构件设计中，主要利用混凝土较高的抗压强度性能。

不同温度环境下水泥水化速率随时间变化而有所不同，因此其混凝土抗压强度也有所不同。蒸养养护制度对混凝土最大的影响体现在混凝土浇筑后初期成型速度极大加快，当温度越高时，混凝土硬化速度越快，然而温度过高也会导致混凝土的脆性破坏更为明显。谢友均[78]对蒸养混凝土抗压强度演化规律研究发现，养护 56 天后蒸养混凝土抗压强度较脱膜强度更高。可见，蒸养养护过程并未使水泥水化达到最大，在之后的标养潮湿环境下，水泥水化将继续，而继续速度与标养养护混凝土存在着不同。因此，本章分别针对蒸养拆模，蒸养后标养 7d、28d、56d 及标养养护 7d、28d、56d 的混凝土试块进行抗压性能测试。

1. 破坏形态

混凝土基体中含有较多形状不同、大小不一的孔隙，并且在界面过渡区间存在着较多的微裂缝，因此，混凝土在应力作用下的破坏方式相对比较复杂，并且将随荷载类型的不同而有所不同。

当混凝土受单轴拉伸应力时，裂缝的形成与发展所需的能量相对较小。并且界面过渡区的原生裂缝与基体中的裂缝将快速扩展与联通，最终引起脆性破坏。而混凝土受压时，基体中裂缝的形成和扩展需要相对更多的能量，因此，其破坏时表现的脆性相对较小。普遍观点认为单轴抗压试验中，中、低强度混凝土其应力在达到破坏应力的 50% 之前基体是不会产生裂缝的；当处于更高应力水平时，基体内产生裂缝，并且裂缝的数量与大小随应力水平的提高而不断的增加；最终基体和界面过渡区的裂缝（剪切—黏结裂缝）连通起来，与荷载在 20°~30° 方向形成破坏面。

由试验可知，蒸养混凝土与标养混凝土抗压性能测试的破坏形态基本一致，均符合图 3-10 破坏形态。由于蒸养混凝土早期水泥水化的加快，其脆性特征较标养混凝土更为明显，因此，试验过程中，蒸养混凝土的脆性破坏较标养混凝土更明显，并且由于蒸养混凝土表面较标养混凝土表面更为粗糙，其表面摩擦性能大于标养混凝土，因此，蒸养混凝土破坏过程中产生贯通裂缝的可能性较普通混凝土要高出许多。

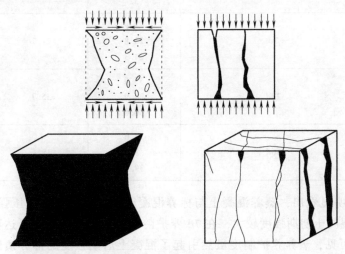

图 3-10　混凝土破坏形态

2. 抗压强度试验结果分析

表 3-1 中给出了不同养护制度下混凝土不同养护龄期的抗压强度试验值。蒸养养护结束后混凝土的脱模强度已达到混凝土后期强度的 60% 以上，这说明蒸养养护高温环境使水泥水化程度较大，而与此同时，标准养护混凝土强度却无法保证脱模过程成型不被影响。蒸养混凝土在标养室养护至 7d 的过程中，水泥水化仍在继续，然而速率相对较小，因此，蒸养混凝土后期抗压强度增长相对标养混凝土更慢。标养混凝土养护龄期达到 28d 时，其抗压强度基本达到龄期为 56d 的抗压强度 90% 以上，且高于蒸养养护混凝土抗压强度 13%；养护龄期达到 56d 时，标养养护混凝土抗压强度高于蒸养养护混凝土抗压强度 19%。这说明蒸养养护制度降低了混凝土的后期强度。

表 3-1　混凝土试块抗压强度

养护方式	养护时间/d	抗压强度/MPa		
		试验值	平均值	变异系数（%）
蒸养	蒸养脱模	21.7 21.4 20.8	21.3	2.15

（续）

养护方式	养护时间/d		抗压强度/MPa		
			试验值	平均值	变异系数（%）
蒸养	蒸养拆模后标养	7d	25.3 26.5 27	26.3	3.33
		28d	31.6 32.4 33	32.3	2.17
		56d	33.6 33.8 32	33.1	2.98
标养	7d		22.9 23.8 24.3	21.7	8.69
	28d		35.6 34.9 36.6	35.7	2.39
	56d		38.6 37 39.5	38.4	3.3

图 3-11 可以明显看出，蒸养混凝土与标养混凝土不同养护龄期抗压强度的变化规律，蒸养养护制度使混凝土初期强度较大，在 7d 养护龄期时，其抗压强度可达养护 28d 龄期强度的 84%以上。可见，蒸养养护制度虽然引起了混凝土后期强度的部分损失，但可大大缩短养护龄期，使混凝土构件尽早投入使用。

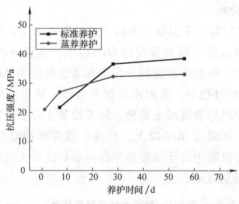

图 3-11　混凝土抗压强度随养护时间变化规律

3.3.5　蒸养混凝土抗拉性能

混凝土的抗拉性能在混凝土结构设计受力中是被假定忽略的，然而混凝土裂缝产生的主导因素则是受力过程中抗拉应力达到混凝土的抗拉强度，我国 GB 50608—2010《纤维增强复合材料建设工程应用技术规范》[85] 指出裂缝间纵向受拉 FRP 筋应变不均匀系数 ψ 与混凝土的抗拉强度有关，同等条件下，混凝土抗拉强度越高，应变不均匀系数 ψ 越小，即混凝土最大裂缝宽度越小；反之，混凝土最大裂缝宽度越大。可见，混凝土的抗拉强度虽然被假定不参与受力，但对混凝土结构的正常使用极限状态的影响却是不可忽略的。

贺智敏[16] 对蒸养混凝土抗压比、折压比与劈拉强度的研究发现，蒸养养护温度越高，混凝土的折压比和拉压比越低，且脆性越大；且蒸养温度越高，混凝土的脆性越明显，并且龄期的延长也将增加蒸养混凝土的脆性。由此可见，蒸养混凝土的抗拉强度比标养混凝土更低，裂缝可能更容易产生，这将直接影响蒸养混凝土结构的正常使用极限状态。因此，蒸养混凝土的抗拉强度具有一定的研究意义。

本章分别对蒸养拆模，蒸养后标养至 7d、28d、56d 及标养养护 7d、28d、56d 混凝土试块进行劈裂抗拉试验测试。表 3-2 中给出了不同养护制度下混凝土抗拉强度试验值，并基于式 (3-2) 采用劈裂试验抗拉强度换算得到轴心抗拉强度。由表 3-2 及图 3-12 可见，混凝土的抗拉强度同样随不同养护龄期增大而增大，蒸养脱模抗拉强度已达到标养混凝土 28d 抗拉强度的 62.8%，并大于标养 7d 的混凝土抗拉强度值。这种现象主要是因为蒸养高温高湿对混凝土水泥砂浆水化速率的影响，同样也加快了混凝土早期抗拉强度的形成。这一点与蒸养混凝土抗压强度变化机理基本一致。

表 3-2 混凝土试块抗拉强度

养护方式	养护时间/d		劈裂抗拉强度/MPa			轴心抗拉强度/MPa
			试验值	平均值	变异系数（%）	
蒸养	蒸养脱模		2.34 2.18 2.05	2.19	6.63	1.97
	蒸养拆模后标养	7d	2.96 2.76 2.84	2.85	3.53	2.57
		28d	3.25 3.36 3.15	3.25	3.23	2.93
		56d	3.49 3.39 3.53	3.47	2.08	3.12
标养	7d		1.87 2.09 1.98	1.98	5.56	1.78
	28d		3.38 3.58 3.51	3.49	2.91	3.14
	56d		3.74 3.69 3.59	3.67	2.08	3.30

混凝土的抗压强度与抗拉强度关系密切，混凝土的抗拉强度会随抗压强度的提高而提高，两者间关系同样受养护环境、养护时间及混凝土拌合物的特性影响。图 3-11 与图 3-12 中蒸养混凝土抗压强度与抗拉强度随龄期的变化趋势基本相同，同样验证了这个观点。并且对比两图可发现，随着养护龄期的增加，混凝土的抗拉强度相对混凝土抗压强度的增长显得更加缓慢，因此，可认为蒸养混凝土的拉—压强度比将随养护龄期的增加而减小。

Carino 和 Lew（1982 年）[86] 根据混凝土抗压强度估算每根梁的抗拉强度

$$f_{ct} = 0.26(f_c')^{0.73} \tag{3-4}$$

式中　　f_{ct}——抗拉强度；

　　　　f_c'——抗压强度。

然而，由于蒸养混凝土的特殊性，蒸养混凝土的抗拉强度与抗压强度之间的关系存在着不可确定性，Carino 和 Lew 提出的抗拉强度与抗压强度关系仅表示了两者间变化的一个趋势，并不能直接应用于蒸养混凝土梁。因此，本书基于对蒸养混凝土抗压强度与抗拉强度的测试，总结了蒸养混凝土抗压强度与抗拉强度的表达式

$$f_{ct} = 0.11(f_c')^{0.95} \tag{3-5}$$

由图 3-13 可见，蒸养混凝土抗拉强度与抗压强度关系基本符合式（3-5），可认为蒸养混凝土抗拉强度约为抗压强度的 10%。

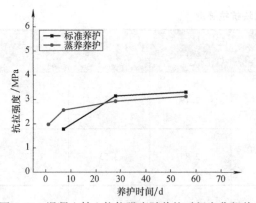

图 3-12　混凝土轴心抗拉强度随养护时间变化规律

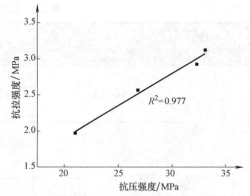

图 3-13　蒸养混凝土抗压强度与轴心抗拉强度关系

3.3.6　蒸养混凝土孔隙结构

混凝土内部存在着不同尺寸、不同形状的孔结构，而这些孔隙直接影响着混凝土的材料特性，如混凝土的强度、渗透性都直接与孔隙率呈现指数关系。因此，可认为孔隙率是混凝土宏观力学性能与耐久性能的决定性因素之一。

混凝土的孔级配、孔隙率及形态的测试与评价已经成为混凝土材料的研究重点。Kumar 等[87-88] 将水泥基材料孔径分为凝胶孔（孔径小于 10nm）、毛细孔（孔径 5～5000nm）、大孔（空气形成）及密实度不够形成的大孔。

1. 混凝土孔隙结构试验结果分析

由 3.3.1 节表观形貌研究可知，蒸养高温高湿度养护方式对混凝土表层（直接暴露于蒸汽中）造成了一定的损伤，使混凝土表面孔隙及裂缝相对更为明显，而混凝土内部的总孔隙率有一定程度的降低，从而使得试样表层与内部孔隙结构呈现更大的梯度差异[16]。由表

3-3 可见，蒸养混凝土的孔隙率明显高于标养混凝土，标养混凝土孔隙率的值为 6% 左右，而蒸养混凝土孔隙率的值为 13% 左右；相应的固孔比（系统中固体的比值）则低于标养混凝土，标养混凝土固孔比的值为 93% 左右，而蒸养混凝土固孔比的值为 87% 左右。而小于 20nm 的凝胶孔平均占总孔径的 12.27%，约高于标养混凝土凝胶孔所占比例的一倍。这主要是由于蒸汽高温环境加速了水泥熟料的水化反应，促进了水化硅酸钙和水化铝酸钙等凝胶的形成，最终导致凝胶孔大量增多。

表 3-3　混凝土孔隙结构分布

养护方式	试件编号	孔隙率 (%)	固孔比 (%)	孔径分布 (%)			
				<20nm	20~50nm	50~200nm	>200nm
蒸养	1	13.50	86.50	12.65	55.33	16.57	15.45
	2	13.89	86.11	11.70	54.35	16.99	16.97
	3	12.97	87.03	12.46	53.65	16.38	17.51
	4	11.89	88.11	11.35	54.03	17.12	17.50
	平均值	13.06	86.94	12.04	54.34	16.76	16.86
	标准差	0.87	0.87	0.62	0.72	0.35	0.97
	变异系数	6.64	1.00	5.14	1.32	2.07	5.77
标养	1	7.56	92.44	6.24	66.80	15.17	11.80
	2	6.98	93.02	6.57	64.65	16.03	12.75
	3	6.53	93.47	6.84	67.54	14.68	10.94
	4	5.78	94.22	5.97	63.47	15.78	14.78
	平均值	6.71	93.29	6.41	65.61	15.41	12.57
	标准差	0.75	0.75	0.38	1.88	0.61	1.65
	变异系数	11.17	0.80	5.94	2.87	3.95	13.14

吴中伟[89] 指出孔径可分为无害级孔（孔径小于 20nm）、少害级孔（孔径 20~50nm）、有害级孔（孔径 50~200nm）和多害级孔（孔径超过 200nm）。并且部分研究[90-91] 显示，孔径小于 50nm 对混凝土性能没有影响甚至具有改善性能的作用，然而孔径大于 100nm 对混凝土性能具有较大的不利影响。由表 3-3 可见，蒸养混凝土中少害级孔（孔径 20~50nm）占总孔级的比例低于标养混凝土，相反有害级孔（孔径 50~200nm）和多害级孔（孔径超过 200nm）所占总孔级的比例却高于标养混凝土。这说明蒸养混凝土内部孔结构分布对混凝土结构造成了较大的损伤，这也是蒸养混凝土的抗冻性和抗氯离子渗透性低于标准养护混凝土的主要原因。

蒸汽的热湿作用加速了试样的水化过程，促进了水化产物的形成。水化产物填充了试样的毛细孔隙，减少了试样的毛细孔隙。蒸养混凝土面层的吸水性与其内部不同，这是受到了蒸汽过程的影响，蒸汽养护温度高，导致混凝土内部温度场不均匀、水化过程不一致、水汽迁移和自干燥作用，对混凝土的微观结构产生不利影响。蒸汽养护的高温对混凝土成形表面的表层影响较大，蒸汽养护热损伤效应的存在导致混凝土在暴露的表面积内通过毛细孔增加[16]。

2. 抗压强度与孔隙率的关系

相对其他性质而言，混凝土的强度更容易测试，因此，混凝土结构设计与质量控制过程中，强度通常作为被限定的性质。并且，许多混凝土的弹性模量、孔隙率及抵抗大气中的介质作用等性能都取决于强度，且可以由强度数据进行推导。

通常固体材料的强度与孔隙率是成反比关系的，且简单均质材料的强度与孔隙率可表示为

$$f_c = f_o e^{-kp} \tag{3-6}$$

式中　f_c——孔隙率为 P 时材料的抗压强度；

$\qquad f_o$——孔隙率为零时的本征强度；

$\qquad k$——常数。

Verbeck 和 Neville 等[92-93]对标准养护水泥制品、蒸压养护水泥制品、不同骨料和铁、熟石膏、烧结氧化铝、锆的孔隙率与强度关系进行研究，发现这些固体材料的孔隙率与强度成反比并呈现相同变化趋势的曲线关系，如图 3-14a、b 所示。Powers[94]针对不同配合比的硅酸盐水泥砂浆进行强度—孔隙率变化研究，发现三种不同砂浆的 28d 抗压强度 f_c 与固孔比相关

$$f_c = f_o x^3 \tag{3-7}$$

式中　x——固孔比，或系统中固体的比值，因而 $x = 1 - p$。

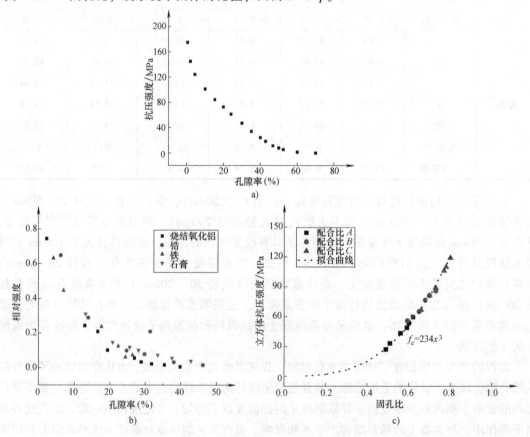

图 3-14　固体材料的孔隙率—强度关系

a）标准养护水泥制品、蒸压养护水泥制品和不同骨料

b）铁、熟石膏、烧结氧化铝和锆　c）不同配合比的硅酸盐水泥砂浆

由图 3-14c 可见，$f_0 = 234\text{MP}$。Powers[94] 指出三条曲线具有一定的相似性，这说明固体材料的强度—孔隙率关系变化趋势具有普适性。混凝土各相的孔隙率对强度的发展存在着同趋势的限制作用，因此，采用强度—孔隙率关系预测混凝土孔隙率的方法可以表征混凝土孔隙率的变化趋势，对混凝土内部结构分析同样具有重要意义。

基于本节对标养混凝土、蒸养混凝土的抗压强度—孔隙率研究，可总结抗压强度与总孔隙率的变化关系。由图 3-15 可见，标养混凝土与蒸养混凝土抗压强度与孔隙率的比值均符合指数变化趋势，说明简单均质材料的强度与孔隙率关系同样适用于标养混凝土与蒸养混凝土，这与 Powers[94] 提出的固体材料的强度—孔隙率关系具有一定的普适性的观点一致。因此，抗压强度与孔隙率比值的关系可依据式（3-6）表示，其中标养混凝土抗压强度与孔隙率的变化关系为

$$f_c = 53.75e^{-0.058p} \tag{3-8}$$

蒸养混凝土抗压强度与孔隙率关系表达式为

$$f_c = 47.89e^{-0.029p} \tag{3-9}$$

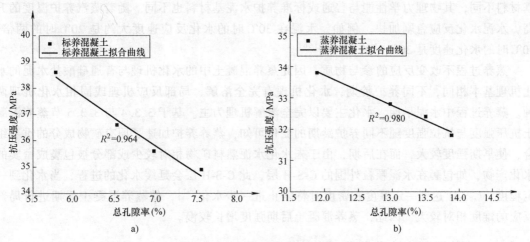

图 3-15　抗压强度与总孔隙率关系
a）标养混凝土　b）蒸养混凝土

3.4　蒸养混凝土损伤机理分析

由于混凝土的水化过程及其微观结构的形成与养护环境的温度条件密切相关，蒸汽养护过程中较高的温度环境可以加快水泥的早期水化速度，同时也会对水泥内部微观结构产生影响。尤其是蒸汽养护过程中温度场分布不均匀（称为"热效应不均匀"）更容易导致混凝土内部结构损坏。

显然，不同介质导热系数不同，蒸汽养护加热阶段蒸汽室和混凝土表面温度上升较快，而混凝土内部温度上升较慢，导致蒸汽养护初期混凝土表层和混凝土内部温度不均匀，从而导致混凝土内部水分、离子介质和水化的不均匀迁移以及水化进程不一致。特别是在混凝土表面，在振捣过程中会产生一层水泥浆，初速水化后会产生较大的自收缩。同时，当表面直接暴露在蒸汽中时，水蒸气会从表面迁移，不可避免地引起混凝土的收缩变形，使暴露在蒸

汽室中的混凝土表面的收缩变形大于混凝土内部的收缩变形。混凝土内外收缩变形差异导致混凝土表层的剥落和开裂[95]。

由 3.3 节蒸养混凝土损伤规律试验分析可见，蒸养混凝土表层损伤较为明显，内部化学组成物质没有变化，然而水化产物的出现时间及速率决定了混凝土的其他力学性能，如抗压强度与抗拉强度，由蒸养混凝土的毛细吸水性能及孔隙结构分析可知，蒸养混凝土的耐久性能也将受到损伤。这一系列表观、结构及性能的变化都源于蒸养养护中高温高湿度环境及 GFRP 筋布置对混凝土水泥水化化学反应的影响，对于混凝土化学而言则主要是有关水泥与水相互反应的化学，主要特征包括物质变化、能量变化和反应速率三个方面。

为探明蒸养热效应对混凝土的损伤机理，本节主要通过混凝土水化化学反应过程中水化机理、水化物相、水化热、水化速率四个方面进行分析。

3.4.1 蒸养混凝土水化机理分析

部分水泥基材料在水化初期处于热环境中，水化相的组成和结构与普通或标准养护水泥基材料不同，其物理力学性能与普通或标准养护水泥基材料也不同。随着蒸汽养护温度的升高，水泥水化反应急剧加快。例如，水泥在 30℃ 时的水化反应速度大约是 20℃ 时的两倍，40℃ 时的水化速度是 30℃ 时的 2.4 倍[96]。

蒸养过程不改变反应的参与物质，因此蒸养混凝土中的水化机理与普通硅酸盐水泥的水化机理基本相同，不同养护龄期，水化机理有完全溶解、局部反应机理或固相水化机理两种。蒸养过程中水泥早期，水化主要以完全溶解机理为主。基于 3.3.4 与 3.3.5 节蒸养混凝土抗压强度与抗拉强度随不同养护龄期的变化可知，蒸养养护加速了原有矿物成分的重新组合，使早期强度较大，而在后期，由于未水化水泥熟料矿物相对较少或部分被包裹成密实的水化产物，如包裹在水泥颗粒外围的 C-S-H 层，此 C-S-H 层会延缓水化的进程，当水化到一定程度，C-S-H 达到一定厚度和密度时将阻止进一步水化[97]，使蒸养混凝土后期进行局部反应的难度相对较大，因此，蒸养混凝土后期强度增长较慢。

3.4.2 蒸养混凝土水化物相分析

基于 3.3.2 节蒸养混凝土水化产物微观形貌观测可见，蒸养混凝土水化产物中主要固相有水化硅酸钙、氢氧化钙、硫铝酸钙水化物与未水化的水泥颗粒四种类型，其数量及特性各有不同。通过观察蒸养过的混凝土可以看出，混凝土的表面微观结构比较松散，水化物相之间的黏结不够紧密，特别是普通硅酸盐水泥的蒸汽养护混凝土更为明显。但试样内部水化相的结合较为紧密，微观结构更为致密。对蒸养混凝土的微观结构和形态分析表明，蒸养过程中，直接暴露在蒸养室中的试样表层受到热效应的破坏，使其内部微观结构更加松散，但内部结构没有明显的影响[16]。

（1）水化硅酸钙　硅酸钙水化物相缩写为 C-S-H。当完全水化时，C-S-H 的体积比可达 50%~60%，因此，硅酸钙水化物相被作为决定浆体性能的主要相。由于硅酸钙水化物相并不是一个确定的化合物，缩写采用连字符进行表示。C/S 之比在 1.5~2.0，且结构水含量变化更大。C-S-H 的形貌为从结晶差的纤维状到网状，并呈现出胶体的尺度和聚集成丛的倾向，C-S-H 结晶只能采用电子显微镜进行分辨。在蒸养和标养两种养护条件下，两种样品中存在大量的水化产物沉积。在蒸汽养护条件下，生成的 C-S-H 凝胶的粒径越大，数量较多。

标准养护混凝土中的 C-S-H 凝胶呈棉花状和针状结晶。在这两种养护条件下，水化产物的形态存在一定差异，水化产物的堆积松散且不均匀[16]。

（2）氢氧化钙　氢氧化钙结晶的比例占水泥浆体固相体积的 20%~25%，是具有确定比例的化合物 $Ca(OH)_2$，对强度的作用是有限的。其形状呈六角棱状的大晶体，与水化的温度、可用的空间等有关。

（3）硫铝酸钙水化物　水化浆体中，硫铝酸钙水化物占固相体积的 15%~20%。水化早期，硫、铝离子的比例有利于形成针状棱柱形晶体钙矾石（$C_6A\bar{S}_3H_{32}$）。普通硅酸盐水泥浆体中，"钙矾石"最终将转变为六角形片状的单硫型水化物 $C_4A\bar{S}H_{18}$，这种单硫型水化物的存在将导致混凝土较易受到硫酸盐的侵蚀。

（4）未水化的水泥颗粒　蒸养水化水泥浆体中仍存在部分未水化的水泥颗粒，这主要取决于未水化水泥颗粒分布和水化程度，早期未水化颗粒相对少于标养混凝土，然而即使已经历较长时间的水化，浆体中仍会存在部分未水化的熟料颗粒。

以上四种水化物相同样是标养混凝土中的主要水化物相，这说明蒸养养护并不会引起水泥水化反应过程中的物质变化，即没有改变水泥水化物相。然而由于蒸养养护环境的影响，将改变这四种水化物相产生的时间及速率，然而各试样衍射峰强度显示，蒸养养护与标养养护混凝土的水化过程存在着较大差异，主要差异体现在蒸养混凝土脱模的早期产物峰值的不同，如蒸养混凝土脱模 1d 时间，CH 衍射强度明显低于标养混凝土，即其含量明显低于标养混凝土，可见，蒸养养护虽然不会改变水化物相的组成，但对水化物相早期的形成存在明显的促进作用，这也是蒸养混凝土早期脱模强度较大的根源。

综上所述，与标准养护混凝土相比，蒸养混凝土的内部结构具有水化产物大、新生物少、单位体积浓度小等特点。因此，粒子间可能的接触点必然会减少，而接触点的减少将导致内部结合力的降低，这是由于粒子间的结合力主要由范德华力和静电引力决定。混凝土内部黏结力的降低会使混凝土的宏观性能更加脆弱。混凝土的脆性本质上与其黏结能力差密切相关，因为脆性断裂的本质是裂纹能量释放率高于材料的临界能量释放率，使裂纹扩展，而黏结力的加强可以明显提高材料的黏结能力，抵抗裂纹扩展。因此可以认为，蒸汽养护过程中混凝土形成的粗晶结构对混凝土的脆性有重要影响[16]。

3.4.3　蒸养混凝土水化热分析

高温对水化化学反应的影响是蒸养养护引起水泥水化过程不同的主要原因。由于混凝土表面与内部温差较大，且与蒸养室环境温差也较大，这种热效应分布的不均匀导致水化作用的不一致性。各阶段不同的温度应力，引起混凝土由表及里各部位之间应力—应变分布的不均匀性，从而导致内部应力损伤甚至发生微裂纹，这会对混凝土的微结构产生很不利影响。硅酸盐水泥熟料矿物的水化过程属于放热反应过程。基于化学反应知识可知，当水泥水化未发生时，蒸养高温会促进化学反应过程的发生，这是蒸养养护混凝土早期强度高的重要原因之一。然而蒸养高温对水化反应的影响主要集中在蒸养阶段，后期水化程度将低于标养混凝土，这是蒸养混凝土后期强度增长速度不如标养混凝土的主要原因。

Lerch[97] 用导热量热计记录了水泥浆体在凝结和早期硬化阶段的放热速率。放热高峰期主要存在两个阶段：第一阶段出现在水泥加水拌和初期快速放热，持续时间较短，一般仅几分钟；第二阶段主要是形成钙矾石的放热阶段，一般需水化4~8h后才能达到第二放热峰的峰值。在第二放热阶段开始前，水泥保持着可塑性，并在达到峰值前开始出现稠化与初凝现象，到达峰值则说明水泥已经完全凝结并硬化。

基于Lerch研究与蒸养养护对水泥水化反应影响可见，蒸养养护未参与第一阶段水泥加水拌和初期放热，因此对第一阶段放热形式未有影响。然而对第二阶段放热具有促进作用，加快了其早期硬化阶段的放热速率。因此，可确定蒸养养护水泥浆体在凝结和早期硬化阶段的放热速率基本如图3-16所示，而蒸养温度越高，持续时间越长，水化热峰值点越高，水化热曲线越陡，水分蒸发越快，也就意味着蒸养混凝土的热脆性影响将越大。

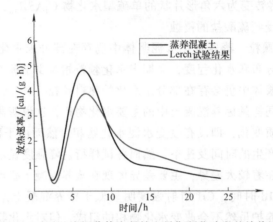

图3-16　硅酸盐水泥浆体在凝结和早期硬化阶段的放热速率

3.4.4　蒸养混凝土水化速率分析

基于3.3节蒸养混凝土损伤规律分析可知，蒸养养护对混凝土表观及微观形貌造成了一定的影响，抗压强度、毛细吸水性能及孔隙结构结果显示，蒸养养护加快了早期强度的形成，同时粗化了混凝土内部及表层结构。其中毛细吸水性能试验分析显示，不同保护层厚度条件下的混凝土表层吸附性能变化规律基本一致，但当保护层厚度较薄时，其毛细吸附性系数最小，15mm保护层厚度条件仅占25mm厚度的73%。而毛细吸附性系数表征的是外界环境中水通过混凝土毛细孔进入内部的特性，系数越小，说明混凝土受外界水环境影响越小。可见，GFRP筋的布置对蒸养混凝土的表层损伤具有一定的抑制作用。这种作用主要来自GFRP筋对蒸养混凝土水化速率的影响。

蒸养高温主要是通过高温加速水分的蒸发促进浆体稠化并达到固化状态，最终促进矿物C_3S开始水化。水泥水化速度的加快也使得水泥水化产物水化硅酸钙凝胶与水化铝酸钙凝胶增多，导致了混凝土中的凝胶孔数量增大。图3-17为硅酸盐水泥水化过程中的化学变化，与逐渐稠化、凝结、硬化及相应孔隙率和渗透性降低等物理现象之间的关系图[98]。然而，蒸养养护制度中持续的高温加快水分蒸发的同时，也使得混凝土干缩，孔结构明显加大，这是蒸养养护对混凝土毛细吸水性能及孔结构分布影响的主要原因。蒸养混凝土表层温度最高，水分蒸发速率最为明显，而损伤表层的GFRP筋在一定程度上阻止了混凝土水分的流失，即相对减小了混凝土干缩程度，而使水化过程中外界湿度对混凝土水分流失进行了及时的补充，这是避免混凝土中水分过分流失而导致明显脆性或孔结构等性能变化的关键措施。

　　然而，GFRP 筋布置于表层损伤区域抑制蒸养混凝土表层损伤的同时，却面临着较混凝土内部更直接的水分及高温的影响。因此，研究蒸养混凝土中 GFRP 筋的性能损伤规律是十分必要的。

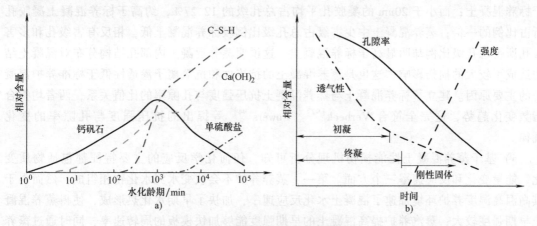

图 3-17　硅酸盐水泥水化过程变化

a）普通硅酸盐水泥浆体中水化产物的典型形成速率　b）水化产物对凝结时间、孔隙率、渗透性及浆体强度的影响

3.5　本章小结

　　本章对 24 个蒸养立方体混凝土试块与 18 个标养立方体混凝土试块分别进行抗压强度与劈裂抗拉强度测试，测试时间分别为蒸养脱模，蒸养或标养 7d、28d、56d 龄期，所有龄期均从加水搅拌开始计时。根据《水工混凝土试验规程》制作 150mm×150mm×150mm 标准立方体混凝土试块；对 18 个不同养护方式、不同保护层厚度及不同筋材情况下的 200mm×110mm×80mm 棱柱体进行毛细吸水性能测试，并在测试后取相应试件部位进行微观结构观测及孔隙结构测试，对蒸养混凝土受蒸养养护制度及配置 GFRP 筋的影响进行比较和分析，并探讨其热损伤机理，得到以下结论：

　　1）蒸养混凝土表面出现了明显的掉皮与微裂纹现象。然而，经过切割磨光后，蒸养混凝土内部组成结构与标养混凝土并无差异；且基于蒸养混凝土微观形貌测试可知，蒸养养护并没有改变混凝土的水化产物，但水化产物的密集度有所改变，而且直接接触蒸汽养护表层的影响较为明显。

　　2）蒸养混凝土毛细吸水性能符合吸水量与 $t^{0.5}$ 之间的线性变化关系，蒸养养护制度下的毛细吸附系数大于标养养护制度下的毛细吸附系数 35.59%；保护层厚度最小的 G-Ste1-1 试件毛细吸附性系数最小，仅占保护层厚度 25mm 的 G-Ste1-3 试件毛细吸附性系数的 73%，蒸养混凝土内部影响相对较小；说明蒸养养护对混凝土毛细吸水性能的影响，并显示了表层损伤程度及筋材对表层损伤的贡献。

　　3）蒸养养护混凝土抗压强度和抗拉强度随养护龄期不断增长，这一点与标养养护混凝土一致，然而，蒸养养护早期增长较快，脱模抗压强度和抗拉强度均达到标养混凝土 28d 强度的 60% 以上，而后期强度增长速率却较为平缓甚至相对标养混凝土更慢，标养养护 28d 混凝土抗压强度高于蒸养养护混凝土抗压强度 13%；蒸养混凝土的抗拉强度约为抗压强度的

10%左右，随着养护龄期的增加，混凝土的抗拉强度相对混凝土抗压强度的增长显得更加缓慢，因此，认为蒸养混凝土的拉、压强度比将随养护龄期的增加而减小。

4）蒸养混凝土试块孔隙率明显高于标养混凝土孔隙率，固孔比即系统中固体的比值低于标养混凝土；而小于20nm的凝胶孔平均占总孔级的12.27%，约高于标养混凝土凝胶孔所占比例的一倍；蒸养混凝土中少害级占总孔级比例较标养混凝土低，相反有害级孔和多害级孔所占总孔级比例却明显高于标养混凝土，这说明蒸养混凝土内部孔结构分布对混凝土结构造成了较大的损伤影响，这也是蒸养混凝土的抗冻性和抗氯离子渗透性低于标准养护混凝土的主要原因。建立了标养混凝土与蒸养混凝土抗压强度与孔隙率的比值关系，两者均符合指数变化趋势，这完全符合 Verbeck[92]、Powers[94] 等提出的抗压强度与孔隙率的变化规律。

5）基于蒸养混凝土性能损伤机理分析可知，任何化学反应的主要特征都包括物质变化、能量变化和反应速率三个方面。第一，蒸养养护不会改变水泥水化物相组成，然而由于其高温高湿度养护环境加速了混凝土水化反应速率，加快了早期水化热形成，使得蒸养混凝土早期强度较大；蒸汽养护提高混凝土的早期强度能够加快模板的周转速率，同时通过蒸养的养护方式可以提高混凝土预制构件的生产效率，产生较大的时间效益和经济效益。第二，蒸养会对混凝土后期的强度及耐久性能产生不利影响，蒸养过程中温度较高，混凝土中水泥的水化速度加快，导致水泥的水化产物不能够在混凝土中均匀分布，因此会对混凝土的密实度产生影响[82]，而且蒸养混凝土水分的流失，加大了混凝土的干缩程度，使蒸养混凝土毛细吸水性能及孔结构分布发生变化，其中表层变化最为明显。第三，蒸养条件下混凝土内部的毛孔增多，导致混凝土抗氯离子渗透能力下降，虽然前期蒸养会对混凝土的抗氯离子渗透性产生不利影响，但是水泥水化是一个持续时间较长的过程，因此采取合理的养护制度可以明显改善混凝土的抗氯离子渗透性。同时蒸养会对混凝土造成热损伤效应，导致表层 10mm 内混凝土的孔隙率较大[82]。

第4章 蒸养混凝土梁中GFRP筋抗拉性能损伤分析

4.1 引言

混凝土是在当今社会使用最广泛的一种建筑材料,其养护方式主要有蒸汽养护(蒸养)与标准养护,蒸养能使混凝土在较短时间内获得较高的早期强度,加快模具的周转速度,缩短生产周期。蒸养的应用十分广泛,在我国所占的比例近70%。但国内外实践都表明,蒸养条件虽然可以加速水泥的水化,但也会造成水化产物不均匀、孔隙结构粗化,对蒸养混凝土品质、力学性能和耐久性造成一定的影响。

常用的FRP筋的物理力学性能参见表4-1。从表4-1中可以看出,FRP筋的密度仅是钢筋密度的1/5~16,不但可以减轻结构自重,降低运输成本,还给施工带来很大方便。FRP筋的热膨胀系数可以和混凝土相匹配,这意味着环境温度发生变化时,不会产生较大的温度应力,从而保证了FRP筋和混凝土之间的协同工作。FRP的抗拉强度均明显高于钢筋,与高强钢丝抗拉强度差不多,一般是钢筋的2倍甚至达10倍。与普通钢材相比,各种FRP筋均具有非常良好的耐腐蚀性能,这是FRP筋最突出的优势之一[99]。

表4-1 玻璃纤维材料性能[99]

项目	GFRP筋	CFRP筋	AFRP筋	钢筋	钢绞线
密度/(g/cm³)	1.25~2.1	1.5~1.6	1.25~1.4	7.9	7.9
轴向热膨胀系数/10⁻⁶·℃⁻¹	6~10	−9~0	−6~2	11.7	11.7
抗拉强度/MPa	438~1600	600~3690	1720~2540	483~690	1400~1890
弹性模量/GPa	35~51	120~580	41~125	200	189~203
极限应变(%)	1.2~3.1	0.5~1.7	1.9~4.4	6~12	3.5~4

FRP筋受环境和化学物质影响出现腐蚀的程度是材料内在性能与外在因素相互作用的结果。影响FRP筋耐久性的内在因素是其自身的组成与结构,即构成FRP筋的纤维及树脂的品种、纤维与树脂间的界面结构以及二者的结合方式与结合行为。影响FRP筋耐久性的外在因素主要是腐蚀介质的种类及浓度、环境温差与热作用、紫外线及施加的应力水平与作用方式等。研究结果表明,FRP筋材料也会表现出随时间和外界环境劣化的特性。但对比钢筋,其耐久性能均有大幅度提高。GFRP筋的价格最低,用量也最大。尽管强度和弹性模量较高,但其耐碱性很差,特别是在有拉应力和碱溶液的环境中劣化十分明显,比碳纤维和芳纶纤维更易遭受应力腐蚀。有研究表明,GFRP筋在强碱性环境中持续工作6个

月，其抗拉强度将下降 25% 左右。此外，GFRP 筋还应尽量避开氢氟酸、热磷酸等特殊腐蚀介质。

和钢筋相比，FRP 筋材料更不耐高温。FRP 筋是由高强连续纤维通过黏结胶体黏结而成的复合材料，黏结胶体是高分子材料，其耐高温作用能力比较差，高于一定温度时会产生玻化和碳化，从而使其黏结作用退化甚至丧失。黏结强度的大幅度降低是因为温度超过树脂的玻璃化温度，用聚酯树脂制成的 GFRP 筋的玻璃化温度一般很低，在 80℃ 左右；用乙烯酯和环氧树脂制成的 GFRP 筋的玻璃化温度分别为 145℃ 和 165℃。此外，随着温度的升高，连续纤维材料本身的性质也会变得不稳定。高温还将加速潮湿环境或化学侵蚀导致的 FRP 筋性能的退化，造成混凝土结构的破坏，严重威胁其使用安全。

GFRP 筋是 FRP 筋中具有很好代表性的一种。本章通过对 GFRP 筋的抗拉性能损伤分析，可以从本质上让读者了解 GFRP 筋抗拉性能损伤的机理，尤其是蒸养混凝土中 GFRP 筋的抗拉性能损伤机理。GFRP 筋的力学性能主要体现在其抗拉性能上，表征材料性能优劣的重要参数包括抗拉强度、泊松比、弹性模量等。基于第 3 章蒸养混凝土损伤试验研究可知，蒸养混凝土后期强度降低、毛细吸水性能及有害孔径比例增大，将导致蒸养混凝土预制构件在服役过程中暴露出脆性大、易开裂、耐久性差等问题[5]，并且改变 GFRP 筋的直径及布置位置（保护层厚度）将造成混凝土受蒸养养护的损伤程度有所不同。同样，GFRP 筋也会受到蒸养混凝土各性能变化的影响，使其抗拉性能出现不同的损伤规律。

目前，国内外针对 GFRP 筋的性能进行了大量的试验研究，并取得了一定的成果。代力[100] 针对不同温度碱溶液和盐溶液环境对 GFRP 筋抗拉强度的影响进行了研究，发现，GFRP 筋在碱溶液和盐溶液中的退化机理较为相似，但在相同环境温度、相同浸泡时间等条件下，碱溶液环境对 GFRP 筋的侵蚀程度要大于盐溶液。国外研究者[101-102] 对 GFRP 暴露于各种环境下的耐久性的研究发现高温碱性溶液对 GFRP 筋耐久性能的影响最大。何雄君等[103-105] 针对 GFRP 筋带裂缝混凝土碱性环境下的长期性能进行了为期几年的研究，研究证实了带裂缝对混凝土梁长期抗弯性能、抗剪性能及混凝土中 GFRP 筋抗拉强度的退化都具有加速作用。以上研究均说明高温高湿度的蒸养养护过程、蒸养混凝土强碱环境、表层裂缝及较高的孔隙率[106-113] 都将造成 GFRP 筋抗拉性能的损伤。因此，蒸养混凝土环境中 GFRP 筋抗拉强度退化机理将不同于标养混凝土环境，普通混凝土结构设计参数并不能真实表征蒸养混凝土的结构性能。

基于此，本章分别从微观与宏观角度研究蒸养混凝土环境中 GFRP 筋抗拉性能的损伤规律，并考虑不同保护层厚度或不同直径对 GFRP 筋抗拉性能损伤的影响；建立有关保护层厚度与 GFRP 筋直径的蒸养混凝土中 GFRP 筋的扩散系数模型；并从抗拉性能损伤程度揭示 GFRP 筋替代或部分替代钢筋应用于蒸养混凝土中的可行性。

4.2　试验方法

为研究混凝土中 GFRP 筋在不同养护制度条件下的影响，试验中不仅设置了裸筋环境与不同养护制度下混凝土环境作为对比，而且分别从宏观与微观角度对不同直径的 GFRP 筋性能进行研究。当混凝土养护龄期达到 28d 后，根据蒸养混凝土环境中 GFRP 筋抗拉性能损伤研究方法对蒸养混凝土梁与标养混凝土梁中的 GFRP 筋进行宏观及微观试验研究，分析其抗拉性能、吸湿性能、微观结构形貌等受蒸养混凝环境损伤规律。

1. 抗拉性能

GFRP 筋的抗拉性能主要以抗拉强度作为标准。GFRP 筋抗拉强度较高，然而其抗剪切强度与抗挤压强度相对较低，若直接将 GFRP 筋两端夹持进行 GFRP 筋抗拉性能测试，将导致 GFRP 筋两端剪切破坏，无法正确测试其抗拉强度。因此，这里采用专用内锚型锚管对 GFRP 筋两端进行锚固，钢管外径 20mm，壁厚 3mm（图 4-1）。为避免拉伸过程中发生脱锚现象，依据 ACI440.3R-04[114] 规范对 GFRP 筋锚固长度进行预估，确保锚固黏结强度大于拉伸应力，最后取两端锚固长度 $l = 300mm$。

依据规范 ACI440.3R-04 B2[114]，抗拉试验由计算机控制电液伺服万能试验机 SHT4106-G 控制，中部夹持标距长度为 50mm 的夹式引伸计。试验加载方式采用位移控制方式，加载速率 2mm/min，直至试件破坏，采用自动数据采集系统采集试验数据（图 4-2）。

图 4-1　锚管

图 4-2　SHT4106-G 计算机控制电液伺服万能试验机

2. 吸湿率

针对棱柱体混凝土试件内布置的 GFRP 筋进行吸湿率测试，为测试出 GFRP 筋的平衡吸湿率，采用加速测试方式，将试件放入 60℃ 恒温水浴中，以 1d、28d、37d、92d、182d 时间作为测试时间点[41,47]，到达相应时间后取出一批试件中的 GFRP 筋进行测试（图 4-3）。吸湿率测试前需将 GFRP 筋放置于烘干箱中 24h，待其质量不再变化后再进行。测试中采用电子天平以质量变化对吸湿率进行分析

$$M = \frac{M_1 - M_0}{M_0} \times 100 \qquad (4-1)$$

式中　M_1——吸湿后质量；

　　　M_0——烘干质量；

　　　M——吸湿率。

3. 微观结构形貌

试验中针对 25mm 保护层厚度的蒸养混凝土环境与标养混凝土环境中不同直径 GFRP 筋微观结构变化进行观测。试验中取混凝土内部 GFRP 筋及相应外伸段 GFRP 筋分别作为混凝土环境及裸筋环境进行观测分析。利用 JSM-5610LV 扫描电子显微镜（SEM）对 GFRP 筋组

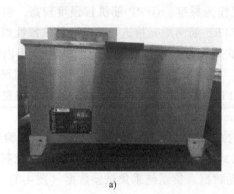

a)   b)

图 4-3 吸湿率测试
a) 恒温水浴箱 b) 吸湿率测试平台

织结构进行微观观测,以横纵面作为观测对象。试验中观测试件如图 4-4 所示,观测前需对试件表面进行清理,以免表面残渣影响观测结果。

a)   b)

图 4-4 微观测试试样
a) 横截面测试试件 b) 纵断面测试试件

4. 差示扫描量热法 (DSC)

差示扫描量热法 (Differential Scanning Calorimetry) 是一种热分析法。在程序控制温度下,测量输入到试样和参比物的功率差 (如以热的形式) 与温度的关系。差示扫描量热仪记录到的曲线称 DSC 曲线,它以样品吸热或放热的速率即热流率 dH/dt 为纵坐标,以温度 T 或时间 t 为横坐标,可以测量多种热力学和动力学参数,例如比热容、反应热、转变热、相图、反应速率、结晶速率、高聚物结晶度、样品纯度等。该法使用温度范围宽 ($-175 \sim 725℃$)、分辨率高、试样用量少,适用于无机物、有机化合物及药物分析。

玻璃化温度是衡量 GFRP 筋耐久性能的一种重要指标。基体性能表征主要由外界环境温度与荷载速率决定,当处于纤维玻化温度 T_g 时,基体将从硬脆性转变为软韧性。玻璃转化意味着非晶态聚合物或部分非晶态聚合物发生可逆反应,由黏弹性转变为硬脆性或由硬脆性转变为黏弹性。试验中采用 PYRIS1 差示扫描量热仪进行测试（图 4-5），通过差示扫描量热法（DSC）两次扫描温度分析不同直径 GFRP 筋玻璃化温度受蒸养混凝土环境影响规律。

5. 傅里叶红外光谱分析（FTIR）

傅里叶变换红外光谱（Fourier Transform Infrared Spectroscopy）是一种将傅里叶变换的数学处理，用计算机技术与红外光谱相结合的分析鉴定方法。主要由光学探测部分和计算机部分组成。当样品放在干涉仪光路中时，由于吸收了某些频率的能量，使获得的干涉图强度曲线相应产生一些变化，通过数学的傅里叶变换技术，可将干涉图上每个频率转变为相应的光强，从而得到整个红外光谱图，根据光谱图的不同特征，可检定未知物的功能团，测定化学结构，观察化学反应历程，区别同分异构体，分析物质的纯度等。

傅里叶变换红外光谱分析（FTIR）可有效追踪材料水解过程中化学反应，并给出其水解产物的成分特征。因此，可利用傅里叶变换红外光谱分析（FTIR）方法对蒸养混凝环境中 GFRP 筋的水解程度进行分析。试验中采用美国生产型号 Nicolet6700 傅里叶变换红外光谱仪（FTIR）分析蒸养混凝土环境中 GFRP 筋内部元素变化特征，主要以羟基吸收频率作为研究对象（图 4-6）。观测前需对试件表面进行清理，以免表面残渣影响观测结果。

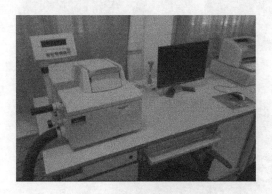

图 4-5　PYRIS1 差示扫描量热仪

图 4-6　Nicolet6700 傅里叶变换红外光谱仪（FTIR）

4.3　蒸养混凝土梁中 GFRP 筋抗拉性能损伤规律分析

4.3.1　GFRP 筋表观形貌

筋材表观形貌变化是表征蒸养混凝土环境对内部筋材影响最直观的试验观测分析方法。由图 4-7a 可见，蒸养混凝土中钢筋具有明显的锈蚀现象，特别是在混凝土裂缝较明显处，钢筋锈蚀现象最为明显，这主要是由于混凝土裂缝给外界介质侵蚀钢筋提供了通道，基于第 3 章蒸养混凝土性能损伤研究可知，蒸养混凝土裂缝及孔隙较为明显，因此蒸养混凝土中的钢筋更易腐蚀。

图 4-7 所示的混凝土环境中 GFRP 筋发生了不同程度的损伤，分别出现了坑蚀现象、玻璃纤维束松散现象或表面喷砂部分被磨平的现象。图 4-7b 可见标养混凝土中 GFRP 筋表面

出现部分坑蚀现象，这主要是由混凝土碱性作用造成的。图 4-7c 蒸养混凝土中 GFRP 筋的损伤相对标养混凝土环境更为明显，玻璃纤维束出现松散现象，说明蒸养养护制度对 GFRP 筋造成了一定的损伤。对比图 4-7c、图 4-7d 与图 4-7e 蒸养混凝土中不同直径 GFRP 筋的表观形貌可见，直径为 16mm、19mm 的 GFRP 筋表面坑蚀较为严重，而且表面出现受径向力作用的痕迹，这可能是由于蒸养过程中混凝土内部附加应力造成蒸养混凝土内部 GFRP 筋受到径向力。然而较大直径 GFRP 筋表面缠绕的玻璃纤维束并未发生任何松散现象，可见不同直径 GFRP 筋表面受蒸养混凝土环境影响不同，直径越小，表观损伤程度反而越明显，这将直接影响不同直径 GFRP 筋抗拉性能受蒸养混凝土环境的损伤程度。而且 GFRP 筋表面不同的损伤程度还将直接影响其与蒸养混凝土之间的黏结性能，如表面变粗糙将增强黏结性能，表面磨砂磨平将降低黏结性能等。

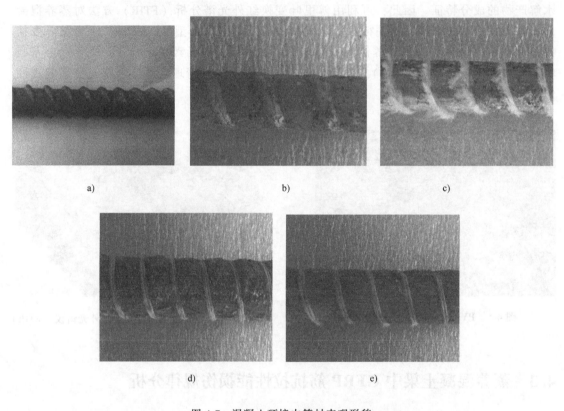

图 4-7　混凝土环境中筋材表观形貌

a）蒸养混凝土中直径 10mm 钢筋　b）标养混凝土中直径 10mm GFRP 筋　c）蒸养混凝土中直径 10mm GFRP 筋

d）蒸养混凝土中直径 16mm GFRP 筋　e）蒸养混凝土中直径 19mm GFRP 筋

4.3.2　GFRP 筋微观结构形貌

微观测试结果中横断面切割现象考虑是试件取样过程中造成的，不作为环境对 GFRP 筋的损伤影响。图 4-8 与图 4-9 所示分别为标养环境与标养混凝土环境对 GFRP 筋微观形貌的影响。由图 4-9a 可见，标养混凝土环境中的 GFRP 筋横断面有松散现象。由图 4-9c、d 可见，标养混凝土环境中的 GFRP 筋纵断面存在散落的树脂碎片。标养环境中 GFRP 筋树脂同样存在散落的碎片，然而横纵断面纤维相对较为光滑，基本没有坑蚀点出现。可见，标养环境中 GFRP 筋裸筋微观结构基本没有变化，而标养混凝土环境中 GFRP 筋受损伤程度更明显。由以上分析可知，标养养护环境下 (20±5)℃ 的温度对 GFRP 筋基本没有影响，而标养碱性混凝土环境对 GFRP 筋会造成一定的损伤。

蒸养过程中，蒸养高温 (60±5)℃ 对 GFRP 筋存在一定的劣化影响（对比图 4-10 和图 4-8 可见），虽然蒸养混凝土环境仍呈碱性特征，其至较标养混凝土碱性更强，但混凝土对 GFRP 筋不但具有碱性劣化影响，同时还存在高温高湿度隔离保护作用，因此，蒸养养护过程混凝土环境中 GFRP 筋微观结构较蒸养裸筋微观结构并没有出现明显的差异。图 4-9～图 4-13 显示了蒸养环境中直径 10mm 与直径 16mmGFRP 筋微观结构形貌。蒸养混凝土环境中直径 10mmGFRP 筋横纵断面受损现象最为明显，树脂出现脱落及散落，纤维松散并出现坑蚀及裂缝。然而蒸养混凝土环境中直径 16mmGFRP 筋纤维松散程度较低，树脂脱落现象相对不明显。微观结构形态变化说明直径越大蒸养损伤程度反而越小，从微观角度证实了不同直径，侵蚀介质到达玻璃纤维难易程度有所不同的理论[115]。

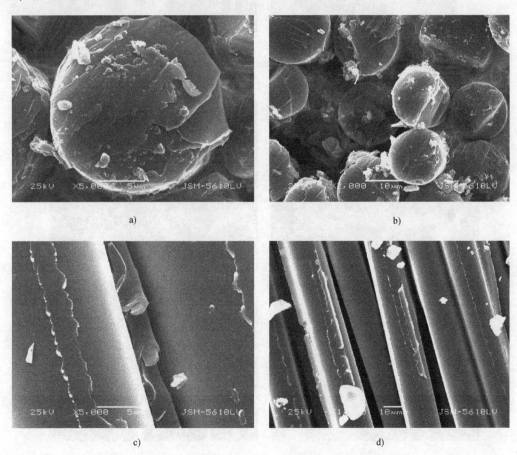

a)　　　　　　　　　　　　　　　　b)

c)　　　　　　　　　　　　　　　　d)

图 4-8　标养环境中 10mm 直径 GFRP 筋微观结构形貌

a) 横断面（5000×）　b) 横断面（2000×）　c) 纵断面（5000×）　d) 纵断面（1000×）

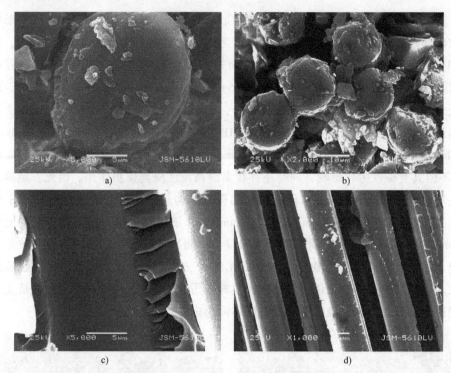

图 4-9 标养混凝土环境中 10mm 直径 GFRP 筋微观结构形貌

a）横断面（5000×） b）横断面（2000×） c）纵断面（5000×） d）纵断面（1000×）

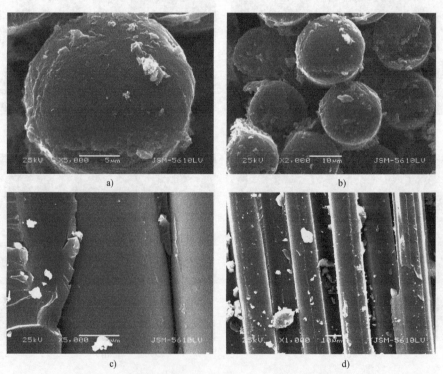

图 4-10 蒸养环境中 10mm 直径 GFRP 筋微观结构形貌

a）横断面（5000×） b）横断面（2000×） c）纵断面（5000×） d）纵断面（1000×）

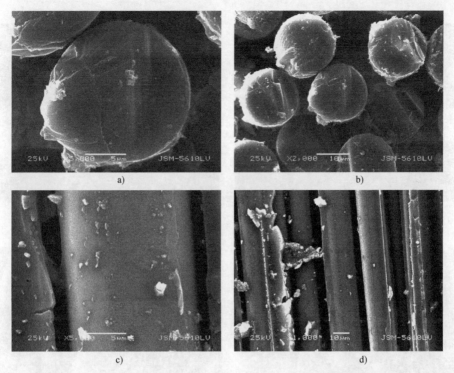

图 4-11　蒸养混凝土环境中 10mm 直径 GFRP 筋微观结构形貌

a) 横断面 (5000×)　b) 横断面 (2000×)　c) 纵断面 (5000×)　d) 纵断面 (1000×)

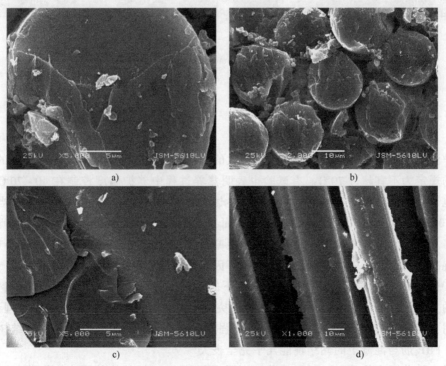

图 4-12　蒸养环境中 16mm 直径 GFRP 筋微观结构形貌

a) 横断面 (5000×)　b) 横断面 (2000×)　c) 纵断面 (5000×)　d) 纵断面 (1000×)

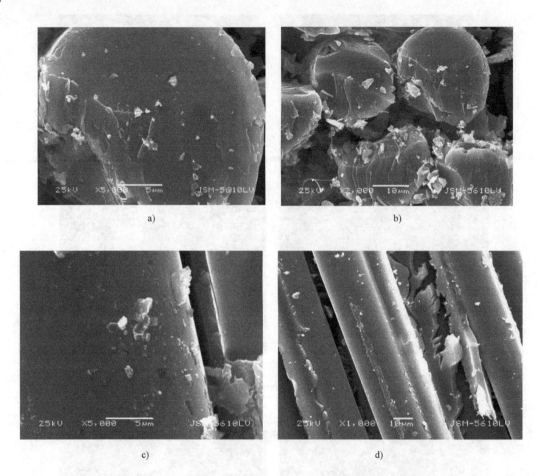

图 4-13　蒸养混凝土环境中 16mm 直径 GFRP 筋微观结构形貌
a）横断面（5000×）　b）横断面（2000×）　c）纵断面（5000×）　d）纵断面（1000×）

4.3.3　GFRP 筋聚合物玻璃化温度

养护温度会对混凝土的力学性能产生很大的影响，我国铁道部关于蒸养混凝土的最大养护温度的规定为不宜超过 70℃。有试验也表明蒸养过程中养护温度控制在 40~70℃ 最为合适，这也说明温度过高会对混凝土的性能产生影响。Taylor 的研究结果表明[116]，当养护温度超过 70℃ 时，混凝土中会延迟生成钙矾石而导致破坏。中国矿业大学李晓玲的研究结果表明[117]，适当地提高恒温温度会降低高强混凝土的后期自收缩性，但恒温温度不能过高，应结合混凝土耐久性、力学性能及生产周期等因素进行综合考虑[118]。

为了保证 FRP 筋混凝土结构在火灾条件下的安全，就要研究 FRP 筋混凝土材料在火灾环境中的力学性能，从 20 世纪开始，国外研究人员就开始了相关的实验研究和理论分析。结果表明，高温下 FRP 筋的黏结性能和拉伸强度明显降低[119]，当温度超过黏结树脂玻璃化点时，FRP 筋与混凝土的黏结性能几乎完全丧失[120]。

同时，随着温度的升高，不同品种、不同直径的 FRP 筋的拉伸强度逐渐降低。产生这种现象的主要原因：①随着温度的升高，FRP 筋中的黏结树脂胶体逐渐玻璃化、分解、碳化，黏结树脂对 FRP 筋的黏结作用逐渐减弱，最终完全丧失，树脂键合的减弱或损失导致纤维与 FRP 筋的相互作用减弱；②随着温度的升高，纤维与 FRP 筋的强度也随之降低。

1）当温度低于黏结树脂的玻璃化转变温度（目前所有玻璃钢筋中黏结树脂的玻璃化转变温度不高，一般在 $60 \sim 120 ℃$）时，树脂处于玻璃态。此时，树脂的性能与室温下基本相同，与室温下的 FRP 筋相比，FRP 筋的拉伸强度基本不变。

2）当温度高于黏结树脂的玻璃化转变温度，但低于黏结树脂的热分解温度时，黏结树脂会随着温度的升高逐渐玻璃化，但当温度恢复到室温时，玻璃化黏结树脂会恢复一定的玻璃化温度。黏结效应，即纤维在 FRP 筋中的相互作用将在一定程度上恢复，FRP 筋的拉伸强度只会略有下降。

3）当温度高于黏结树脂的热分解温度时，FRP 筋表面的黏结树脂逐渐氧化分解。即使最终冷却到室温，树脂的黏结性能也不能完全恢复，FRP 筋的拉伸强度降低也会逐渐增加。

4）当温度继续升高时，FRP 筋表面的黏结树脂会被点燃，FRP 筋内部的黏结树脂会在缺氧下碳化分解，使 FRP 筋完全软化，抗拉强度急剧下降。

随着温度的升高，FRP 筋的拉伸弹性模量先升高后略有下降。产生这些现象的原因是，影响 FRP 筋弹性模量的主要因素是 FRP 筋中的纤维，但试验温度未达到纤维的软化温度，对纤维的弹性模量影响不大。当 FRP 筋受高温作用，但温度低于 FRP 筋中黏结树脂玻璃化点时，FRP 筋在高温作用后表面硬度略有增加，然后恢复到室温，弹性模量略有增加；当 FRP 筋受高温影响，但温度高于黏结树脂玻璃化点，黏结树脂玻璃化热分解使弹性模量略有下降。

不同温度下，FRP 筋直径对弹性模量和极限应变的影响不明显。结果表明，在相同的其他条件下，FRP 筋的拉伸强度随直径的增大而增大，但增加幅度不大。FRP 筋的直径越小，高温后 FRP 筋的抗拉强度降低越大。这是因为 FRP 筋的损伤在高温下从表面扩散到内部。FRP 筋直径越小，损伤截面相对面积越大，FRP 筋直径越大，抗张强度降低越大。FRP 筋表面有凸肋，凸肋高度越高，FRP 筋表面的纤维产生波浪形弯曲导致筋内纵向承载纤维数量减少，筋的承载能力降低。FRP 筋直径越小，效果越明显。当 FRP 筋的直径较大时，影响减小[121]。

对于处于蒸养环境中的 GFRP 筋增强混凝土，随着高温持续时间的延长，混凝土保护层以内的 GFRP 筋受高温的影响逐渐增大，高温环境将同时使 GFRP 筋的树脂与玻璃纤维丝发生软化现象，造成两者黏结性能减弱甚至丧失，最终导致 GFRP 筋抗拉性能下降。因此，有必要研究蒸养高温混凝土环境中的 GFRP 筋的热性能规律。

表 4-2 给出标养混凝土环境与蒸养混凝土环境中 GFRP 筋第一次与第二次加热扫描得到的玻璃化温度。可见，第二次加热扫描下的玻璃化温度均大于第一次扫描结果，说明 GFRP 筋未完全固化，第二次加热扫描过程中出现了后固化现象。标养混凝土环境与对比试件相比，玻璃化温度有所下降，说明混凝土碱性环境使树脂基体发生了不可逆的化学反应，蒸养混凝土环境中第一次扫描加热下的玻璃化温度较标养混凝土环境中的更低，可见蒸养养护过程中的高温加速了树脂基体的化学反应速率。然而，不论是标养混凝土环境还是蒸养混凝土环境中 GFRP 筋的玻璃化温度都没有出现较大的变化，可认为混凝土与本试验采用的蒸养养护制度对 GFRP 筋的热学性能影响并不大。

表 4-2　不同养护环境下 GFRP 筋玻璃化温度

试件	温度/℃	时间/min	T_{g1}/℃	T_{g2}/℃	固化率(%)
Controlled	—	—	123	125	98.4
G-Sta	60	9	122	124	98.4
G-Ste1-3	60	9	121	124	97.6

4.3.4　GFRP 筋内部元素特征分析

如图 4-14 所示为标养混凝土环境与蒸养混凝土环境中 GFRP 筋红外光谱分析图, 图中曲线表征了不同波长的吸收率变化。同一类型的基团振动频率基本相同, 羟基的强吸收谱带波长一般在 $3300cm^{-1}$ ~ $3600cm^{-1}$。由图 4-14 可见, 蒸养混凝土环境与标养混凝土环境下 GFRP 筋红外光谱曲线吸收率变化趋势基本相同, 这说明蒸养养护过程并没有引起 GFRP 筋中羟基数量的变化, 即没有使 GFRP 筋内部发生水解反应, 更没有产生新的基团, 即对 GFRP 筋内部元素没有造成改变。

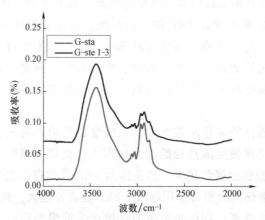

图 4-14　不同养护环境下红外光谱对比图

4.3.5　GFRP 筋吸湿性能

GFRP (玻璃纤维增强聚合物) 筋, 采用乙烯基酯树脂作为基体材料, 玻璃纤维作为增强材料。但是乙烯基酯中的酯基连接性能较差, 在水溶液中易发生水解反应, 而玻璃纤维的主体结构为 Si-O 四面体, Si-O 四面体的稳定性会直接影响 GFRP 筋的抗拉强度和刚度。针对此项研究, Perreux 和 Suril[122] 建立了玻璃纤维增强环氧树脂基复合材料管的吸水动态模型和疲劳损伤模型, 并指出玻璃纤维对水的吸附加速了复合管在双轴疲劳载荷下的损伤劣化。大气潮湿环境、埋入混凝土环境或海洋环境中均会存在吸水现象, 所以研究 GFRP 筋的吸水率是研究 GFRP 筋盐碱环境下或荷载作用下损伤劣化机理的基础[95]。

吸湿性能是直接影响 GFRP 筋树脂性能的重要标志。当 GFRP 筋吸收水分后, 首先经过浸析, 即由玻璃纤维中的碱性离子及其他阳离子与溶液中氢离子交换。若假定浸析层不再转换, 则反应过程与时间的平方根成比例, 反应速度则由交换离子扩散决定[123]。第二步是镂蚀过程, 即第一步化学反应生成的氢氧根打破二氧化硅分子键, 形成氢氧化硅与氧化硅离子，反应速度受温度的影响[124]。最后，第二步化学反应生成的氧化硅离子与水分子进行反应，生成氢氧根与氢氧化硅。

1. 吸湿率

本节依据 4.2.2 节中吸湿率测试试验方法对 GFRP 筋吸湿量进行测试并计算吸湿率随时间平方根变化规律。由图 4-15 可见，裸筋 GFRP 筋试件与混凝土中 GFRP 筋试件吸湿率变化均可分为两部分：① 吸湿时间较短时，OH⁻离子在 GFRP 筋内部扩散较快，GFRP 筋的吸湿动力学曲线基本趋于线性变化，可定义为线性变化阶段；② 吸湿时间达到一定值时，吸湿率变化较为平缓，可认为达到平衡阶段。这一现象与 Ramirez 等[125-127] 提出的 FRP 材料典型吸湿性能变化一致。

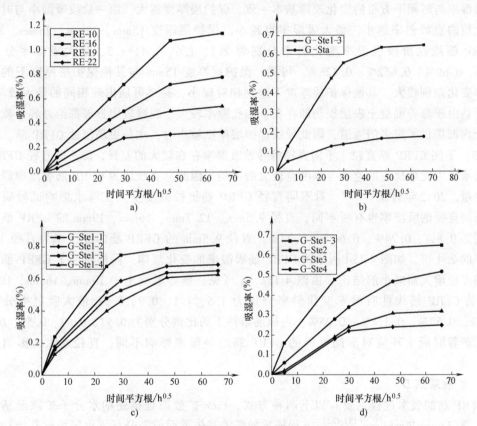

图 4-15　GFRP 筋吸湿率随时间平方根变化规律
a）GFRP 筋裸筋参照试件　b）不同养护方式　c）不同混凝土保护层厚度　d）不同 GFRP 筋直径

在不同条件下，GFRP 筋吸湿率与时间平方根的变化规律如下：

（1）不同环境影响　由图 4-15a、b 可见，裸筋 GFRP 筋吸湿率较混凝土中 GFRP 筋吸湿率变化更明显，最大吸湿率达到标养混凝土中 GFRP 筋吸湿率的 8 倍，而蒸养混凝土中 GFRP 筋的最大吸湿率是标养混凝土中 GFRP 筋最大吸湿率的 2.72 倍，蒸养混凝土中 GFRP 筋吸湿率线性变化阶段斜率是标养混凝土中的 3 倍。这首先说明了裸筋试验中 GFRP 筋的试验研究结果和真实的混凝土结构内部变化存在较大的差异，而蒸养混凝土环境对 GFRP 筋吸湿率的影响同样不能等同于标养混凝土环境，因此，对蒸养混凝土中 GFRP 筋性能的研究对蒸养 GFRP 筋混凝土结构的应用与推广是十分必要的，这也验证了本章试验的研究意义。其次，裸筋环境、蒸养混凝土环境及标养混凝土环境中 GFRP 筋吸湿率由大到小的变化规律说明：①混凝土对 GFRP 筋受外界环境影响有一定的保护作用；②高温养护过程中蒸养混凝土结构性能损伤及 GFRP 筋结构形貌损伤对 GFRP 筋受外界环境影响具有一定的促进作用（如第三章试验结果说明蒸养混凝土有害孔径增大将加大混凝土的吸水性能，降低混凝土对GFRP 筋的保护作用；第四章 GFRP 筋表观及微观结构形貌研究说明蒸养混凝土中 GFRP 筋会出现一定的松散、树脂脱落现象，将直接降低水分进入 GFRP 筋内部的难度，最终导致蒸养混凝土环境中 GFRP 筋的吸湿率大于标养混凝土）。

（2）不同保护层厚度 由图 4-15c 可见，不同保护层厚度条件下，蒸养混凝土中 GFRP 筋的吸湿率与时间平方根的变化规律基本一致。保护层厚度越大，第一阶段吸湿率与时间平方根比值的直线斜率越小，最大吸湿率也越小。保护层厚度 15mm、20mm、25mm、35mm 下 GFRP 筋线性阶段吸湿率变化斜率分别为 2.1、1.6、1.4、1.3，最大吸湿率分别为 0.81%、0.69%、0.652%、0.628%。可见，保护层厚度 15mm 与其他保护层厚度下的最大吸湿率变化差别较大，其他保护层厚度下差别相对较小，甚至可能出现相同的最大吸湿率，这主要是由于蒸养混凝土表层损伤的存在，如孔隙率较大、裂缝较明显等都给外界介质通往混凝土内部提供了更多的通道，因此导致保护层厚度较小时，水分更易侵蚀 GFRP 筋。

（3）不同 GFRP 筋直径 不同直径将导致吸湿率存在较大的差异，即不同直径 GFRP 筋内部与水发生化学反应的速率与程度有较大的不同，因此，直径成为 GFRP 筋吸湿率研究的主要变量。2012 年付凯[128-129] 对不同直径 GFRP 筋抗拉强度受人工海水影响试验研究显示：不同直径的吸湿率也有所不同，直径 9.5mm、12.7mm、16mm、19mm 的 GFRP 筋吸湿率分别为 0.8%、0.74%、0.64%、0.33%，直径 9.5mm 的 GFRP 筋的吸湿率为直径 19mm 吸湿率的 2.4 倍。如图 4-15d 所示的 GFRP 筋吸湿率的变化规律，同样验证了 GFRP 筋的吸湿率随直径增大而减小的结论。由图 4-15a、d 可见，蒸养混凝土中 10mm、16mm、19mm、22mm 的 GFRP 筋线性吸湿率变化斜率分别为 1.5、1.1、0.9、0.8；最大吸湿率分别为 0.652%、0.52%、0.318%、0.25%，占裸筋条件下的比例分别为 0.57、0.67、0.59、0.76。这说明蒸养混凝土环境对不同直径的 GFRP 筋的吸湿率影响不同，直径越大，影响反而越小。

2. 扩散系数 D

GFRP 筋的吸水过程主要有以下两种方式，Fick 扩散原理描述的水分子扩散至基体内部[130] 和 Lucas-Washburn[131-132] 方程描述的纤维基体界面或部分纤维束区域微孔结构的毛细吸水作用。

$$\Delta M_{(t)} = D \cdot \sqrt{t} \tag{4-2}$$

$$\Delta M_{(t)} = A\rho \sqrt{\frac{r\gamma cos\theta}{2\eta}}\sqrt{t} = K_C\sqrt{t} \tag{4-3}$$

式中　D——水分子扩散系数；

　　　t——浸泡时间；

　$\Delta M_{(t)}$——浸泡 t 时的质量变化量；

　　　A——孔隙横截面；

　　　ρ——水的密度；

　　　　r——毛细孔半径；

　　　　γ——水的表面张力；

　　　　θ——接触角；

　　　　η——水的动态黏度；

　　　　K_C——毛细管水吸收常数。

　　Fick 扩散定律适用于均质固体材料中分子和离子的扩散，刚开始，聚合物基体的吸水作用导致 GFRP 筋质量的增加，质量的变化量可根据式（4-2）模拟计算。Lucas-Washburn 方程可用于微孔结构中的水分子的扩散，当 GFRP 筋中水分子吸收量达到一定值后，基体产生溶胀，纤维与基体由于弹性模量的不同而产生内应力，在内应力作用下将产生微裂缝，微裂缝存在下水分子的扩散可根据式（4-3）拟合计算[133]。

　　GFRP 筋中水分子的扩散综合了上述两种过程[95]。

　　目前基于 Fick 定律建立的 GFRP 筋的抗拉强度预测模型中考虑了 GFRP 筋抗拉强度受直径的宏观影响，但并没有考虑直径对 GFRP 筋内部扩散系数的影响。因此，不同直径的 GFRP 筋扩散系数的研究是十分必要的。同时应基于对蒸养混凝土的研究及设计应用，考虑不同环境及不同保护层厚度对 GFRP 筋扩散系数的影响。Shen 等[134] 建议 Fick 定律中的扩散系数 D 用下式表示

$$D = \frac{\pi r^2}{16 M_m^2} \left(\frac{M_{t2} - M_{t1}}{\sqrt{t_2} - \sqrt{t_1}} \right)^2 \tag{4-4}$$

式中　M_m——平衡吸湿量，%；

　M_{t1}、M_{t2}——t_1、t_2 时刻的吸湿量，%。

　　如图 4-16 所示，基于 GFRP 筋吸湿率变化曲线分析，可得到计算扩散系数相关参数，见表 4-3。表 4-3 中标养养护混凝土中 GFRP 筋的吸湿性能与裸筋存在差异，这种差异主要来自碱性混凝土对 GFRP 筋的影响，但影响程度相对较小。对比分析蒸养与标养养护方式中扩散系数 D 可见，蒸养养护方式加速了 GFRP 筋的吸湿性能；然而不同的保护层厚度对其吸湿性能影响不同，当混凝土保护层厚度为 15mm 时，GFRP 筋受蒸养养护高温影响及混凝土表层损伤影响较为明显，因此较其他保护层厚度下的扩散系数 D 更大，其数值为保护层厚度 35mm 下的扩散系数 D 的 1.4 倍。由扩散系数公式可见，若不同直径吸湿率变化曲线一致，则扩散系数将随直径增大而增大。由表 4-3 可见，蒸养混凝土中 10mm、16mm、19mm 和 22mm 直径 GFRP 筋的扩散系数分别是裸筋环境下的 1.34 倍、1.16 倍、1.10 倍和 1.08 倍，由此可见，蒸养混凝土中 GFRP 筋扩散系数的影响随直径增大反而减小，这和吸湿率的变化规律是一致的。同时说明了不考虑不同直径扩散系数取值的 Fick 预测模型确实存在一定的误差。

　　GFRP 筋聚乙烯基酯聚酯中酯基为亲水

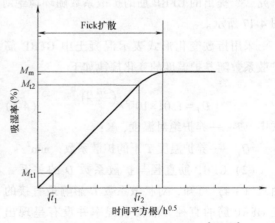

图 4-16　GFRP 材料典型吸湿性能[125-127]

基团，在蒸汽养护的潮湿环境下水分子会吸附在基体表面，并逐渐扩散到基体的内部，其中小的水分子侵入聚合物链，使分子间的作用力降低，增大分子迁移反应，使聚合物产生物理塑化，并进一步破坏水解基团和水溶性物质。GFRP筋基体内部产生微裂缝，当裂纹扩展至纤维—基体界面时，会使纤维—基体发生剥离现象，纤维—基体界面产生毛细管作用促使毛细吸水并逐渐到达纤维表面，导致聚合物基体和纤维组分的溶出，导致后期质量减小。在蒸汽养护的条件下，GFRP筋基体会产生后固化作用，但并不能完全恢复前期性能[95]。

表4-3 GFRP筋吸湿性能

养护方式	温度	直径/mm	相应工况缩写	$\sqrt{t_1}$(h$^{0.5}$)	M_{t1}	$\sqrt{t_2}$(h$^{0.5}$)	M_{t2}	M_m	扩散系数 D/(mm^2/s)
裸筋		10	RE-10		0.18		0.72	1.08	2.2E-06
		16	RE-16		0.12		0.50	0.72	6.3E-06
		19	RE-19		0.07		0.41	0.50	14.7E-06
		22	RE-22		0.02		0.28	0.31	22.3E-06
蒸养	60±5℃	10	G-Ste1-1	$\sqrt{24}$	0.24	$\sqrt{888}$	0.75	0.79	3.7E-06
			G-Ste1-2		0.18		0.59	0.68	3.2E-06
			G-Ste1-3		0.16		0.53	0.64	2.9E-06
			G-Ste1-4		0.13		0.46	0.61	2.6E-06
		16	G-Ste2		0.06		0.34	0.47	7.3E-06
		19	G-Ste3		0.02		0.24	0.31	16.1E-06
		22	G-Ste4		0.01		0.22	0.24	24.3E-06
标养	20±3℃	10	G-Sta		0.05		0.14	0.17	2.5E-06

由以上分析可知，蒸养混凝土中GFRP筋扩散系数D同时与蒸养方式、直径及混凝土保护层厚度存在关系。下面将依据以上扩散系数D的试验分析数据分别建立关系表达式，最后进行数据整合得到适合蒸养混凝土环境中的GFRP筋扩散系数模型。

(1) 养护温度与扩散系数D的关系 由吸湿率试验测试结果可知：20℃（293K）标准养护混凝土中GFRP筋较60℃（333K）蒸养养护混凝土中GFRP筋扩散系数更小。与部分研究[41]提出的GFRP筋的扩散系数随环境绝对温度倒数的增大而减小的理论基本一致，如图4-17所示。

采用指数变化形式表示混凝土中GFRP筋扩散系数随养护温度的变化规律如下

$$D_T = 1.01 \times 10^{-5} e^{\left(\frac{-414.55}{T}\right)} \quad (4-5)$$

式中 T——养护绝对温度，K；

D_T——养护温度T下的扩散系数，mm^2/s。

(2) GFRP筋直径与扩散系数D的关系
由式（4-4）可知，对扩散系数D影响最直接的是GFRP筋的直径。然而吸湿率并没有呈现出随直径增大而增大的变化趋势，反而是随直径

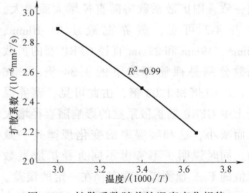

图4-17 扩散系数随养护温度变化规律

的增大而减小，因此，不同直径下 GFRP 筋的扩散系数 D 的研究分析十分必要。

如图 4-18 所示，扩散系数 D 随 GFRP 筋半径增大而增大，并且增长比例随半径增大明显增大。基于最小二乘法，对图 4-18 中曲线进行拟合，拟合结果为

$$D_r = 5.05 \times 10^{-7} e^{(0.35r)} \qquad (4\text{-}6)$$

式中　r——GFRP 筋半径，mm；

$\quad\quad D_r$——GFRP 筋半径为 r 的扩散系数，mm^2/s。

（3）蒸养混凝土不同保护层厚度与扩散系数 D 的关系　蒸养养护制度对混凝土产生了较明显的表层损伤且蒸养混凝土中有害孔径会增多，因此，不同保护层厚度下混凝土内部 GFRP 筋受影响程度较标准养护更为明显，有必要对不同保护层厚度下的扩散系数进行区分。

基于试验结果分析可知，保护层较薄的情况下，扩散系数影响较大；然而保护层厚度达到一定值后，扩散系数变化相对缓慢。由图 4-19 中曲线拟合可得到扩散系数与保护层厚度之间的关系式

$$D_c = 1.16 \times 10^{-5} c^{-0.427} \qquad (4\text{-}7)$$

式中　c——混凝土保护层厚度，mm；

$\quad\quad D_c$——保护层厚度为 c 的扩散系数，mm^2/s。

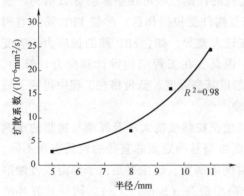

图 4-18　扩散系数随 GFRP 筋半径变化规律

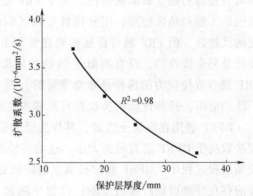

图 4-19　扩散系数随混凝土保护层厚度变化规律

以上分析模型主要基于试验结果进行相关数据拟合，探讨养护方式对扩散系数影响时以直径 10mm GFRP 筋及保护层厚度 25mm 作为不变量；探讨不同直径对扩散系数影响时以 60℃（333K）蒸养方式及保护层厚度 25mm 作为不变量；探讨不同保护层厚度对扩散系数影响时以 60℃（333K）蒸养方式及直径 10mm GFRP 筋作为不变量。因此，同时考虑养护方式、不同直径及不同保护层厚度对扩散系数影响模型时需将每种工况下的基数进行整合，数据整合后的最终模型为

$$D = \alpha e^{\left(\frac{-414.55}{T}\right)} e^{(0.35r)} c^{-0.427} \qquad (4\text{-}8)$$

式中　α——试验拟合值，$\alpha = 7.13 \times 10^{-6}$；

$\quad\quad D$——GFRP 筋的扩散系数，mm^2/s。

采用上述拟合扩散系数模型对试验值进行拟合并与试验结果对比分析可知，上述拟合扩散系数模型是可信的（图 4-20）。

　　由式（4-6）可知，蒸养养护绝对温度的倒数与 GFRP 筋的扩散系数存在反比关系，即养护温度越高 GFRP 筋扩散系数越大，将使外界溶液进入 GFRP 筋内部速率更快，也同时加速了 GFRP 筋性能的退化，说明蒸养温度越高，GFRP 筋性能损伤越明显。高铁蒸养制度规定蒸养温度为 60℃（333K），因此基于上述模型，铁路规范条件下蒸养混凝土中 GFRP 筋扩散系数模型可表示为

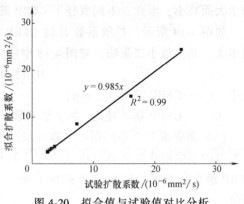

图 4-20　拟合值与试验值对比分析

$$D_s = 1.73 \times 10^{-6} e^{(0.35r)} c^{-0.427} \qquad (4-9)$$

式中　D_s——蒸养混凝土中 GFRP 筋的扩散系数，mm^2/s。

4.3.6　GFRP 筋抗拉性能

　　FRP（纤维增强聚合物）筋的增强材料是纤维，纤维的填充能有效地提高筋材的强度和刚度，使 FRP 筋具有较好的性能。同时树脂包裹纤维对纤维具有很好的保护作用，使 FRP 筋具有很高的强度和耐腐蚀性。由于 FRP 筋具有优良的性能，故可在很多会导致结构严重腐蚀的工程和地区使用，用来代替受拉区钢筋或修复构件受拉损伤区。尽管 FRP 筋具有明显的优越性，但 FRP 筋与普通钢筋在性能上仍存在较大差异。如，FRP 筋的拉应力—应变曲线是完全线性的，没有类似于钢筋的屈服阶段。因此，在工程结构设计和应力计算中，FRP 筋有效拉应力的选择是非常重要的。而 GFRP 筋以其高强度、低价格在工程中得到了最广泛的应用，拉伸性能试验也是对其基本性能的试验[95]。

　　GFRP 筋用在混凝土内部，并作为受力筋时，初始抗拉强度的大小及纤维与树脂的比例直接取决于 GFRP 筋直径的大小，这与传统钢筋强度由型号确定而非直径的性质有所不同。长期服役过程中，GFRP 筋抗拉强度的降低是有关时间的函数，这主要是由于潮湿或侵蚀溶液的存在导致玻璃纤维被侵蚀，侵蚀率随温度的升高而提高（Sousa[135]），同等外界环境条件下，侵蚀比例随时间的增长而增大。当 GFRP 筋处于潮湿环境中，水分首先扩散进入聚合物基体，通过基体到达玻璃纤维，然而，由于不同直径 GFRP 筋中纤维、聚合物基体含量不同，对不同直径，侵蚀介质到达玻璃纤维，侵蚀这些纤维的难易程度将有所不同，因此侵蚀比例随时间增长而增大的比例也随 GFRP 筋直径大小不同而有所不同[136]。

　　基于以上分析，蒸养养护高温高湿度的环境下不同直径 GFRP 筋抗拉性能将显示出不同的损伤程度。因此，本节主要针对蒸养混凝土环境中不同直径 GFRP 筋抗拉性能进行研究，并且对不同混凝土保护层厚度对 GFRP 筋抗拉性能的影响进行对比分析。

　　1. 破坏形态

　　GFRP 筋拉伸试验一般可分为三个阶段：平稳期（加载初期至极限荷载 25%~30%），GFRP 筋受荷载时未发生任何反应；剥离期（加载中期至极限荷载 60%~70%），GFRP 筋受荷载时伴随纤维断裂与纤维树脂剥离声音；破坏期（加载末期，约极限荷载 80%），GFRP 筋进入破坏阶段，纤维发出密集的剥离声音，最终纤维束散开，宣告破坏。GFRP 筋最终破坏形态存在三种：散射式破坏、劈裂式破坏与端部脱锚式破坏，如图 4-21 所示。由于 GFRP

筋拉伸试验过程中主要由两端锚管直接受力，再通过黏结树脂传递到 GFRP 筋，因此，试验过程中灌浆不均等操作原因将导致锚管与 GFRP 筋黏结性能不足，最终出现 GFRP 筋脱锚现象，此时试件的破坏视为无效破坏，分析时不做考虑。

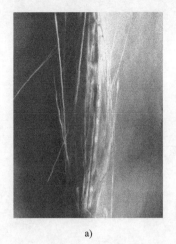  

a)　　　　　　　　　　　　　b)　　　　　　　　　　　　c)

图 4-21　GFRP 筋破坏形态

a）散射式破坏　b）劈裂式破坏　c）端部脱锚式破坏

2. 荷载—位移曲线

由应力—应变曲线与荷载—位移曲线之间的力学关系可知，GFRP 筋拉伸试验中的荷载—位移曲线变化趋势同样表征了 GFRP 筋的应力—应变曲线变化趋势。GFRP 材料的应力—应变曲线具有明显的双折线变化，且具有明显的脆性破坏特征[137]。由图 4-22 可见，蒸养混凝土中 GFRP 筋荷载—位移曲线符合典型的双折线变化，曲线变化不同之处主要体现在极限破坏荷载与位移的不同。这说明蒸养混凝土环境并不会改变 GFRP 筋的基本材料属性，仅体现为对 GFRP 筋抗拉强度及表观的一定损伤，这与 4.3.1 节、4.3.2 节研究的结论是一致的。

图 4-22 中不同条件下 GFRP 筋拉伸的荷载—位移曲线显示：相对标养混凝土，蒸养混凝土中的 GFRP 筋拉伸位移较大。不同保护层厚度条件中的 GFRP 筋拉伸的荷载—位移曲线变化规律基本一致，然而，荷载增大阶段，22mm 直径的 GFRP 筋荷载—位移曲线斜率为 10mm 直径的 2.12 倍。

3. 抗拉强度

拉伸试验测试中极限抗拉应力即表示了 GFRP 筋的极限抗拉强度。部分研究者[12,41] 研究发现 GFRP 筋的抗拉强度不仅与直径有关，而且与环境因素也存在着较大的关系，如温度、湿度、碱性溶液等。本节主要分析养护方式、直径、保护层厚度对蒸养混凝土中 GFRP 筋的抗拉强度的影响。为验证 GFRP 筋替代钢筋的可行性，对蒸养混凝土中钢筋同样进行抗拉试验，试验表明，钢筋的应力—应变曲线关系没有变化，但抗拉强度与弹性模量产生了较明显的损伤。分析过程中以保留率作为材料性能变化的特征参数

$$Y = \frac{f_{ft}}{f_{fo}} \times 100 \tag{4-10}$$

式中　Y——筋抗拉强度保留率，%；

f_{ft}——养护后混凝土中筋材抗拉强度；

f_{fo}——初始抗拉强度。

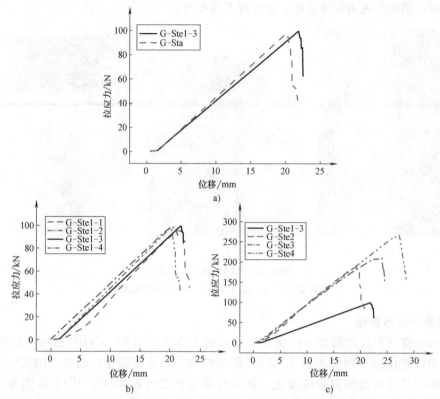

图 4-22 GFRP 筋荷载—位移曲线

a) 不同养护方式 b) 不同混凝土保护层厚度 c) 不同 GFRP 筋直径

弹性模量保留率同样定义为混凝土中筋材弹性模量占初始弹性模量的比值。

由表 4-4、图 4-23 和图 4-24 可见，不同养护方式、不同筋材、不同直径与不同保护层厚度对 GFRP 筋的抗拉强度与弹性模量都存在一定的影响。GFRP 筋的弹性模量变化并不显著，损伤率均控制在 2% 以内，并且出现 GFRP 筋弹性模量增大的现象，这与张新越、欧进萍、王伟[40、41]研究提出的理论相似。钢筋弹性模量损伤相对抗拉性能损伤也较小。因此，以下主要针对筋材抗拉性能损伤规律进行分析。

表 4-4 GFRP 筋/钢筋拉伸试验结果

养护条件		直径	相应工况缩写	极限抗拉强度			弹性模量		
				平均值/MPa	保留率(%)	变异系数(%)	平均值/GPa	保留率(%)	变异系数(%)
参照试件	GFRP 筋	10	RE-10	1300	100	1.67	46	100	1.97
		16	RE-16	920	100	2.34	45	100	1.21
		19	RE-19	780	100	1.35	44	100	3.01
		22	RE-22	730	100	1.35	44	100	2.13
	钢筋	10	RE-S	515.4	100	3.82	197	100	8.53

（续）

养护条件	直径	相应工况缩写	极限抗拉强度			弹性模量		
			平均值/MPa	保留率（%）	变异系数（%）	平均值/GPa	保留率（%）	变异系数（%）
蒸养养护	10	G-Ste1-1	1183	91	2.21	45.48	98.86	2.95
		G-Ste1-2	1200	92.31	1.97	45.88	99.74	2.95
		G-Ste1-3	1208	92.92	1.57	46.92	102	3.44
		G-Ste1-4	1212	93.23	2.04	46.54	101.18	1.74
		S-Ste	412.9	80.11	3.47	178	90.36	4.83
	16	G-Ste2	870	94.56	1.24	44.20	98.22	1.65
	19	G-Ste3	745	95.51	1.68	44.02	100.04	2.47
	22	G-Ste4	702	96.16	2.15	43.91	99.80	1.06
标养养护	10	G-Sta	1257	95.23	2.67	46.39	100.85	2.31

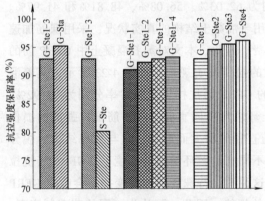

图 4-23　抗拉强度保留率随不同条件变化规律

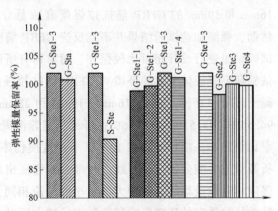

图 4-24　弹性模量保留率随不同条件变化规律

（1）不同养护方式影响　使用引气剂或振捣不佳等原因都会使混凝土结构内部产生无数微孔隙，孔隙液 pH 值范围一般在 12.4~13.7，具有强碱性。强碱将与 GFRP 筋材料发生明显的化学反应，使 GFRP 筋受到碱环境的侵蚀[138]。由图 4-23 可见，标养养护混凝土环境中 GFRP 筋抗拉强度比参照试件有所降低，验证了混凝土强碱性对 GFRP 筋性能的影响。但由表 4-4 可知，标养混凝土环境中 GFRP 筋抗拉强度保留率达 95.23%，降低率较小，这主要是因为标养环境并未进行高温处理，试验测试时间仅为养护龄期 28d，因此，混凝土环境对 GFRP 筋抗拉强度的退化作用相对不明显，这与加拿大 A Mufti 研究团队对混凝土中 GFRP 筋性能进行为期 5 年~8 年的研究发现 GFRP 筋性能未出现退化的结论基本是相符的，这也证明了 GFRP 筋相对钢筋的耐久性能更好。

然而，蒸养养护混凝土环境中 GFRP 筋直接处于高温碱性溶液中，因此，蒸养混凝土中 GFRP 筋的抗拉强度损失大于标养混凝土，两者相差 2.3%。这主要是由于蒸养养护制度 28d 的养护龄期中蒸养高温过程仅为 13h，对 GFRP 筋的影响相对较小。若延长蒸养时间或升高蒸养恒温温度，对 GFRP 筋抗拉强度的损伤将加大。因此，蒸养过程中蒸养制度的选取对 GFRP 筋的性能损伤也存在较大的影响。

（2）不同筋材 钢材属于耐高温不耐火的材料，当干燥环境下，温度小于200℃时，可认为钢筋性能没有变化，然而，当环境中相对湿度较高时，高温则会加速钢筋的锈蚀。姬永生等[139] 提出，温度与湿度是混凝土中钢筋锈蚀程度的重要影响因素，并通过试验研究得出温度越高，钢筋的腐蚀电流强度越高，即混凝土中钢筋的腐蚀速度越大；温度对钢筋腐蚀的影响随混凝土孔隙水饱和度的增大而增大。这说明，蒸养高温高湿度养护将加速混凝土中钢筋的锈蚀速度。由表4-4可见，蒸养混凝土中钢筋的抗拉强度下降比例明显大于GFRP筋，强度保留率仅为80.11%。而本试验仅针对的是短期环境下钢筋与GFRP筋抗拉性能损伤进行研究，由于钢筋易腐蚀与GFRP筋耐腐蚀的本质差异，长期服役过程中蒸养混凝土中钢筋与GFRP筋抗拉强度退化的差异将远大于本试验测量值。因此可说明用GFRP筋替代或部分替代蒸养混凝土预制构件中的钢筋以解决蒸养混凝土预制构件寿命低的方法是可行的，也是刻不容缓的。

（3）不同直径影响 王伟[41] 采用裸筋加速试验方法对不同直径GFRP筋抗拉强度受碱溶液侵蚀的影响进行了研究，研究结果表明：侵蚀183d后，直径9.5mm、12.7mm、16mm和19mm的GFRP筋抗拉强度衰减量分别为62.03%、56.08%、48.81%和41.97%。然而，裸筋加速试验结果并不能反应GFRP筋应用于混凝土结构的真实状况，采用裸筋加速试验结果进行设计相对比较保守，对材料有所浪费。因此，本文对蒸养混凝土中GFRP筋的试验研究更能体现蒸养环境对GFRP筋抗拉强度的损伤影响规律。如图4-23所示，蒸养混凝土环境中直径10mm、16mm、19mm和22mm的GFRP筋抗拉强度保留率分别为92.92%、94.56%、95.51%和96.16%，可见，蒸养混凝土环境对不同直径GFRP筋抗拉强度的损伤率比钢筋小，损伤率均在10%以下，且损伤率随直径的增大而减小，这与微观结构形貌分析及吸湿性能分析结论一致。与部分研究提出的不同高温碱环境或盐环境下，GFRP筋抗拉强度的衰减量均随直径增大而减小的结论相同，这说明，特殊环境的改变并不会改变GFRP筋的抗拉强度的环境影响程度随直径增大而减小的规律。因此，可认为不同的蒸养制度下，蒸养混凝土中GFRP筋的抗拉性能损伤程度仍随直径增大而减小。但本章试验中蒸养混凝土对GFRP筋抗拉强度的损伤程度并不代表所有蒸养制度条件下的损伤程度，由于高温对GFRP筋性能有影响，蒸养制度中采用的温度越高，持续高温的时间越长，GFRP筋的抗拉性能损伤率越大。

（4）不同保护层厚度 由4.3.5节裸筋GFRP筋吸湿率与混凝土环境中GFRP筋吸湿率变化规律可知，混凝土对GFRP筋虽然存在碱性影响，但同时对GFRP筋起着保护作用，一定程度上阻止了水介质或其他侵蚀介质接触GFRP筋后影响GFRP筋性能。因此，混凝土环境中的GFRP筋受外界介质侵蚀影响的难易程度，首先由外界介质在混凝土内的扩散随时间变化的过程决定。基于第3章蒸养混凝土性能研究结论可知，蒸养混凝土表层存在较明显的损伤，因此，布置在或接近表层损伤区域的GFRP筋比其他区域更易受到蒸养过程中的高温高湿度影响，由图4-23可见，GFRP筋的抗拉强度保留率随保护层厚度增加而增加，并且保护层厚度15mm时，GFRP筋的抗拉强度保留率降低比例最大，其他保护层厚度条件下损伤率变化相对较小或者基本不变。可见，GFRP筋应用于蒸养混凝土时，应尽量避免布置于蒸养混凝土表层损伤区域。

4.4　蒸养混凝土梁中 GFRP 筋抗拉性能损伤机理分析

蒸汽养护与普通养护的区别在于，蒸汽养护是在早期（通常超过 10h）采用高温湿蒸汽养护后，再在室温下进行养护。蒸汽养护过程是蒸汽养护混凝土力学性能形成的重要阶段。研究蒸汽养护过程中混凝土的力学性能对蒸汽养护混凝土的综合性能和蒸汽养护过程中的热损伤效应具有重要意义。

蒸汽养护会产生高温，高温会促进混凝土早期强度的快速提高，使混凝土能够满足早期脱模和应力张拉的强度要求。蒸汽养护结束时，蒸养混凝土的强度一般应达到设计强度的 70%以上[140]。蒸汽养护可以显著提高混凝土的早期性能，但不利于混凝土的长期性能。Kjellsen 等[141]研究结果表明，蒸汽固化混凝剂具有膨胀、变形、表面气孔增大和脆性等热损伤效应。蒸养混凝土与普通混凝土在微观结构和宏观性能上存在一定差异。结果表明，蒸汽的高温养护条件促进了水泥的水化，导致了水泥孔隙结构的粗化。Gallucci 等[142-143]研究结果表明养护温度对水泥水化生成的 C-S-H 凝胶有一定的影响，60℃比 20℃条件下生成的 C-S-H 凝胶聚合度更高、层间孔更少、更加密实，生成水化产物的体积减少，在一定程度上造成了水泥孔隙结构粗化；蒸汽养护体系、矿物掺合料等因素也影响粗化物的强度和耐久性。总的来说，高温养护能显著促进混凝土早期微观结构和宏观性能的形成，但对混凝土长期性能有一定的不利影响[144]。

蒸养混凝土环境中 GFRP 筋抗拉性能损伤机理主要基于蒸养养护过程中高温与高湿度环境因素与蒸养混凝土结构性能变化的因素影响，如混凝土孔隙结构分布变化、内部碱性增强与内部附加应力等变化。

GFRP 筋环境退化主要来自氧化、腐蚀及其他化学反应。一般侵蚀开始于自由氢氧根离子（OH^-）、氯离子（Cl^-）和水分子在树脂基体中的扩散并进行水解聚合反应，进而改变基体的物理、化学及机械性能。随着侵蚀的进行，水分子和 OH^- 离子聚集纤维—基体界面，甚至到达纤维表面，并进一步导致纤维—基体产生裂纹，一旦基体存在裂缝或空洞则直接加快外部侵蚀速度。基体受到环境影响后基体—纤维界面也必然受到影响，最终导致纤维受力不均甚至纤维受损，直接降低了 GFRP 筋的强度与刚度[145]。

4.4.1　蒸养高温环境对 GFRP 筋抗拉性能损伤影响分析

GFRP 筋聚合物基体主要由碳碳双键与酯基链接。当聚合物基体受到环境侵蚀时可分为可以恢复的物理过程与不可恢复的化学过程。物理过程指自由水分子扩散过程，并在扩散过程中破坏聚合物键之间的范德华力，引起聚合物基体体积膨胀、玻璃化温度降低。化学过程则主要是指离子之间的交换过程，交换过程中化学物质会破坏聚合物基体的化学结构，聚合物基体可能产生化学水解、塑性增加和微裂缝现象，这些现象将进一步使聚合物基体发生不可逆的退化。蒸养环境温度的升高加速了混凝土中 GFRP 筋抗拉强度的退化速率，且温度越高，GFRP 筋抗拉强度的退化速率越快。其原因是温度的升高使得 OH^- 离子和水分子运动速率和扩散速率加快，促使树脂基体发生水解反应和侵蚀反应，并使反应速率提升，最终造成 GFRP 筋抗拉强度退化速率的增加[146]。

蒸养环境中高温对 GFRP 筋的抗拉性能的损伤则主要是由于高温促进了 GFRP 筋聚合物

基体的化学反应，并使其发生不可逆的退化，造成 GFRP 筋的抗拉性能降低。

$$\underset{R}{\overset{O}{\underset{O}{C}}} R' + OH \rightleftharpoons R-\overset{OH}{\underset{O}{C}}-R' \rightleftharpoons R-\overset{O}{C}-OH + R'-OH \quad (4\text{-}11)$$

$$(4\text{-}12)$$

$$(4\text{-}13)$$

$$(4\text{-}14)$$

4.4.2　蒸养水环境对 GFRP 筋抗拉性能损伤影响分析

在蒸汽养护过程中会产生大量的蒸汽，使混凝土完全暴露在水环境中。蒸汽会使纤维增强筋的内部结构发生不同程度的膨胀，从而在一定程度上影响纤维增强筋的力学性能。相关研究表明，当水分子渗入 FRP 材料的树脂基体时，树脂基体的水解反应会发生不同程度的变化，外界温度会影响水解反应速率。此外，水分子的渗透也可能引起一些可逆反应（树脂塑化、玻璃化温度降低）和不可逆反应（纤维树脂基体产生裂纹）。这些反应不仅会导致树脂基体和纤维的破坏，而且会导致纤维—树脂界面层的分离。

为了研究 FRP 筋在潮湿环境中的耐久性，通常选择不同类型的纤维和树脂基体，以及不同的环境温度、湿度和浸泡时间等试验参数进行试验分析。当某一参数发生变化时，在其他条件相同的试验环境下，可以得到某一参数与 FRP 筋耐久性的直接关系。在达到相应的浸泡龄期后，通过测试 FRP 筋的吸水率、极限拉伸强度和拉伸弹性模量的变化，可分析潮湿环境对 FRP 筋耐久性的影响[146]。对 FRP 筋在潮湿环境中的耐久性的试验研究得到了大量有益的结论，相关成果如下：

Chen 等[147]（2007）将 CFRP 筋和两种 GFRP 筋分别浸泡在自来水、盐溶液中，采用 60℃温度加速腐蚀。试验结果表明，浸泡在 60℃的自来水和盐水中 70 天后，GFRP 筋的抗拉强度下降了 26%~29%。

Kim 等[148]（2008）对两种类型的 GFRP 筋在自来水、3% NaCl 溶液中在 25℃、40℃、80℃下进行了最长 132 天的浸泡试验。试验结果表明，GFRP 筋在水环境中退化较明显，退化程度在 25℃和 40℃时保持稳定，但在 80℃时明显加剧。

Al-Salloum 等[149]（2013）对最新一代的 GFRP 筋在 50℃的自来水、海水中进行了 18 个月的浸泡试验。试验结果表明，自来水与海水中 GFRP 筋的拉伸性能退化严重，分别达到

24.48% 和 12.8%[150]。

Francesca[151]（2006）对三种不同类型的 FRP 筋进行了干湿循环试验，发现 AFRP 筋的纤维性能恶化，GFRP 筋和 CFRP 筋的树脂基体因水解而受损。

Chen 等[43]（2007）对 CFRP 筋和 GFRP 筋进行了浸水试验。样品在 60℃ 环境温度下分为两组，一组为连续浸泡试验，另一组为干湿循环试验。结果表明，CFRP 筋具有良好的耐久性。试验前后 CFRP 筋的力学性能基本不变，浸泡后 CFRP 筋的力学性能明显下降。

综上所述，湿环境中基体树脂的水解导致 FRP 材料界面的破坏，纤维与基体的脱黏，从而导致 FRP 材料性能的持续下降。在同一树脂基体下，CFRP 材料的耐水性高于 GFRP 材料；同一纤维类型的 FRP 材料的耐水性主要受树脂基体的影响，其中乙烯基酯影响最大，环氧树脂次之，聚酯由于含有较多易水解的酯链性能最差。

在潮湿和水环境中，GFRP 筋的劣化主要是由吸水引起的。有三种吸水机制：

1）水分子通过基体或纤维扩散。

2）在毛细作用下，水分子在纤维—基体界面上向块状基体扩散，导致界面处纤维和聚合物基体的剥离。

3）水分子通过微裂纹、孔洞和缺陷进行扩散。

在潮湿环境中，GFRP 筋的损伤降解主要是因为水分子和离子在吸附扩散过程中发生了塑化反应和水解，导致基体渗透开裂、界面降解和层间分离。GFRP 筋本身的缺陷为水分子和离子的扩散提供了通道，温度加速了离子的扩散速率。

随着凝固的逐渐硬化，混凝土中的水被消耗或蒸发。同时，空气中的二氧化碳通过孔隙气相扩散到混凝土中，溶解在孔隙水溶液中。碳化作用与碳酸化和水化产物 $Ca(OH)_2$ 反应，混凝土孔隙水的 pH 值逐渐降低。随着碳化深度的增加，pH 值的下降幅度逐渐减小。当碳化达到一定深度时，可以认为 pH 值趋于固定。混凝土含水率达到饱和，大气中二氧化碳难以进入混凝土，完全碳化的深度很小。另外，作用时间相对较短，可以认为 GFRP 筋所在混凝土在完全硬化后的环境 pH 值不变。此时，GFRP 筋在混凝土环境中的拉伸性能恶化影响不大，反而在一定程度上抑制了纤维的松弛，使腐蚀介质难以进入内层。同时，它还起到保护层的作用，抵抗外界有害介质的侵蚀[146]。

水吸收作用机理主要为水分子通过基体或纤维的扩散，纤维基体界面处水分子在毛细作用下的扩散，水分子通过微裂缝、孔、缺陷等的扩散。发生镂蚀作用，镂蚀即 OH⁻ 离子破坏玻璃纤维的 $[SiO_4]$ 四面体骨架结构，镂蚀作用使玻璃纤维表层产生孔洞，使硅氧键断裂转化为氢氧硅烷，上述反应是潮湿环境及海洋环境中玻璃纤维劣化的主要形式，最终导致抗拉强度的降低[95]。

基于 4.3.5 节 GFRP 筋吸湿性能研究结果可知，蒸养混凝土中 GFRP 筋的最大吸湿率与线性变化阶段斜率分别是标养混凝土中 GFRP 筋的 2.72 倍和 3 倍。这说明蒸养混凝土中 GFRP 筋与水反应程度更为明显。GFRP 筋在蒸养水环境中腐蚀机理主要有三个反应阶段：

首先是浸析过程，当玻璃纤维结构中含碱性离子和其他阳离子时，阳离子将与溶液中的氢离子进行交换，使溶液中产生氢氧根

$$\left[\begin{array}{c} | \\ -Si-O-Na- \\ | \end{array}\right] + H_2O \longrightarrow -SiOH + OH^- \tag{4-15}$$

第二步发生镂蚀反应，即第一步化学反应生成的氢氧根打破二氧化硅分子键，形成氢氧化硅与氧化硅离子

$$\left[-\overset{|}{\underset{|}{Si}}-O-\overset{|}{\underset{|}{Si}}- \right]+OH \longrightarrow -\overset{|}{\underset{|}{Si}}OH + -\overset{|}{\underset{|}{Si}}O^- \tag{4-16}$$

最后，第二步化学反应生成的氧化硅离子与水分子进行反应，生成氢氧根与氢氧化硅

$$\left[-\overset{|}{\underset{|}{Si}}O \right]+H_2O \longrightarrow -\overset{|}{\underset{|}{Si}}OH +OH^- \tag{4-17}$$

经过以上反应，氢氧根离子增加，即溶液中 pH 值升高，玻璃纤维强度下降。蒸养环境主要通过高温蒸汽加快养护进程，因此，蒸养环境中的大量蒸汽会对 GFRP 筋纤维强度产生化学损伤，高温及蒸养混凝土孔隙率的增大也将加大这部分的化学损伤程度。

4.4.3 蒸养混凝土碱性环境对 GFRP 筋抗拉性能损伤影响分析

混凝土孔隙流体中含有 $Ca(OH)_2$、KOH、NaOH 等组分，其 pH 值在 12.5~13.5，属强碱性环境。2004 年，美国编写的 ACI440.3R-04 规范规定了模拟混凝土溶液环境中 FRP 筋的加速老化试验方法。标准试验环境为模拟混凝土毛细管溶液。溶液配制标准为 113.5g $Ca(OH)_2$、0.9g NaOH、4.2g KOH 水溶液，pH 值在 12.6~13.0。溶液在 60±2℃温度下保持恒定，试验时间分为五段，分别为 30d、60d、90d、120d 和 180d。通过加速老化试验，得到了模拟混凝土环境中 FRP 筋力学性能退化程度与时间的关系。

在碱性环境中，FRP 筋受到水分子扩散和碱离子渗透的双重作用，对玻璃钢棒中的树脂基体和玻璃纤维造成不同程度的损伤。大量实验研究表明，碱性环境会导致玻璃纤维增强筋的拉伸性能下降[146]。

Serbescu 等[152]（2014）将尚处于研发阶段的 BV 筋和 BE 筋分别浸泡在三种 pH 值（pH=7、pH=9 和 pH=13）的溶液中 100h、200h、1000h 和 5000h 后开展拉伸力学性能测试。试验结果表明，pH 值由 7 提升至 13 会带来 8% 的额外强度损失。

Benmokrane 等[153]（2015）对 Basalt/Vinyl ester（BV）筋和 Basaltepoxy（BE）筋浸泡在 60℃ 的碱溶液中 5000 小时后的性能退化进行了测试。试验结果表明，BV 筋的横向抗剪性能降低了 33%；BV 筋和 BE 筋的抗弯性能分别降低 37% 和 39%；BV 筋和 BE 筋的层间剪切性能分别降低了 22% 和 14%。

李凯雷[154]（2013）将 GFRP 筋浸入三种不同浓度的 NaOH 溶液中。在 1500 小时后发现，随着浓度的增加，肋骨的抗张强度的降解速率增加。在 0.75%、1.5% 和 3.0% 的溶液中，肋骨的拉伸强度分别降低了 3.0%、7.0% 和 16%。

李趁趁等[155]（2013）将不同直径的 GFRP 筋在混凝土内模拟孔隙水碱溶液中浸泡 60 天，溶液 pH 值在 12.6~13。试验结果表明，各直径 GFRP 筋的拉伸强度均有不同程度的下降。

综上所述，在碱性环境中，普通玻璃纤维 E-GFRP 材料的耐久性最差，AR-GFRP 材料的耐碱性明显提高，AFRP 材料和 CFRP 材料的耐碱性更好，尤其是 CFRP 材料，受碱离子影响相对较小。就树脂基材料的种类而言，乙烯基酯 FRP 筋的耐碱性最好，其次是环氧树脂和聚酯。目前对 FRP 筋耐碱性的试验研究较多，但由于 FRP 筋的复杂性和试验条件不同，

试验结果不具有普遍性，缺乏可比性[146]。

贺智敏[16] 利用 X—衍射对蒸养混凝土水化产物进行分析，结果显示蒸养过程中混凝土水化产物类型、形貌与标养混凝土基本相同，仅是水化产物数量存在差异。文献[113,156,157]研究提出，蒸养过程中水化硅酸盐的含量将增加，蒸养后较易形成更为密实的 CSH，导致混凝土构件的碱度增大。因此，蒸养混凝土内部碱性特征对 GFRP 筋长期抗拉强度的影响不同于标养混凝土。

然而，由第 3 章试验研究可知，蒸养混凝土水化产物类型并没有发生变化，蒸养混凝土环境中玻璃纤维的腐蚀仍可以分为镂蚀、浸析两个过程，且这两个过程可以分别发生，也可能共同存在。浸析是指碱金属离子从玻璃结构中扩散出来，碱金属氧化物在碱性环境中的稳定性下降，玻璃纤维组分溶于水。随着水分子的迁移，它们扩散到纤维表面并溶解在溶液中，这也是玻璃在水中的主要分解方式。在盐碱复合环境中，纤维的损伤主要是由碱离子的侵蚀引起的。单盐分离子与碱的耦合加速了碱离子的迁移。但是，当多个盐离子同时存在时，由于同一离子的排斥作用，离子的扩散速率反而降低。因此，在复盐和碱的耦合作用下，蒸养混凝土的表观形貌、显微结构和化学成分的损伤程度都相对较小[95]。

Gonenc[145] 提出玻璃纤维在水中扩散机理包含了碱性侵蚀，但由于碱性溶液中 OH⁻ 离子溶度较高，因此，镂蚀过程速度更快，碱性侵蚀更恶劣。碱性溶液中纤维反应公式如式(4-15)。蒸养混凝土环境中碱含量增加，加速了纤维化学反应。因此，若采用同样的混凝土组成材料，蒸养混凝土内部碱性特征对 GFRP 筋抗拉强度的劣化影响大于标养混凝土。

在混凝土初凝期间，水泥水化反应使得孔隙液呈强碱性，OH⁻ 离子和水分子主要通过扩散和毛细血管运动进入 GFRP 筋，并直接与玻璃纤维发生腐蚀反应。玻璃纤维中的 SiO_2 骨架被破坏了。同时，被破坏的 SiO_2 骨架继续与周围的水分子水解，产生大量的 OH⁻，引起反作用，加快反应速度。

在碱性环境中，GFRP 筋蒸养混凝土中 OH⁻ 和水分子通过扩散和渗透进入混凝土内部，或直接通过弯曲与 GFRP 筋接触的微裂缝水解。在连续荷载作用下，GFRP 筋在蒸养环境下始终处于受拉状态。在拉应力作用下，GFRP 筋的树脂基体中的初始缺陷和空隙将形成相应的劣化并引起腐蚀，从而加速玻璃纤维筋力学性能的退化。在潮湿腐蚀环境中，弱界面层使树脂基体在渗透压作用下发生开裂。此外，界面层的脱黏和分层是由树脂膨胀到不同程度引起的，这降低了纤维间转移应力的有效性，最终导致 GFRP 筋的拉伸性能退化。

综上所述，结合微观测试手段的分析结果可知，GFRP 筋在混凝土环境下抗拉强度的退化主要是纤维与树脂之间界面层的剥离和脱黏所致，且随着树脂基体吸水量的增加，界面层在物理反应（树脂的膨胀、渗透压）和化学反应（SiO_2 的水解反应）下发生剥离破坏的程度也在逐渐增大[146]。

4.4.4　蒸养混凝土内部附加应力对 GFRP 筋抗拉性能损伤影响分析

蒸养过程中热效应使混凝土内部应力产生变化，其变化主要来源于蒸养过程中内部的气相受热膨胀的剩余压力与内部附加压力。

（1）热膨胀引起的剩余压力　蒸养中升温过程将引起混凝土内部气相与固相膨胀，然而由于气相受温度膨胀体积远大于固相受温度的影响程度，因此，蒸养混凝土中热膨胀引起的剩余压力主要来自于气相膨胀，并且温度越高，气相膨胀引起的剩余压力越大。气相膨胀

剩余压力由空气分压力与蒸汽分压力组成

$$P_g = P_a + P_s \qquad (4\text{-}18)$$

式中　P_g——气相膨胀剩余压力；

　　　P_a——空气分压力；

　　　P_s——蒸汽分压力。

（2）热质传输引起的内部附加压力　蒸养养护混凝土升温过程中，混凝土内部水、空气与外界高温蒸汽将存在明显的温度梯度，因此，蒸养混凝土内部的水、空气在养护过程中将与外界热介质进行转换与运输，并称为热质传输。

蒸养混凝土热质传输过程中，混凝土内部与外部介质之间的热传递正比于其温度梯度，混凝土内部温度低于外部介质温度，因此，蒸养混凝土热质传输方向为外部介质进入混凝土内部进行热传递，最终达到热平衡。外部介质向混凝土内部传输过程中，混凝土孔结构中的气体被压缩使剩余压力增大，其大小主要取决于气泡至混凝土表面间的液体阻力，并形成由表及里的压力梯度。

综上所述，蒸养混凝土内部应力将明显大于标养混凝土内部应力值。蒸养过程中，混凝土内部应力变化对气相、固相影响的同时，对内部布置的GFRP筋同样存在压力，因此，可认为蒸养混凝土环境中GFRP筋长期处于持续荷载作用的状态下。

针对GFRP筋受持续荷载作用退化机理，Benmokrane等[45]提出GFRP筋退化机理根据荷载水平大小的不同应分为三种类型。当应力水平相对较低时，树脂主要受环境因素影响，退化机理为扩散主导型；当材料受应力水平高于某个界限值，将发生应力腐蚀，则FRP筋的退化机理为裂缝扩展主导型。Benmokrane等将这个界限值取为FRP筋极限强度的25%~30%。当持续应力更高时，FRP筋退化则为应力主导型，材料将因为纤维断裂、基体开裂或界面脱黏发生脆性破坏。

王伟等[41]针对无应力和25%应力水平作用下的GFRP筋抗拉强度退化规律进行研究，研究结果均表明无应力与25%应力水平下GFRP筋抗拉强度退化并未出现明显差异，可见25%应力水平下并未对该GFRP筋耐久性产生显著影响，验证了试验过程中持续荷载取极限荷载25%对GFRP筋抗拉强度影响较小的结论。

可见，蒸养混凝土环境中GFRP筋会受到内部附加应力影响，但由于蒸养产生的内部附加应力远小于GFRP筋极限荷载的25%，因此，蒸养混凝土内部附加应力对GFRP筋抗拉性能损伤影响可认为较小。

4.4.5　蒸养混凝土孔隙或裂缝对GFRP筋抗拉性能损伤影响分析

混凝土孔隙或裂缝对混凝土结构内部材料受环境侵蚀提供了通道，因此，孔隙率或裂缝不但对混凝土结构本身力学性能稳定造成影响，对结构长期耐久性能影响也较为明显。何雄君、杨文瑞等[104-105]通过对比带工作裂缝与无工作裂缝混凝土中GFRP筋抗拉性能退化机理研究发现，无论加速试验环境中对混凝土有无施加持续荷载，带工作裂缝混凝土中GFRP筋的抗拉强度退化率均大于无工作裂缝混凝土环境，但随持续荷载的施加，工作裂缝的影响程度更为显著。

基于第3章蒸养混凝土结构性能试验研究分析可知，蒸养混凝土孔隙率增大，有害孔径增大，表层孔隙及裂缝尤为明显。部分研究者提出蒸养养护温度越高，混凝土孔隙率将越大[106-109]。可见，蒸养养护将使混凝土构件及配筋受外界物质侵蚀具有更多通道，并且蒸养混凝土内部附加应力将加大孔隙率或裂缝对 GFRP 筋抗拉强度的损伤作用，这也是引起蒸养混凝土中 GFRP 筋吸湿率变化规律最直接的原因。

混凝土表层损伤反应最为明显，即裂缝与孔隙相对较多是导致较薄保护层厚度下 GFRP 筋抗拉性能损伤较明显的主要原因，若采用钢筋配置于表层损伤区域，蒸养混凝土预制构件寿命将受到极大的影响。

4.5　本章小结

本章对 28 根不同混凝土保护层厚度、蒸养混凝土梁中不同直径 GFRP 筋进行了表观形貌观测、微观结构形貌测试、聚合物玻璃化温度测试、内部元素特征测试、吸湿率测试及拉伸试验测试，对蒸养混凝土中 GFRP 筋抗拉性能受蒸养混凝土影响进行比较分析，并探讨其损伤机理。其中以钢筋作为对比试件，验证 GFRP 筋替代钢筋应用于蒸养混凝土预制构件中的必要性，并得到以下结论：

1）蒸养混凝土环境中 GFRP 筋的表观形貌损伤相对较明显，且损伤程度随直径增大而减小。GFRP 筋微观结构形貌测试同样显示，蒸养高温养护加大了 GFRP 筋的损伤程度，GFRP 筋表面脱落及松散现象更为明显；且微观结构分析显示直径越小，GFRP 筋受蒸养养护损伤程度越明显；从微观角度证实了不同直径，侵蚀介质到达玻璃纤维难易程度不同的理论；然而 GFRP 筋聚合物玻璃化温度测试与 GFRP 筋内部元素特征测试显示蒸养养护与混凝土碱性环境并没有改变 GFRP 筋聚合物的热学性能，也没有引起 GFRP 筋中羟基数量的变化即没有使 GFRP 筋内部发生水解反应，更没有产生新的基团，即没有造成 GFRP 筋内部元素的改变。

2）GFRP 筋裸筋与混凝土中 GFRP 筋的吸湿率变化均可分为线性变化与平衡变化两个阶段；蒸养混凝土中 GFRP 筋的最大吸湿率与线性变化阶段斜率分别是标养混凝土中 GFRP 筋的 2.72 倍和 3 倍；且保护层厚度越大，第一阶段吸湿率随时间平方根变化斜率越小，最大吸湿率也越小，其中保护层厚度 15mm 时的变化幅度最明显；当直径增大时，GFRP 筋的吸湿率却有所减小；基于各因素对扩散系数的影响，建立了蒸养混凝土中 GFRP 筋扩散系数随不同养护温度、不同直径、不同保护层厚度的预测模型。

3）蒸养混凝土中 GFRP 筋拉伸试验破坏形态与荷载—位移曲线变化趋势相似，然而相对标养混凝土中，蒸养混凝土中的 GFRP 筋拉伸位移较大，蒸养混凝土环境中 GFRP 筋抗拉强度损失也更大；蒸养混凝土中的钢筋抗拉强度损伤率达 20%，而蒸养混凝土梁中 GFRP 筋抗拉性能的损伤率均在 10% 以下，且损伤程度随直径的增大而减小。GFRP 筋的抗拉强度保留率虽然呈现随保护层厚度增加而增加的现象，但保护层厚度 15mm 时，GFRP 筋的抗拉强度保留率降低比例最大，其他保护层厚度条件下损伤率变化相对较小。可见，GFRP 筋应用于蒸养混凝土中时，应尽量避免布置于蒸养混凝土表层损伤区域。

4）基于蒸养混凝梁中 GFRP 筋抗拉性能损伤机理分析可知，蒸养养护高温会促进聚合物基体内的扩散速率，蒸养养护中蒸汽渗入到 GFRP 筋内部会与氧化硅离子反应使氢氧根离子增加，对 GFRP 筋纤维强度产生化学损伤，这是蒸养养护环境对 GFRP 筋产生的直接影响；蒸养混凝土内部的结构及性能变化也是引起 GFRP 筋抗拉性能损伤的重要原因，蒸养混凝土中碱含量增加加速了纤维化学反应；蒸养过程中，混凝土内部应力变化使 GFRP 筋一直处于持续荷载作用的状态下；蒸养混凝土有害孔径或裂缝的增加为 GFRP 筋受外界物质侵蚀提供了更多通道。由此可见，蒸养混凝土中 GFRP 筋抗拉性能的损伤与蒸养混凝土的损伤是存在明显关联的。

对 GFRP 筋损伤劣化机理的分析认为，GFRP 筋在腐蚀介质中的损伤降解主要有三个方面：基体、基体—纤维界面和纤维。侵蚀的主要形式是分子和离子的迁移和扩散，同时高温增加了腐蚀介质的渗透率，加速了 GFRP 筋的损伤。为了提高 GFRP 筋的抗损伤性能，可以采取以下措施：严格控制生产工艺，减少 GFRP 筋的原始缺陷；在基体中加入纳米颗粒，可以有效地提高基体的致密性，降低气孔率；提高纤维的结合性能；对基体—纤维表面进行处理，基体中加入耦联剂；采用高性能耐腐蚀玻璃纤维，如使用耐碱玻璃纤维生产 GFRP 筋，提高其抗纤维自身腐蚀性；降低中性结构材料（如低碱水泥基复合材料和磷酸镁）等环境介质的碱度，提高 GFRP 筋的耐腐蚀性，推动其在工程中的应用。

第5章 蒸养混凝土与GFRP筋黏结性能损伤分析

5.1 引言

GFRP 筋与混凝土的黏结性能是评价 GFRP 筋混凝土结构性能最主要的指标之一，两者具有充分的黏结性能是保证 GFRP 筋混凝土构件共同工作的基本要求。许多研究者[158,159]对 GFRP 筋与混凝土黏结性能的影响因素进行了研究，研究表明 GFRP 筋直径、混凝土保护层厚度、锚固长度、高温、高湿度等都直接影响 GFRP 筋与混凝土的黏结性能。基于第 3 章蒸养混凝土损伤与第 4 章蒸养混凝土梁中 GFRP 筋抗拉性能损伤试验研究可知，蒸养养护环境下混凝土与 GFRP 筋两者损伤存在着潜在的关联，其表观形貌与强度都产生了一定的变化，这种变化直接导致蒸养混凝土与 GFRP 筋的黏结性能有别于标养混凝土，并且目前针对蒸养混凝土与 GFRP 筋黏结性能的研究十分有限。因此，有必要针对蒸养混凝土与 GFRP 筋的黏结性能损伤及损伤机理进行研究。

1994 年 Chajes 等[160] 对冻融、干湿循环下芳纶纤维、E-玻璃纤维、石墨纤维织物外贴加固钢筋混凝土梁的耐久性问题进行研究。研究结果显示：侵蚀性环境下外贴芳纶、E-玻璃、石墨加固梁有不同程度的退化，极限强度降低。芳纶、E-玻璃加固梁强度优势几乎损失一半，但石墨加固强度损失并不大。

1998 年 Tysl[161] 等对 CFRP、GFRP 布加固混凝土圆柱结构进行冻融循环耐久性能试验研究，研究表明：冻融循环作用下两者加固的强度与延性都有所降低，刚度基本不变；但总体而言 CFRP 与 GFRP 加固结构在恶劣环境下仍呈现良好的性能，且冻融循环作用较干湿循环作用对 CFRP 与 GFRP 影响更大。

2002 年 Li 等[162] 通过短期加速试验模拟 FRP 修复混凝土梁周围长期工作环境，模拟过程中采用沸水浸泡、紫外线灯照射试件 7d，试验结构表明：恶劣环境下 FRP 加固效率降低 57%~76%，刚度降低 43%~48%；CFRP 加固的优越性降低。并提出 FRP 聚合物基体对 FRP 长期性能影响的主导作用。

2002 年杨勇新等[163] 主要通过 CFRP 耐久性及 CFRP 与混凝土两者间黏结性能耐久性两方面对 CFRP 加固结构整体耐久性进行研究。研究结构表明：紫外线与淋水环境下，CFRP 与混凝土间黏结性能有所提高。

2006 年~2010 年，高丹盈、李趁趁、李彬、程红强[164-167] 等通过对纤维材料加固混凝土构件进行反复冻融循环试验的研究，与普通环境下的加固体系进行对比，了解冻融循环作用对黏结界面耐久性影响，并分析了随着冻融循环次数的增加，界面黏结强度和初始开裂荷载呈现的变化趋势，研究了新老混凝土黏结面的损伤机理，并对遭受冻融破坏的混凝土结构黏结修补给出了建议，为寒冷地区的结构加固提供了理论依据。

2006年Almusallam和Al-Salloum[168]制作了36根GFRP筋混凝土梁，分为三组，每组12根，其中6根承受持续荷载并达到某一应力水平，另6根不承受持续荷载。三组分别暴露于三个环境条件：环境一为40℃自来水，环境二为40℃海水，环境三为干湿循环于40℃海水。每组12根梁又分为三个小组，每个小组（2根承受持续荷载，2根不承受持续荷载）分别暴露环境时间为4个月、8个月和16个月。研究者分析了持续荷载作用的影响和环境作用的影响，承受持续荷载梁中和不承受持续荷载梁中GFRP筋抗拉强度的损失情况，研究了梁承受持续应力对GFRP筋抗拉强度的影响。

2007年Chen、Davalos和Ray[169]进一步将承受持续荷载GFRP筋混凝土梁暴露于潮湿和高温环境（远低于聚合物玻璃软化温度）。研究者将两类GFRP筋、混凝土梁（包括裸筋、不受持续荷载梁、受持续荷载梁）在实验室环境、各种温度环境下暴露相应时间，研究其剩余强度特征。据此提出了四种预测模型，分析了7℃环境下GFRP筋配置于混凝土梁50年后的剩余强度特征。

2009年Gullapalli和Lee等[170]研究持续应力前提下高温对FRP与混凝土黏结性能的影响。将持续80%极限荷载试件分别置于室温21℃、40℃两种温度情况下进行研究，研究结果表明，持续荷载状况下，40℃将产生更大的黏结长度，高温会提高试件的拉拔强度，但当存在持续应力时，这一有利变化将消失。

2009年任慧韬、李彬、高丹盈、胡安妮[171-172]研究了荷载和恶劣环境共同作用下FRP增强结构的耐久性。

乙烯基树脂、环氧树脂等有机高分子材料是常用的基体材料，其玻璃化温度仅为60～130℃。高温下，树脂比较容易发生软化和分解，且会相应降低纤维丝的黏结作用，FRP筋的抗剪性能和FRP筋与混凝土之间的黏结性能也会急剧下降，进而影响FRP筋与混凝土的共同作用。常温下，FRP筋的表面硬度和抗剪强度略低于混凝土，黏结破坏一般以FRP筋表面肋纹被削弱或剪切破坏为主。此时，FRP筋与混凝土之间的黏结破坏模式主要有三种：FRP筋与混凝土间的界面剪切破坏、混凝土的纵向劈裂破坏和FRP筋内部的界面剪切破坏。当温度升高到60℃后，环氧树脂由玻璃态变为橡胶态，构件内部FRP筋与喷砂层间的抗剪性能急剧降低，FRP主筋与喷砂层间的界面剥离破坏是高温下黏结破坏的主要形式。

评估GFRP筋与混凝土的黏结性能试验方法（ACI Commmitte 440 2004）[114]有铰接梁弯曲试验方法[173]、基于锚固良好的混凝土块或柱体中拉拔试验方法[174]。Benmokrane[66]等对梁式试验与拉拔试验进行对比研究，发现由于更少的黏结约束及更多的纵向裂缝的产生使得铰接梁测试的黏结强度明显小于拉拔测试的黏结强度。2007年Bakis[56]提出通过三点偏载梁试验测试的黏结强度与拉拔试验测试结果有所不同，这主要是由于梁式黏结性能试验考虑了实际构件存在的剪力或弯矩。

因此，为使蒸养混凝土与GFRP筋黏结性能的研究更贴近实际梁受力状态，使试验数据更具实用价值，本章将基于三点梁式黏结试验测试方法，对黏结性能受蒸养环境损伤的影响规律进行研究，首先，通过对比蒸养GFRP筋混凝土梁与蒸养钢筋混凝土梁的黏结性能，验证GFRP筋替代或部分替代钢筋应用于蒸养混凝土预制构件中的可行性；对比蒸养GFRP筋混凝土与标养GFRP筋混凝土的黏结性能，探讨蒸养过程对GFRP筋混凝土的黏结性能损伤的影响规律；并通过改变GFRP筋直径、混凝土保护层厚度，研究蒸养混凝土与GFRP筋之间黏结性能变化规律，为蒸养 GFRP 筋混凝土梁设计提供一定的参考。

5.2　试验方法

黏结是钢筋与外围混凝土之间一种复杂的相互作用，借助这种作用来传递两者间的应力，协调变形，保证共同作用，实质是钢筋与混凝土接触面上产生的沿钢筋纵向的剪应力。GFRP 筋混凝土黏结应力是指 GFRP 筋与混凝土的界面上平行于 GFRP 筋的剪切应力，正是因为存在这种黏结应力，GFRP 筋的应力沿自身的长度改变，并且黏结应力也与 GFRP 筋应力的变化梯度有关。我们可以通过检测 GFRP 筋的应力变化，得到 GFRP 筋混凝土的黏结应力。目前常用的黏结试验主要有中心拉拔试验、剪切试验、梁式试验，本书主要讲解梁式试验。

5.2.1　拉拔黏结试验

中心拔出试验可以考虑多个因素的变化[175]，试验主要参照我国 GB 50152—92《混凝土结构试验方法标准》中规定，钢筋和混凝土的黏结强度试验中心拔出试件"拔出试件采用边长为 10d 的无横向配筋混凝土立方体试件，钢筋置于立方体试件的中轴线上，埋入混凝土的黏结段长度和无黏结段长度各为 5d；混凝土中无黏结部分钢筋套上硬质的光滑塑料套管，套管末端与钢筋之间的空隙应封闭；"试件的浇注面应与钢筋纵轴平行，钢筋应与混凝土承压面垂直，并水平设置在模板内"。

Al-Zahrani[176] 拔出试验方案：FRP 筋直径为 12.7mm，黏结长度为 10d，分别在自由端、加载段放位移计及应变片，测量试验期间的黏结应力变化、位移变化。图 5-1 为王世永等[175] 拔出试验方案，整个试验采用穿心千斤顶，并在千斤顶前安装 1 个荷载传感器，在

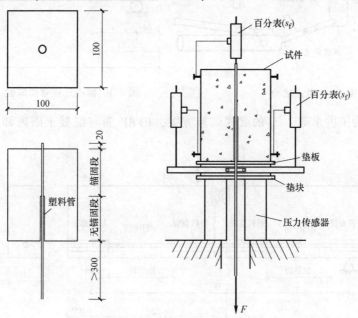

图 5-1　拉拔测试试件示意图

拔出面 BFRP 筋上固定夹具，同时对称设置 2 个百分表，用来量测各级荷载下加载端和自由端的滑移情况。当出现 BFRP 筋或钢筋发生断裂、混凝土保护层劈裂、BFRP 筋或钢筋的自由端滑动位移超过 5mm、BFRP 筋从混凝土中完全拔出等现象时停止试验。

5.2.2 梁式黏结试验

由于中心拔出试验方法简单，试验结果易于分析，因此常用于研究 GFRP 筋性能对比试验，如不同锚固长度变化、不同 GFRP 直径变化等不同条件下黏结性能的变化规律研究，但因为存在混凝土压应力的影响，减少了裂缝发生的可能性，提高了黏结强度，此方法并不适用于研究 GFRP 与混凝土剪切或弯曲状态下的黏结性能规律，而梁式试验更加贴近实际情况。

1）图 5-2 梁式试验为 Jia[177] 研究 GFRP 与混凝土黏结性能采用的试验方法。为研究两者的黏结性能，利用手泵液压缸使梁为三点式受弯，并在相应位置安装位移传感器、电子应变仪、数据采集系统等。试验表明，高应变发生在初始裂缝出现处，随着荷载的增加，高应变将向 GFRP 黏结端部移动直至发生 GFRP 黏结破坏。

2）图 5-3 为 Bakis[56] 的 GFRP 筋在混凝土梁中的黏结耐久性试验方法。为便于解释结果和模拟黏结行为，不使用抗剪钢筋，每根梁的端部都喷上混凝土密封剂，钢筋的端部覆盖一层薄薄的环氧树脂，最大限度减少调节过程中的端部效应。使用偏心三点流动装置评估无条件和环境条件梁锚固区的黏结性能。

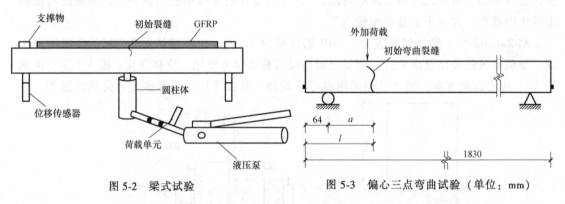

图 5-2　梁式试验　　　　　　图 5-3　偏心三点弯曲试验（单位：mm）

3）图 5-4 为王世永等[175] 的梁式试验方案，BFRP 筋与混凝土隔离部分设塑料套管，

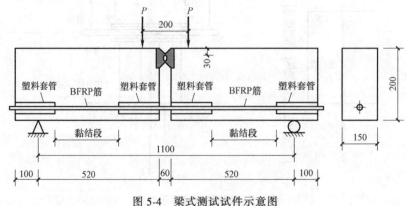

图 5-4　梁式测试试件示意图

并在套管端部用橡胶圈进行密封。整个试验采用油压千斤顶—反力架体系进行加载,并在加载端和自由端分别设置百分表,来测量各级荷载下加载端和自由端的滑移量。当 BFRP 筋和混凝土之间的黏结锚固和 BFRP 筋发生断裂时停止试验。

5.3　数据处理方法

5.3.1　黏结应力计算

黏结应力是指 FRP 筋、钢筋与混凝土接触的表面沿筋方向存在的剪切应力。FRP 筋、钢筋与混凝土之间的黏结应力的计算公式分为按平均黏结应力和最大黏结应力来进行计算。

(1) 平均黏结应力

$$\tau_{av} = \frac{F}{\pi d_b l_d} \tag{5-1}$$

式中　τ_{av}——FRP 筋、钢筋与混凝土之间的平均黏结应力;

F、d_b、l_d——加载端的拉拔力、筋的直径和锚固长度。

由于 FRP 筋的弹性模量约为钢筋的 1/4,所以计算 FRP 筋加载端的滑移时应减去 FRP 筋锚固长度顶端和测量点之间的弹性伸长量。考虑 FRP 筋的弹性伸长量后,其加载端的滑移可以表达为

$$S_l = S_t - S_c \tag{5-2}$$

$$S_c = \frac{FL}{E_f A_f} \tag{5-3}$$

式中　S_l、S_t、S_c——是锚固长度顶端滑移量、测量所得的滑移量和 FRP 筋的弹性伸长量;

F、L、E_f 和 A_f——加载端的拉拔力、锚固长度顶端到百分表测量点之间的距离、FRP 筋的弹性模量和截面面积。

(2) 最大黏结应力

根据拉拔黏结试验,FRP 筋沿锚固方向的黏结应力分布很不均匀,在靠近加载端的某个地方,黏结应力可以达到最大值,但是当接近自由端时,黏结应力却相反,即趋于零。如图 5-5 所示,随着锚固的增大,黏结应力分布越来越不均匀。

式 $\tau_m = \dfrac{F_u}{\pi_d l_a}$ 实际是指沿锚固方向的平均黏结应力。当外荷载达到最大值时,相应的平均黏结应力称为黏结强度。分析梁中 FRP 的平衡条件,如图 5-6 所示,任取一段,FRP 筋两端的应力差都被其表面的纵向剪应力平衡,此剪应力即周围混凝土提供的黏结应力。

由平衡关系可得

$$(\delta_s + d\delta_s - \delta_s) \cdot \frac{\pi d^2}{4} = \tau_u \cdot \pi d \cdot dx \tag{5-4}$$

$$\tau_u = \frac{d}{4} \cdot \frac{d\delta_s}{dx} \tag{5-5}$$

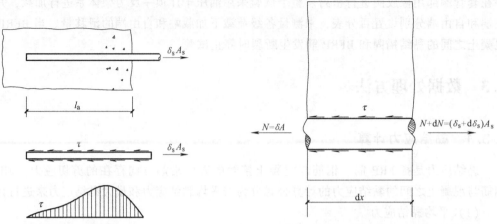

图 5-5　截面黏结应力分布图　　　　图 5-6　增强筋和混凝土的局部黏结图

式中　τ_u——最大平均黏结应力；

　　　d——FRP 筋直径；

　　　δ_s——拉应力。

由上式可以看出，FRP 筋两端的拉力差是由 FRP 筋表面的黏结应力平衡的。由于黏结应力的存在，拉应力沿长度方向发生变化。没有拉应力的变化，就不会有黏结应力。

5.3.2　τ—s 本构关系

FRP 筋-混凝土的黏结-滑移本构关系研究是设计、推广和应用 FRP 筋制作混合配筋混凝土结构的关键。为了对 FRP 筋-混凝土构件的结构性能进行比较系统的分析，就要研究并建立较完善的黏结滑移本构关系，进而利用不同的试验结果进行论证。

黏结-滑移本构关系要求描述的是锚固长度范围内各点的锚固黏结应力 τ 和该处滑移 s 的关系。传统钢筋同混凝土间的黏结-滑移本构关系即在黏结范围内各点的局部黏结应力与对应的相对滑移量 s 间的关系，国内外学者进行过相关研究也得出了相当多的成果。

1）1979 年，Houde 和 Mirza 提出了四次多项式经验公式作为有限元模拟的黏结滑移本构关系式。此研究成果是 Houde 和 Mirza 在进行了 62 个模拟缝间变形钢筋黏结强度的轴拉试验及 6 个模拟锚固强度的梁式试验的基础上，推导总结出的黏结应力与局部滑移量之间的四阶关系式[178]，即

$$\tau(s) = 5.3\times10^2 s + 2.52\times10^4 s^2 + 5.87\times10^5 s^3 - 5.47\times10^6 s^4 \tag{5-6}$$

式中　τ——黏结应力，N/mm^2；

　　　s——相对滑移量，mm。

之后，Houde 和 Mirza 对实验数据进行分析，在上式的基础上进行了发展，引入了混凝土抗压强度影响系数[179]，得出关系式如下

$$\tau(s) = \left(5.3\times10^2 s + 2.52\times10^4 s^2 + 5.87\times10^5 s^3 - 5.47\times10^6 s^4\right)\sqrt{\dfrac{f_c}{40.7}} \tag{5-7}$$

式中　f_c——混凝土轴心抗压强度，MPa。

2）Malvar[180] 模型考虑了 GFRP 筋不同表面特征等因素，通过分析试验测得的局部黏

结应力-滑移以及黏结应力-径向变形等数据，Malvar 首先提出了表达 GFRP 筋与混凝土的 τ-s 全曲线本构关系

$$\frac{\tau}{\tau_m}=\frac{F(s/s_m)+(G-1)(s/s_m)^2}{1+(F-2)(s/s_m)+G(s/s_m)^2} \tag{5-8}$$

式中　τ_m——极限黏结强度；

　　　s_m——应力达到峰值时的滑移值；

　　F、G——与 GFRP 筋类型有关的经验参数常数。

　　当侧限压力一定时

$$\frac{\tau}{f_t}=A+B(1-e^{-c\delta/f_t}) \tag{5-9}$$

$$s_m=D+E\delta \tag{5-10}$$

式中　δ——轴向对称的侧限径向压力；

　　　f_t——混凝土试件的抗拉强度。

　　3) 1990 年 Russo[181] 等针对筋材与混凝土间的黏结滑移关系，提出了剪应力与滑移量之间的关系等式

$$\frac{d^2s}{dx^2}=\tau\frac{\pi d_b}{E_bA_b} \tag{5-11}$$

式中　E_b——筋材杨氏模量；

　　　A_b——筋材断面面积；

　　　d_b——筋材直径。

　　Russo 等式的分析方式，被广泛应用于钢和纤维塑料筋。

　　4) 1983 年 Eligehausen[182] 等得到了 mBEP 的黏结滑移关系（图 5-7）

$$\tau=\tau_0\left(\frac{s}{s_0}\right) \tag{5-12}$$

并利用线性函数假设 s 是在 0 与 1 之间的特殊值 $\bar{s}$，得出表达式

$$\tau=\tau_0\left(\frac{s}{s_0}\right)^{\alpha}\left(1-\frac{s}{\bar{s}}\right) \tag{5-13}$$

假设 $\tau_0=C$、$s_0=1$，上式可简化为

$$\tau=Cs^{\alpha}\left(1-\frac{s}{\bar{s}}\right) \tag{5-14}$$

　　5) 1997 年 Cosenza[183] 等提出 CMR 模式

$$\tau=\tau_c\left[1-\exp\left(-\frac{s}{s_m}\right)\right]^{\beta} \tag{5-15}$$

式中，τ_c、s_m 都是未知参数。在一定滑移量的情况下，模式被认为是有效的。

　　经过研究，CMR 等式可变换为

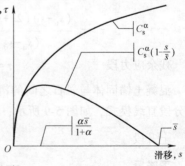

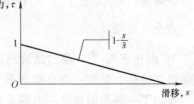

图 5-7　mBEP 线性修正

$$\tau = \frac{\tau_c s^\beta}{s_m{}^\beta}\left(1 - \frac{\beta s}{2s_m}\right) \tag{5-16}$$

分析等式（5-14）~式（5-16）可知，BEP 与 CMR 模式是等效的。

根据滑移特点，Focacci 推导出强度公式

$$N = \sqrt{s_1{}^{1+\alpha}\frac{2CE_bA_b\pi d_b}{1+\alpha} - s_1{}^{2+\alpha}\frac{2CE_bA_b\pi d_b}{\bar{s}(2+\alpha)}} \tag{5-17}$$

2001 年在 J. F. chen and J. G. Teng 研究报告中首先介绍了已有的关于 FRP 与混凝土以及钢板与混凝土之间黏结节点在受剪状态下的强度模型，通过对试验数据的回归，对采用非线性断裂力学求解得到的计算公式经过适当的简化，提出了一种简单且合理的强度模型如下

$$P_u = 0.427\beta_l\beta_1\sqrt{f_c bl} \tag{5-18}$$

6）张海霞通过对 84 个 FRP 筋混凝土试件进行拉拔试验，得到典型的 FRP 筋与混凝土 τ—s 曲线关系，建议 FRP 筋混凝土的 τ—s 本构关系为[184]

上升段

$$\frac{\tau}{\tau_m} = \frac{2s}{s_m} - \left(\frac{s}{s_m}\right)^2 \quad (s \leqslant s_m) \tag{5-19}$$

下降段

$$\tau = \tau_m - \frac{\tau_m - \tau_r}{s_r - s_m}(s - s_m) \quad (s_m \leqslant s \leqslant s_r) \tag{5-20}$$

残余应力段

$$\tau = \tau_r \quad (s > s_r) \tag{5-21}$$

高丹盈等[185,186] 在总结国内外已有 FRP 筋与混凝土 τ—s 本构模型的基础上，发现大部分模型不能同时满足物理概念明确和光滑连续的要求，因此以建立的纤维增强塑料锚杆在岩土体中的黏结锚固基本方程为基础，结合纤维增强塑料锚杆的连续光滑黏结—滑移本构关系模式，采用连续曲线模型[187]，如图 5-8 所示，各段表达式为[188]

上升段

$$\frac{\tau}{\tau_m} = 2\sqrt{\frac{s}{s_0}} - \left(\frac{s}{s_0}\right) \quad (0 \leqslant s \leqslant s_0) \tag{5-22}$$

下降段

$$\tau = \tau_0\frac{(s_u - s)(2s + s_u - 3s_0)}{(s_u - s_0)^3} + \frac{(s - s_0)^2(3s_u - 2s - s_0)}{(s_u - s_0)^3} \quad (s_0 < s \leqslant s_u) \tag{5-23}$$

残余应力段

$$\tau = \tau_u = \beta\tau_0 \quad (0 \leqslant \beta \leqslant 1, s > s_u) \tag{5-24}$$

混凝土锚固体与岩石之间的滑移本构模式，有研究[189][190] 建议黏结-滑移曲线模型采用分段直线模式，如图 5-9 所示，各段表达式如下

上升段

$$\tau = 12.6s \quad (0 \leqslant s \leqslant s_0) \tag{5-25}$$

下降段

$$\tau = 0.39 - 0.052s \quad (s_0 < s \leqslant s_u) \tag{5-26}$$

残余应力段

$$\tau = 0.5 \quad (s > s_u) \tag{5-27}$$

7）郝庆多等[191] 通过试验测定了试件的黏结—滑移曲线。通过对 GFRP 钢绞线复合筋黏结破坏特征、黏结—滑移机理及受力全过程的分析，在已有黏结—滑移本构模型的基础上，提出了一种新的黏结—滑移本构关系模型，如图 5-10 所示，各段表达式如下

微滑移段

$$\tau = \tau_1(s/s_1) \quad 0 < s \leqslant s_1 \tag{5-28}$$

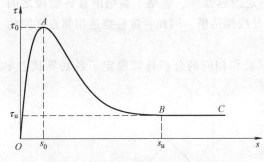

图 5-8　曲线滑移模式（FRP 锚杆）　　　　图 5-9　直线模式（岩石）

滑移段　　　　　　　$\tau=(\tau_2-\tau_1)\left[(s-s_1)/(s_2-s_1)\right]^{\alpha}+\tau_1 \quad s_1<s\leqslant s_2$　　　　　　　(5-29)

下降段　　　　　　　$\tau=\tau_2\left[1-\beta(s/s_2-1)\right] \quad s_2<s\leqslant s_3$　　　　　　　(5-30)

残余段　　　$\tau=\tau_3-\gamma\left[e^{-\xi\omega(s-s_3)}\cos\omega(s-s_3)-1\right]+\rho\left(e^{-\xi\omega(s-s_3)}-1\right) \quad s>s_3$　　　(5-31)

式中　α、β、γ、ξ、ω、ρ——由试验结果确定的参数。

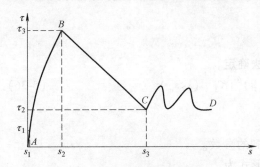 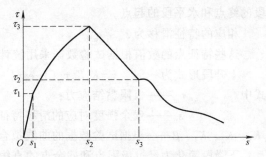

图 5-10　GFRP 钢绞线复合筋黏结——　　　图 5-11　黏结滑移本构关系模型

　　　　　滑移本构关系模型

8）单炜、张绍逸等[192] 提出的黏结——滑移本构关系模型如图 5-11 所示，描述了 BFRP 筋在混凝土黏结应力-滑移本构关系。

微滑移阶段　　　　　　　$\tau=\tau_1(s/s_1) \quad s\leqslant s_1$　　　　　　　　　(5-32)

滑移阶段　　　　　$\tau=(\tau_2-\tau_1)\left[(s-s_1)/(s_2-s_1)\right]^{\alpha}+\tau_1 \quad s_1\leqslant s\leqslant s_2$　　　　　(5-33)

下降阶段　　　　　　$\tau=\tau_2\left[1-p(s/s_2-1)\right] \quad s_2\leqslant s\leqslant s_3$　　　　　(5-34)

残余应力阶段　　　$\tau=\gamma e^{-\beta s}\left[\tau_3+\dfrac{A}{2}\sin\left(\dfrac{s-s_3}{T}2\pi\right)\right](s/s_1) \quad s>s_3$　　　(5-35)

式中　α、p——由试验确定的参数；

　　　γ、β——残余应力阶段的回归参数；

　　　A、T——正弦函数的振幅及周期参数。

　　然而，在实际考虑 τ—s 曲线关系的过程中，受诸多因素的影响，某些 τ—s 曲线的试验点较为稀疏，并不能真实反映黏结力随滑移量增加的退化关系，有些本构关系模型本身是不连续或不平滑的曲线。因此，数据处理显得十分重要，但对大量数据进行 τ—s 模型的拟合实际效果不佳，为解决大量非线性散点的曲线拟合问题，主要采用传统的插值法及外推法构建 τ—s 模型。事实上，所得的 τ—s 模型也只能反映一类拉拔试样的本构关系，所以一般都是采用分段函数进行描述，τ—s 模型大多具备一定的近似性，忽略了黏结滑移各阶段之间相互关联性。无论是内插还是外推法，其本质都是线性估值。因此，定量描述相邻点之间的非线性关系往往会产生很大误差。

9）江世永等[175] 通过对 FRP 筋进行拉拔试验和相应的分析计算确定了各临界状态 τ 和 s 的特征值后，得到局部 τ—s 关系的基本模式，为便于分析，通过两个特征点来描述三阶段的局部 τ—s 曲线全过程，以反映 τ—s 关系的主要特征，如图 5-12 所示。两个黏结锚固特征 τ 强度分别定义为：

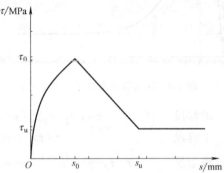

图 5-12　τ-s 基本本构关系曲线形式

① 极限强度 τ_m。混凝土咬合齿挤压破碎或 FRP 筋外缠肋剪切破坏，达到加载曲线的峰值，即极限黏结应力。

② 残余强度 τ_u。混凝土咬合齿切断或 FRP 筋外缠肋完全破坏后，以摩阻力维持，曲线下降段的终点和水平段的起点。

相应的特征滑移为 s_m、s_u。

这些特征点的数值根据试验数据采用统计方法确定。

上升段形式为　　　　$\tau = K_1 K_2 \tau_m (1 - \exp\{-s/s_u\})^\beta + K_3 \quad (s < s_m)$　　　(5-36)

式中　　　　　　τ_m——极限黏结应力；

　　　　　　　　s_u——残余强度对应的滑移特征值；

K_1、K_2、K_3、β——根据试验数据的曲线拟合得到的参数。

下降段简化为经过极限点和残余点的直线，形式为

$$\tau = \tau_m - \frac{\tau_m - \tau_u}{s_u - s_m}(s - s_m) \quad (s_m \leqslant s \leqslant s_u)$$　　　(5-37)

残余段，τ_u 常值，与滑移无关，其形式为

$$\tau = \tau_u \quad (s \geqslant s_u)$$　　　(5-38)

5.3.3　黏结锚固的基本方程

在外荷载作用下，FRP 筋与混凝土界面处产生剪应力（黏结应力）。当这种黏结力能够有效地发挥作用时，FRP 筋与混凝土（两种无关材料）结合成一个复合结构，共同承受力，抵抗外荷载作用。

黏结锚固作用在握裹层混凝土中引起的应力状态十分复杂，但考虑锚固受力主要与纵向应力、应变及界面上的相互作用有关，可利用轴对称性近似简化为下面的一维问题。从工程结构中截取受力 FRP 筋及周围的握裹层混凝土，可得黏结锚固状态如图 5-13 所示。

直径 d_f 的 FRP 筋在混凝土中的埋深为 l_a，一端加拉拔力 F，在锚固深度 x 时引起 FRP 筋应力 $\delta_{f(x)}$ 和应变 $\varepsilon_{f(x)}$，界面黏结应力 $\tau(x)$ 的作用引起混凝土的应力 $\delta_{c(x)}$ 和应变 $\varepsilon_{c(x)}$，两者之间的应变差引起相对滑移 $s_{(x)}$。取微段 dx 分析受力变形，建立黏结锚固方程如下：

平衡方程　　　　　　　$\tau + \dfrac{d_f}{4} \dfrac{d\delta_f}{dx} = 0$　　　(5-39)

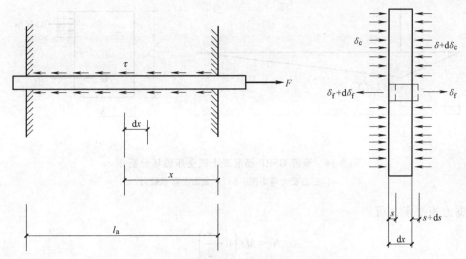

图 5-13　黏结锚固基本量及相互关系

$$\frac{\pi}{4}df^2 \cdot d\delta_f + Ac \cdot d\delta_c = 0 \tag{5-40}$$

变形方程　　　　　$ds = (\varepsilon_f + \varepsilon_c) \cdot dx$　　　　　ε_f 拉为正，ε_c 压为正　　(5-41)

物理方程　　　　　　　$\delta_f = f_1(\varepsilon_f)$ (5-42)

$$\delta_c = f_2(\varepsilon_c) \tag{5-43}$$

$$\tau = f_3(s) \tag{5-44}$$

由式（5-39）可以看出，黏结应力与 FRP 筋中的应力变化率密切相关，在任意两个截面之间，若 FRP 筋应力没有变化，黏结应力就不存在。式（5-42）~式（5-44）分别为 FRP 筋、混凝土及黏结滑移的本构关系，其中式（5-44）（即局部 τ—s 本构关系）是几乎所有黏结锚固试验研究都致力探索的核心问题。

对 FRP 筋应力和局部滑移进行积分，可求得 x 处的 FRP 筋内力 $F(x)$ 和相对滑移 $S(x)$

FRP 筋内力　　　　　$F(x) = F + \int_0^x \pi \cdot d_f \tau(x) \cdot dx$ (5-45)

相对滑移　　　　　　　$S(x) = S_1 + \int_0^x ds$ (5-46)

式中　F、S_1——加载端的 FRP 筋的拉拔力和相对滑移。

5.3.4　滑移荷载

试验过程中以蒸养混凝土梁受力分析为主，记录荷载为梁所受的荷载 P。黏结滑移模型中对蒸养混凝土与 GFRP 筋黏结性能分析基于 GFRP 筋径向力，本节假定筋纵向偏离有效黏结区域前达到的最大荷载定义为滑移荷载 N_s，其荷载小于筋的极限强度。依据混凝土梁结构力学计算方法及 GB 50010—2010《混凝土结构设计规范》[193] 推导 N_s 与 P 的关系式（图 5-14）为

$$M = Pl_1(l-l_1)/l \tag{5-47}$$

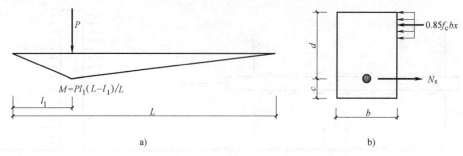

图 5-14 蒸养 GFRP 筋混凝土梁受压破坏分析图

a) 三点受力弯矩图   b) 正截面受弯承载力

根据力矩平衡，可得

$$N_s = M/\left(d-\frac{x}{2}\right) \tag{5-48}$$

根据受力平衡，可得

$$x = N_s/0.85f_c b \tag{5-49}$$

联立式（5-47）~式（5-49）可得 N_s 与 P 的关系式

$$N_s = 0.85f_c bd - \sqrt{(0.85f_c bd)^2 - 2\frac{0.85f_c bPl_1(l-l_1)}{l}} \tag{5-50}$$

式中 l——混凝土梁净跨长度；

l_1——荷载点离支座距离；

x——受压区高度；

相关参数及取值详见表 5-1。

将第 3 章蒸养混凝土抗压强度、第 4 章 GFRP 筋抗拉强度及本章三点偏载黏结性能试验结果进行整合，可得滑移荷载。由表 5-1 可见，蒸养混凝土与 GFRP 筋之间的滑移荷载小于标养混凝土，且滑移荷载随保护层厚度或直径的增加而增大，其中直径引起的变化相对较明显。

表 5-1 GFRP 筋混凝土梁滑移荷载计算值

对比	试件编号	直径/mm	梁尺寸/mm	保护层厚度/mm	距支座距离/mm	净跨长度/mm	混凝土抗压强度/MPa	极限荷载值/kN	滑移荷载/kN
		d_b	$b \times h \times L$	c	l_1	l	f_c	P_m	N_s
不同养护形式	G-Sta	10	80×110×1100	25	210	1020	35.7	13	27.31
	G-Ste1-3	10		25	210	1020	32.3	12.5	26.39
不同筋材	S-Ste	10	80×110×1100	25	210	1020	32.3	12.5	26.39
	G-Ste1-3	10		25	210	1020	32.3	12.5	26.39
不同保护层厚度	G-Ste1-1	10	80×110×1100	15	210	1020	32.3	12.5	23.24
	G-Ste1-2	10		20	210	1020	32.3	12.5	24.71
	G-Ste1-3	10		25	210	1020	32.3	12.5	26.39
	G-Ste1-4	10		35	210	1020	32.3	12.5	30.64

（续）

对比	试件编号	直径/mm	梁尺寸/mm	保护层厚度/mm	距支座距离/mm	净跨长度/mm	混凝土抗压强度/MPa	极限荷载值/kN	滑移荷载/kN
		d_b	$b×h×L$	c	l_1	l	f_c	P_m	N_s
不同直径	G-Ste1-3	10	80×110×1100	25	210	1020	32.3	12.5	26.39
	G-Ste2	16	150×150×1100	25	210	1020	32.3	47	67.07
	G-Ste3	19	178×178×1100	25	210	1020	32.3	78	90.49
	G-Ste4	22	206×206×1100	25	210	1020	32.3	124	121.45

5.4　三点梁式试验方法

如图 5-15 所示，三点梁式黏结试验中 GFRP 筋周围的混凝土处于受拉状态，增大了 GFRP 筋与混凝土界面裂缝的出现和发展的概率，同时也考虑了构件存在的剪力或弯矩状况，更为贴近 GFRP 筋混凝土梁的实际受力形式，能更好地模拟 GFRP 筋在梁中的黏结锚固状态，所以采用三点梁式黏结试验进行操作。

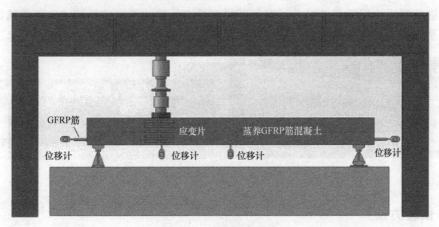

图 5-15　三点梁式试验

5.4.1　试件制作

Esfahani 等[194] 将 GFRP 筋混凝土梁试验数据与 ACI 规范计算公式进行对比，结果表明，ACI 规范对没有横向加固的 GFRP 筋与混凝土黏结性能评估不够保守，甚至高估了两者黏结性能。因此，对没有横向加固的 GFRP 筋与混凝土的黏结性能的研究较为重要。本试验设计混凝土梁试件中，仅在梁底部受拉处设置一根受拉 GFRP 筋，充分研究筋材与混凝土的黏结性能，避免如横向加固等对两者黏结性能的影响。

试件不同参数设置主要为：

1）试验过程中首先设置标养 GFRP 筋混凝土梁作为对比试件，对比分析蒸养 GFRP 筋混凝土梁与标养 GFRP 筋混凝土梁的黏结性能变化规律，验证蒸养养护制度对两者黏结性能的损伤。说明蒸养混凝土与 GFRP 筋黏结性能损伤研究的意义。

2）为同步对比分析蒸养混凝土与钢筋的黏结性能，试验过程中设置直径 10mm 螺旋钢筋试件作为对比试件（图 5-16），将蒸养混凝土分别与 GFRP 筋、钢筋黏结性能规律进行研究，验证采用 GFRP 筋替代钢筋应用于蒸养混凝土的可行性。

3）基于第 3 章研究分析可知，蒸养混凝土表层存在较明显的损伤，因此，蒸养 GFRP 筋混凝土梁表层同样存在较明显的损伤，并且这部分损伤可能直接导致蒸养混凝土与 GFRP 筋的局部黏结强度直至影响整体结构性能，因此，试验过程中设置 15mm、20mm、25mm 和 35mm 四种建筑设计中常用的保护层厚度作为影响变量，研究不同保护层厚度条件下蒸养混凝土与 GFRP 筋的黏结性能变化规律，并对蒸养 GFRP 筋混凝土结构设计提供一定的理论指导意见。

4）不论是研究 GFRP 筋抗拉性能还是 GFRP 筋与混凝土的黏结性能，或是研究 GFRP 筋的耐久性能，GFRP 筋的直径都是十分重要的因素。由于 GFRP 筋是由树脂和纤维按比例拉挤成型的特殊工艺制作的，故 GFRP 筋的强度随直径的改变而改变，这与钢筋不同。在特殊环境下，GFRP 筋受侵蚀程度也同样随直径的改变而改变。因此，蒸养高温养护过程中，直径是 GFRP 筋与蒸养混凝土的黏结性能研究必不可少的影响因素之一。本试验过程中设置直径为 10mm、16mm、19mm 和 22mm 的 GFRP 筋作为研究影响变量，研究不同直径条件下蒸养混凝土与 GFRP 筋的黏结性能变化规律。且在试验过程中，对不同直径 GFRP 筋采用相同配筋率进行混凝土梁截面选择，可避免不同配筋率导致的不同破坏形式，使承载能力及黏结强度的研究失去对比分析价值。试件示意图如图 5-17 所示，梁相关参数见表 2-4。

图 5-16　GFRP 筋与钢筋

5.4.2　试验方法

本试验采用三点梁式黏结试验方法，与传统拉拔黏结性能试验相比，考虑了实际构件存在的剪力或弯矩状况，更贴近 GFRP 筋混凝土梁的实际受力形式。试验过程中采用反力架及液压千斤顶装置对 GFRP 筋混凝土梁进行三点偏载黏结性能试验，依据文献[56] 关于三点弯曲最佳锚固长度试验研究结果，本试验采用锚固段为 250mm，荷载施加位置与支座距离 210mm，试验装置示意图与现场试验照片如图 5-18 所示。

5.4.3　试验现象分析

施加拉力时，GFRP 筋与混凝土的黏结应力是由加载端逐渐传递到自由端的，因此 GFRP 筋在加载端的变形滑移也明显大于自由端。当加至极限强度时，由于 GFRP 筋滑移及

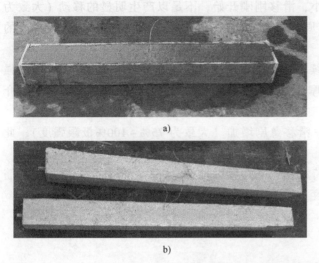

图 5-17 GFRP 筋/钢筋混凝土梁

a) 浇筑混凝土梁 b) 拆模成型混凝土梁 c) 混凝土梁养护

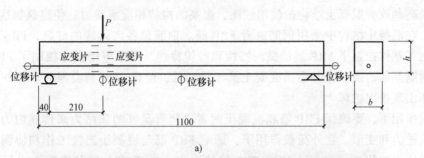

a)

b)

图 5-18 三点梁式黏结试验

a) 试验示意图 b) 现场试验图片

变形加大，荷载很不稳定，且混凝土的纵向裂缝沿钢筋方向延伸到试件表面，并继续扩展到自由端，最终导致加载端仪表崩脱，而自由端仪表还可以读取数据。此后，筋被拔出。滑移大致可分为下面四个阶段。

（1）微滑移段　施加的荷载还很小，滑移刚刚开始，不足以产生明显的移动（大致为 5%~15% 极限强度），此时 GFRP 筋与周围介质之间的胶结力是组成其黏结力的最主要的成分。

（2）正常滑移段　随着荷载的持续增加，滑移也逐渐增加（大致为 15%~75% 极限强度）。此时 GFRP 筋与周围介质之间的摩擦力和锚筋的肋与周围介质的机械咬合力与周围介质之间的黏结力的主要成分。

（3）加速滑移段　荷载难以稳定，滑移急剧增加（大致为 75%~100% 极限强度），此时呈现明显的非线性状态。

（4）下降段　达到最大荷载时，荷载迅速下降后暂时稳定。然后滑移加速增加直至筋被拔出（大致变成 100%~40% 极限强度）。

5.5　黏结机理

5.5.1　黏结机理分析

为了提高和改善混凝土结构的使用性能，提高结构的相应承载力，使建筑物达到预期的使用功能，在混凝土结构中采用钢筋或者 FRP 筋。钢筋是各向同性的材料，FRP 筋与钢筋不同，树脂等基体控制了 FRP 筋的横向特性和剪切特性，纤维等增强体控制了 FRP 筋的纵向特性。树脂基体的强度有时会比混凝土抗压强度低，使得 FRP 筋会因为表面的变形或表面肋的剪坏出现拔出破坏[195]。

在荷载作用下，要确保 FRP 筋和混凝土两者之间有足够的黏结力来传递内力，并且能够共同抵抗外力和变形。在外荷载作用下，影响 FRP 筋与混凝土连接工作和协调变形的关键因素是黏结力的传递（黏结力传递 FRP 筋的内力，协调 FRP 筋与混凝土之间的变形）。事实上，FRP 筋周围混凝土的应力和变形状态比较复杂，黏结力使钢筋应力沿钢筋锚固方向发生变化。反之，没有 FRP 筋的应力变化就没有黏结应力。

5.5.2　黏结力的组成

钢筋和 FRP 筋都可用来提高混凝土结构的性能，因此 FRP 筋与混凝土的黏结强度与钢筋混凝土结构类似。黏结力主要有三种类型：

（1）化学胶着力　来自混凝土与 FRP 筋表面的化学吸附黏结作用，化学胶着力对 FRP 筋与混凝土黏结强度的贡献极小，当接触面发生相对滑移时消失，一般只在局部无滑移区起作用。化学胶着力的极值取决于 FRP 筋表面的粗糙程度、横肋的粗度以及水泥性质，一旦 FRP 筋受力发生相对滑移，该力即丧失且不可恢复。

（2）摩擦阻力　混凝土硬化收缩后对 FRP 筋的挤压握裹在其表面产生正应力，当 FRP 筋与混凝土之间失去化学胶着力时，混凝土与 FRP 筋之间存在挤压力，FRP 筋与混凝土界面间的挤压力越大，接触面越粗糙，摩擦力越大。

（3）机械咬合力　FRP 筋表面肋与混凝土间的咬合作用，是 FRP 筋与混凝土表面之间斜向压力的纵向分力，主要通过 FRP 筋表面加肋实现，因咬合力是肋嵌入混凝土而形成，所以这种咬合作用往往很大。试验研究结果表明，在进行 FRP 筋混凝土试件的拉拔试验过程中，试件的受力与 FRP 筋的表面形式，即 "肋" 有关。由于 FRP 筋的化学胶着力很小，所以机械咬合力和摩擦力是黏结力传递的主要方式。

5.5.3　黏结破坏模式

1. 黏结破坏模式的种类

FRP 筋向混凝土传递的力主要取决于 FRP 筋（凸肋、横肋、缺口和螺纹等）表面变形产生的斜压力。斜压力的径向分力由 FRP 筋周围混凝土的拉应力平衡，FRP 筋向周围混凝土传递荷载的能力主要受其自身性能和周围混凝土中形成的拉力环失效的限制。如设计不当，将强度低、直径相对较小的 FRP 筋锚固于强度高、保护层较厚的混凝土中，FRP 筋可能由于混凝土沿变形 FRP 筋表面边缘的圆柱的剪切破坏或 FRP 筋的横肋（或凸肋）被剪坏而拔出，这种现象通常称为拔出破坏[196]。反之，FRP 筋表面的混凝土保护层较薄时还会发生劈裂破坏。除了劈裂和拔出破坏外，FRP 筋也可能在混凝土试件外发生拉伸破坏。

为方便描述，试验中所有破坏模式可以分为以下 5 类[175]：

1）FRP 筋被拔出损坏。

2）混凝土拉裂破坏。试件表面只能看见细小裂缝，或肉眼无法判断，但实际混凝土已经被破坏而退出工作，破坏过程较为平静。

3）混凝土劈裂破坏。主要表现在试件在无横向约束钢筋时，试件表面有较大裂缝，有时劈裂碎块会突然散落，或部分较小的劈裂混凝土碎块飞出一定距离，且征兆不明显。

4）混凝土出现局部破坏，FRP 筋被拔出。主要表现在试件配有横向约束钢筋时，沿混凝土钢筋的纵向局部出现裂缝，或部分断裂、压碎，同时将 FRP 筋拔出破坏。

5）FRP 筋被拉断破坏。

2. 拉拔试验主要破坏模式

裂缝是从加载端延伸到自由端的纵向劈裂，其宽度随荷载的增加逐渐增加。当保护层很厚时，裂缝不能贯通保护层，钢筋多在无明显劈裂的情况下拔出破坏。一般情况下，试件破坏的劈裂裂缝有多条，并呈辐射状。劈裂破坏主要集中表现在混凝土试件内黏结端，而在无黏结端，则可能保持劈裂破坏试件的局部完整性，主要劈裂裂缝多发生在保护层最薄处。当各向厚度相同时，大部分沿 FRP 筋纵肋方向发生。这是由于螺旋纹 FRP 筋不是极对称截面，挤压力多集中在纵肋两侧的缘故。试验过程中有时出现的沿主劈裂方向垂直的纵向劈裂，原因是试件在试验时，主劈裂方向受到约束[175]。

3. 梁式试验主要破坏模式

由于 FRP 筋直径较小，混凝土保护层厚度相应增大，构件不容易发生劈裂破坏，主要表现为 FRP 筋被拔出损坏、混凝土出现局部破坏及 FRP 筋被拔出、FRP 筋被拉断破坏三种破坏模式。混凝土抗压强度较低或锚固长度较短时，拔出破坏的 FRP 筋表面横肋损伤相对较轻，混凝土表面沿纵向出现裂缝。混凝土抗压强度较大或锚固长度较长，且 FRP 筋表面肋痕较浅时，黏结锚固失效是由 FRP 筋表面的肋破坏所致，黏结锚固段混凝土基本未破坏，而发生 FRP 筋被拔出破坏。当锚固长度达到一定程度时，FRP 筋与混凝土的黏结锚固力达到 FRP 筋的极限纵向承载力，最终导致 FRP 筋的拉断破坏，这种破坏现象表明，当混凝土保护层厚度足够时，FRP 筋表面横肋的抗剪强度是影响黏结破坏模式的关键因素[175]。

5.5.4　黏结破坏机理

在实际工程中应用的 FRP 筋混凝土，荷载很小时，化学胶着力起主要黏结作用。随着荷载的增加，滑移产生后，化学胶着力就逐渐消失，随后拉力由摩擦阻力和变形肋与混凝土的机械咬合力一起承担。当黏结应力达到最大后，摩擦阻力和变形肋的机械咬合力逐渐下降，黏结应力下降，滑移增加很快。此后，黏结力不会完全消失，会产生残余应力。残余应力由部分变形肋的摩擦力和机械咬合力组成，进入下一个循环[197]。

表面较平整光滑的光面 FRP 筋，黏结力主要来自于化学胶着力和摩擦阻力，因此黏结强度较低，与混凝土的黏结较差，黏结破坏属剪切型破坏，破坏时，多数为 FRP 筋滑移拔出破坏。对于变形 FRP 筋，其表面变形（肋、压痕、螺纹、粘砂等）与混凝土相挤压，一般由变形肋与混凝土的挤压作用产生斜向作用力，斜向力在筋表面会产生切向分力和纵向分力，变形肋周围混凝土受到径向分力的作用，使混凝土处于环向受拉。当加载到一定程度的荷载时，界面混凝土因环向拉应力的作用产生内部裂缝，若混凝土保护层较薄，环向拉应力超过混凝土抗拉强度时，试件内形成径向—纵向裂缝，此时内裂缝会由加载端向自由端扩展，并发展至混凝土的表面，最终导致混凝土劈裂破坏。若混凝土保护层较厚或试件内配有横向箍筋的约束，径向裂缝的发展将受到限制，不会产生劈裂破坏，但筋的滑移会大幅增加。随着 FRP 筋表面变形肋的逐渐削弱和滑移的加大，最终出现筋被拔出的滑移破坏。

变形 FRP 筋的表面硬度和抗剪强度均低于混凝土。因此，当滑移破坏发生时，肋一般以弱化、剥落或剪切破坏为主。对于普通 FRP 钢筋混凝土，化学胶着力在 FRP 筋拔出初期起主要作用。滑移发生后，化学胶着力退出工作，即在黏结滑移曲线的上升段，主要的拔出力由变形肋的摩擦阻力和机械咬合力承担。

5.5.5　影响 GFRP 筋与混凝土的黏结锚固性能的主要因素

Chajes、Maeda 等[198-209] 对 FRP 与混凝土黏结性能影响因素进行了多项试验研究：黏结试验方法不同、混凝土强度不同、FRP 刚度不同、黏结长度不同、黏结胶层厚度不同等影响程度不同，并发现了混凝土表面处理也会影响极限黏结强度。

（1）试验方法对黏结性能影响　对黏结性能不同的试验方法研究表明：中心拉出试验得到平均黏结强度最大、剪切试验得到平均黏结强度最小，发生的三种破坏模式：FRP 拉断破坏、混凝土剪切破坏以及 FRP 与胶层的剥离破坏。当混凝土强度较小时（25.3MPa），发生混凝土剪切破坏，FRP 被拉断主要发生在弯曲试验和混凝土强度较高的试验中，剪切试验和混凝土强度较高试验中则发生了 FRP 与胶层的剥离破坏，黏结强度随混凝土强度的增长而增加，黏结长度对极限强度影响很小。

（2）混凝土强度对黏结性能影响　如果黏结界面发生表层混凝土剪切破坏，则黏结强度与混凝土抗压强度的平方根成正比，混凝土的组分在一定程度上也会对黏结强度产生一定的影响。如水泥过多会大大降低黏结强度并加大滑移量。

（3）锚固长度对黏结性能的影响　随着 FRP 筋锚固的增加，拉拔力增加，但是平均极限黏结强度在减小，即黏结强度随着锚固的增加而降低。原因主要是锚固较大时，应力分布很不均匀，高应力区相对较短，故平均极限黏结强度较低；锚固较小时，高应力区相对较大，应力丰满，平均极限黏结强度较高，且随锚固的增加，黏结应力的变化趋于平缓。

（4）直径对黏结性能的影响　直径较大的 FRP 筋的平均极限黏结应力比直径较小的 FRP 筋的小。主要是有以下几方面的原因：1）FRP 筋的黏结面积与截面周界长度成正比，而拉拔力与截面积成正比，二者比值（$4/d_f$，d_f 为 FRP 筋直径）反映 FRP 筋的相对黏结面积，直径越大的 FRP 筋，相对黏结面积减小，不利于极限黏结强度的改善；2）由于大直径筋为获得同样的黏结应力需要更多的锚固，而前面已经指出，黏结强度随着锚固的增加而降低；3）在纵向应力作用下，泊松效应将导致筋横截面略微减小，而这种减小的趋势随直径的增大而增加，最终削弱了与混凝土之间的摩擦力和机械咬合力。

（5）FRP 刚度对黏结性能的影响　随着 FRP 刚度（厚度×弹性模量）的增长，极限荷载和有效黏结长度增加，且 FRP 刚度还会影响黏结应力分布，最大黏结应力随混凝土强度的增长而增加，但不受 FRP 种类（刚度）的影响。极限荷载随 FRP 刚度的增加而增长，黏结长度超过 100mm 后，极限荷载基本上不增加。

（6）配箍率对黏结性能的影响　由于横向钢筋径向内裂缝向试件表面发展，限制了劈裂裂缝的开展，改善了试件受力的非均匀性，从而改善了锚固性能，提高了 FRP 筋的锚固强度。箍筋对延缓劈裂的作用较小，而最明显的作用是在劈裂发生后维持侧向约束，从而提高极限黏结强度。劈裂后的黏结强度增量与劈裂面上的配箍率大体成正比。

（7）黏结长度对黏结性能影响　黏结长度对黏结性能的影响中，FRP 与混凝土黏结界面之间的荷载存在一固定长度即有效黏接长度（约 80mm），当黏结长度小于有效黏结长度时，黏结强度随黏结长度的增加而增加；而当黏结长度超过有效黏结长度时，随着黏结长度的增加，黏结强度基本不增长。

（8）黏结胶层材料、厚度对黏结性能的影响　黏结胶层是影响黏结性能的重要因素，随着胶层性能增加、胶层厚度的增加，滑移模量不断减小，随着胶层厚度的减小，试件刚度不断增加；但 FRP 宽度、种类对 FRP 应变和黏结剪应力的分布没有明显的影响，有效黏结长度随着 FRP 层数的增加而增加。

（9）FRP 筋的外形　FRP 筋表面上的凸肋形状和尺寸多有不同，肋的外形几何尺寸，如肋高、肋宽、肋距和助斜角等都对混凝土的咬合力有一定影响。与钢筋混凝土相似，增大肋高、减小肋间距、增大肋与纵轴的倾角都能使给定滑移下的黏结应力增大，提高 FRP 筋的黏结强度。另外，黏结强度会随横向约束的提高有所增加，而且在同样的约束条件下，普通钢筋与混凝土之间的黏结强度比 FRP 筋与混凝土之间的黏结强度要稍高一些；当然，如果增大 FRP 筋表面变形和突纹或者对 FRP 筋进行粘砂处理，FRP 筋与混凝土之间的黏结强度也会提高。研究资料表明，通过有效地改变 FRP 筋表面的变形和突纹，FRP 筋与混凝土之间的黏结强度可比普通钢筋与混凝土之间的黏结强度高出 50% 以上。

（10）混凝土的组分和其他因素　混凝土的组分也对黏结性能有一定影响。当水泥用量过多时，黏结强度显著降低；骨料的粒径和组分对黏结强度也有明显影响。凡是对混凝土的质量和强度有影响的因素，如混凝土制作过程中的坍落度、浇捣质量、养护条件、各种扰动等，又如 FRP 筋的浇筑位置、FRP 筋在截面的顶部或底部、FRP 筋离构件表面的距离等，都对 FRP 筋和混凝土的黏结性能产生一定影响。值得注意的是，构件的侧压力（如支座压力）能提高黏结锚固强度；受压 FRP 筋的黏结锚固性能一般比受拉 FRP 筋有利；构件的剪力会导致纵向劈裂提前发生，因而弯剪构件中 FRP 筋的黏结锚固强度大大降低。此外，FRP 筋的黏结性能在很大程度上还依赖于温度的变化。由于 FRP 筋与混凝土之间存在热膨胀系数的差别，当提高构件养护和试验之间的温差时，黏结强度会降低。

5.5.6 FRP 筋混凝土与钢筋混凝土黏结性能对比

1. 受力过程

宏观上，在锚固基本相同的情况下，FRP 筋出现初始位移时的黏结应力低于钢筋，FRP 筋的 $\tau-s$ 曲线在峰值点处的滑移则大于钢筋（图 5-19）。微观上，加载初期，钢筋混凝土黏结力主要由化学胶着力起作用，但是这种胶着力很小，且在不大的荷载作用下，胶着力就发生破坏，钢筋开始滑动，只在加载端有少量滑移，自由端未发生滑移。胶着力逐渐向自由端渗透，钢筋具有滑移趋势，横向肋与混凝土形成楔形挤压作用，在横肋顶点处出现拉应力集中，混凝土出现径向挤压，内部斜裂缝和径向斜裂缝开始形成，并产生较大的相对滑动；随着荷载的不断增加，自由端开始出现滑移，并呈非线性增长，化学胶着力丧失，内裂缝由握裹层逐渐向表面开展，肋前混凝土被挤压破碎，黏结力主要由肋与混凝土之间的机械咬合力承担。与上述 FRP 筋的破坏过程相比，其裂缝形式和破坏过程存在差异。

2. 滑移

当黏结破坏发生时，FRP 筋混凝土的相对滑移量比钢筋混凝土大得多。这是因为 FRP 钢筋混凝土的弹性模量远低于钢筋，而且 FRP 钢筋混凝土的锚固部分或全长的变形大于钢筋。这意味着，对于 FRP 筋，应采用较长的锚固长度、较小的直径或弯钩等机械锚固措施，以提高黏结强度，减少黏结滑移。

3. 黏结强度

与钢筋混凝土结构一样，FRP 筋与混凝土间的黏结力由化学胶着力、摩擦力和机械咬合力组成。FRP 筋的表面螺纹、凸肋或横肋比较深，所以 FRP 筋黏结力中的机械咬合力丝毫不逊于钢筋。如图 5-19 所示。

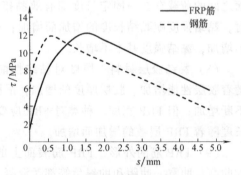

图 5-19　钢筋、FRP 筋与混凝土的
$\tau-s$ 曲线

4. 破坏形式

钢筋混凝土试件的劈裂破坏主要发生在混凝土中，当有劈裂破坏的试件打开时，可以看到混凝土中的劈裂裂缝和横肋挤压混凝土，造成破碎的迹象。对于加载到钢筋屈服和拔出的试件，混凝土咬合齿已被切断，内孔壁已形成光滑的纵向划痕，未发现横肋痕迹。钢筋的凹部完全填满了混凝土碎片。

在拉拔试验和梁式试验中，FRP 筋的破坏模式是不同的。在拉拔试验中，劈裂破坏主要发生在混凝土强度较低的情况下，其破坏形式与钢筋非常相似。在混凝土强度较高的情况下，FRP 筋混凝土试件的破坏大多属于拉拔破坏。在一些试件中，FRP 筋的表面变形在混凝土拔出时被剪切，与梁式试验相似，FRP 钢筋混凝土的黏结强度取决于 FRP 筋的直径。拉拔试验所得的黏结强度比梁式试验所得的黏结强度高 10% 左右。这是因为在拉拔试验中，FRP 筋周围的混凝土处于压缩状态，这减少了裂缝发展的可能性，从而提高了黏结强度。相反，在梁试验中，FRP 筋周围的混凝土处于受拉状态，在较低的应力下出现裂缝，降低了黏结强度。尽管存在箍筋的约束效应，但一般认为梁式试验所得结论更为真实，因为它能更好地模拟受弯构件的特性[175]。

5.6　蒸养混凝土与 GFRP 筋黏结性能损伤规律分析

三点梁式黏结性能试验中，所有试件破坏形式基本遵循剪切破坏规则，初始裂缝都发生在荷载施加点附近，随着荷载不断施加，边缘裂缝也不断增加直至出现主裂缝（图 5-20）。然而，不同工况梁出现初始裂缝的时间有所不同，极限荷载、挠度及两端滑移也有所不同。

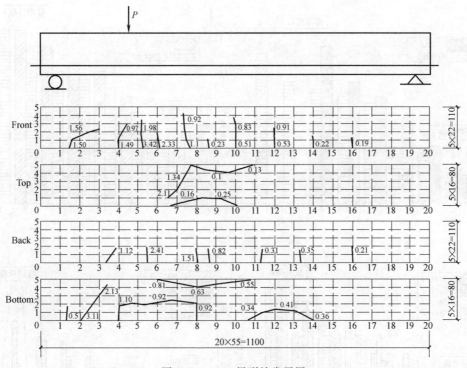

图 5-20　G-sta 梁裂缝发展图

5.6.1　开裂荷载、极限荷载

开裂荷载即受拉区混凝土出现裂缝时构件承受的荷载，极限荷载即引起结构"完全崩溃"的荷载，一种观点认为：极限荷载是结构或构件所能承受的最大的荷载，而非极限位移对应的荷载。

如图 5-21 所示是混凝土梁每次新裂缝产生对应的荷载值，开裂荷载与极限荷载，见表 5-2。由图 5-21a 可见，蒸养 GFRP 筋混凝土梁的开裂荷载与极限荷载都小于标养 GFRP 筋混凝土梁，开裂荷载与极限荷载分别是标养条件下的 87.5% 与 96.1%，蒸养 GFRP 筋混凝土梁出现的裂缝次数也相应较多。混凝土梁裂缝的产生主要指混凝土结构受力过程中混凝土拉应力超过极限拉应力而使混凝土开裂的一个过程，因此，导致蒸养 GFRP 筋混凝土梁裂缝较早产生及相应较低的极限荷载值的主要原因是：蒸养混凝土孔隙率增多甚至微裂缝增加的现象，蒸养混凝土抗压强度和抗拉强度随孔隙率的增加而降低[16]。蒸养 GFRP 筋混凝土梁的初始裂缝较早出现也说明了 GFRP 筋和蒸养混凝土之间的黏结提前发生了局部破坏。

如图 5-21b 所示蒸养 GFRP 筋混凝土梁开裂荷载仅为蒸养钢筋混凝土梁开裂荷载的

58%，占极限荷载比例也仅为蒸养钢筋混凝土梁的 58%，同时边缘裂缝更多，这主要是由GFRP 筋弹性模量相对较低的材料属性引起的，因此，蒸养 GFRP 筋混凝土的刚度控制问题是结构设计需要特别关注的。由试验过程中以混凝土裂缝展开及混凝土破坏为主的破坏特征可知，蒸养混凝土梁破坏时，混凝土达到抗压极限，但 GFRP 筋与钢筋都未达到抗拉极限。这是试验中蒸养 GFRP 筋混凝土梁的极限荷载未显示出高于钢筋混凝土梁现象的主要原因。

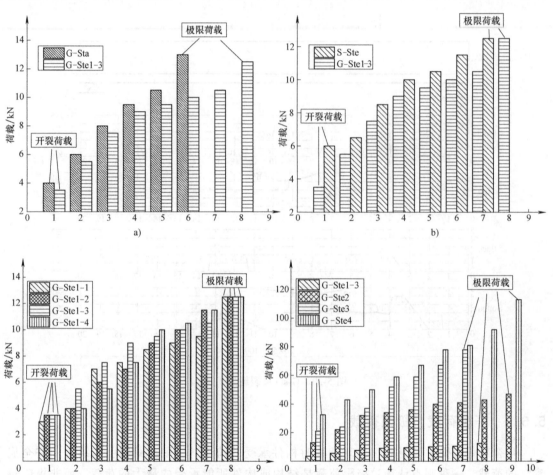

图 5-21　裂缝-荷载对应图

a) 不同养护方式　b) 不同筋材　c) 不同混凝土保护层厚度　d) 不同 GFRP 筋直径

　　GFRP 筋与混凝土黏结性能研究中提出了较多影响黏结性能的因素，其中部分研究[53-55] 提出，混凝土保护层厚度增加将增强 GFRP 筋与混凝土两者间的黏结性能，并减小裂缝宽度和间距。如图 5-21c 所示，保护层厚度为 15mm 时，蒸养 GFRP 筋混凝土梁的开裂荷载最小，占极限荷载比例也最小，而其他保护层厚度条件下，开裂荷载基本相同。这可能是因为蒸养混凝土表层存在损伤，使表层混凝土孔隙率及裂缝较明显，受到外力荷载后，原有孔隙或裂缝较容易贯通形成初始裂缝，因此，表层损伤区域的蒸养混凝土与 GFRP 筋的局部黏结性能更早发生了破坏。然而，如图 5-21c 所示，不同保护层厚度条件下的蒸养 GFRP

筋混凝土梁的极限荷载却是相同的。基于混凝土结构设计理论可知，当混凝土梁为受压破坏（即混凝土达到极限压应变，筋材未达到极限拉应变）时，保护层厚度在一定范围变化时，厚度越小，混凝土受压区高度越大，也就意味着更多的混凝土可参与工作，最终将提高梁的整体承载能力。然而本试验中蒸养混凝土梁的极限荷载并未出现随保护层厚度越小承载力越大的结果，这更验证了蒸养混凝土表层损伤对整体结构性能的影响，即上部受压区混凝土未全部投入工作时，下部混凝土则已经因蒸养混凝土表层损伤使裂缝更早出现甚至贯通直至破坏。

试验过程中，对不同直径 GFRP 筋采用相同配筋率进行混凝土梁截面选择，可避免不同配筋率下发生不同破坏形式，使承载能力及黏结强度的研究失去对比分析价值。因此，本章中蒸养 GFRP 筋混凝土梁的极限荷载随混凝土截面面积增大而增大，即随 GFRP 筋的直径增大而增大。由图 5-21d 可见，蒸养 GFRP 筋混凝土梁的开裂荷载占极限荷载比例随 GFRP 筋的直径增大而减小，可见，直径越大，开裂时间越早，这说明当采用较大直径时，两者间局部黏结破坏可能更早，即局部黏结强度随直径增大而显示下降趋势。

表 5-2　开裂荷载与极限荷载

对比	试件编号	开裂荷载/kN	极限荷载/kN
不同养护形式	G-Sta	4	13
	G-Ste1-3	3.5	12.5
不同筋材	S-Ste	6	12.5
	G-Ste1-3	3.5	12.5
不同保护层厚度	G-Ste1-1	3	12.5
	G-Ste1-2	3.5	12.5
	G-Ste1-3	3.5	12.5
	G-Ste1-4	3.5	12.5
不同直径	G-Ste1-3	3.5	12.5
	G-Ste2	13	47
	G-Ste3	21	78
	G-Ste4	32	124

5.6.2　荷载—挠度曲线

荷载—挠度曲线是表征混凝土梁弯曲性能的一个重要特征。由于 GFRP 筋高强度低弹模特性，故满足结构工程中提高混凝土结构极限荷载的同时控制其挠度变化是 GFRP 筋应用于混凝土结构最主要的难题。

图 5-22 和图 5-23 给出了不同养护方式、不同筋材、不同直径、不同保护层厚度的蒸养 GFRP 筋混凝土梁受三点弯曲荷载作用后的荷载—跨中挠度与荷载—荷载施加点挠度变化曲线。由图 5-22 和图 5-23 可见，蒸养 GFRP 筋混凝土梁荷载—挠度曲线基本都存在一个转折点，该转折点即开裂荷载，开裂荷载前荷载—挠度曲线斜率较大，即说明梁未开裂时，刚度值较大；然而梁开裂后，部分受拉区混凝土退出工作，截面刚度变小，即在荷载—挠度曲线上显示出斜率下降的趋势。

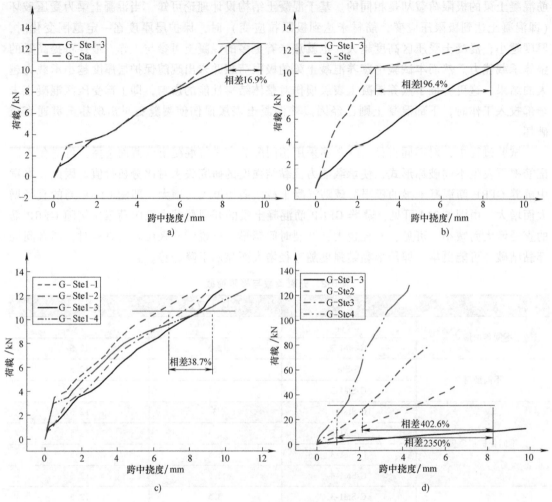

图 5-22　荷载—跨中挠度曲线

a) 不同养护方式　b) 不同筋材　c) 不同混凝土保护层厚度　d) 不同 GFRP 筋直径

　　蒸养湿热养护处理将导致混凝土物理性能、力学性能及耐久性能方面产生变化，如孔隙率增加、水化硅酸盐碱度增大、混凝土内部应力加大等[14-18]。然而，蒸养过程的高温高湿度环境与混凝土表面微裂纹、孔隙增加或碱度增大也将对 GFRP 筋的力学性能产生一定的劣化影响[210-212]。由图 5-22a 与图 5-23a 可见，蒸养 GFRP 筋混凝土梁跨中挠度与荷载施加点位置挠度都大于标养 GFRP 筋混凝土，施加点挠度达到标养条件下的 1.92 倍。这说明蒸养养护不仅对混凝土与混凝土中的 GFRP 筋产生了损伤，对其整体刚度也具有损伤影响。由于 GFRP 筋的弹性模量低于钢筋，蒸养 GFRP 筋混凝土梁挠度相对蒸养钢筋混凝土梁更大，跨中挠度、荷载施加点位置挠度与蒸养钢筋混凝土梁最大相差比例都在 140% 以上，然而，荷载后期钢筋挠度变形加大，缩小了两者间的差距（图 5-22b 和图 5-23b）。

　　蒸养 GFRP 筋混凝土梁荷载—挠度曲线斜率说明了梁的变形速率，斜率越小，挠度变形越快，反之斜率越大，挠度变形则越慢。由图 5-22c 和图 5-23c 可见，当保护层厚度为 15mm 时，挠度变形较慢，即相应刚度变化较慢，保护层厚度越大，最大挠度值越大，相应刚度越小。这与混凝土结构刚度设计中提出刚度与截面有效高度呈正比，即与保护层厚度呈反比的理论是一致的。而不同保护层厚度中挠度随荷载施加的变化曲线可见，荷载未达到破坏荷载时，挠度并没有产生与保护层厚度呈正比的关系，这主要与蒸养 GFRP 筋混凝土梁受力过程中混凝土受压区高度不断变化有关。

特殊环境下，GFRP 筋受侵蚀程度也同样与直径有关。因此，蒸养高温养护过程中，直径是 GFRP 筋与蒸养混凝土的黏结性能研究必不可少的影响因素。试验过程中，相同配筋率蒸养 GFRP 筋混凝土梁的跨中挠度与荷载施加点挠度仍因不同直径 GFRP 筋而产生了不同的变化趋势，如图 5-22d、图 5-23d 所示，GFRP 筋直径越大，荷载—挠度曲线斜率越大，挠度变形速率越小且刚度更大。然而，10mm 到 16mm 时，荷载—挠度曲线斜率变化相对更明显。

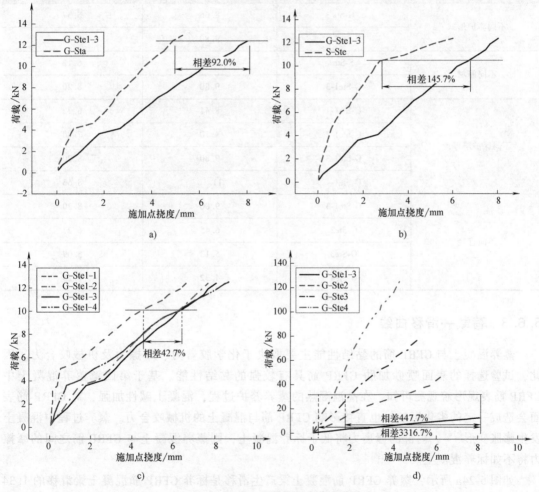

图 5-23　荷载—荷载施加点挠度曲线

a) 不同养护方式　b) 不同筋材　c) 不同混凝土保护层厚度　d) 不同 GFRP 筋直径

如图 5-22 与图 5-23 所示，蒸养 GFRP 筋混凝土中的挠度相对标养 GFRP 筋混凝土或钢筋混凝土更大，因此，蒸养 GFRP 筋混凝土预制构件设计时应充分考虑其刚度验算，并对其验算公式进行理论修正。蒸养 GFRP 筋混凝土预制构件设计刚度主要与极限荷载及最大挠度值有关。表 5-3 是蒸养 GFRP 筋混凝土梁跨中位置与施加点位置的极限荷载与对应的最大挠度值。由表 5-3 可见，蒸养养护最大挠度值要大于标养养护，且荷载也低于标养养护，由材料力学刚度计算公式可确定蒸养养护梁的刚度一定大于标养养护，这说明蒸养养护对 GFRP 筋混凝土梁的刚度产生了一定的影响，影响程度见 8.4.2 节蒸养 GFRP 筋混凝土试验刚度分析计算；同时钢筋混凝土梁在较高的极限荷载状况下的最大挠度值仍显示出较低值，这主要是由 GFRP 筋低弹模特性引起的；蒸养 GFRP 筋混凝土梁的最大挠度值与保护层厚度呈现反比关系。

表 5-3　蒸养 GFRP 筋混凝土梁最大挠度值与极限荷载值

对比	试件编号	跨中位置	荷载施加点位置
		最大挠度值/mm	最大挠度值/mm
不同养护形式	G-Sta	8.66	5.37
	G-Ste1-3	9.80	8.20
不同筋材	S-Ste	7.82	6.12
	G-Ste1-3	9.80	8.20
不同保护层厚度	G-Ste1-1	8.41	6.72
	G-Ste1-2	9.10	7.80
	G-Ste1-3	9.80	8.20
	G-Ste1-4	11.10	8.66
不同直径	G-Ste1-3	9.80	8.20
	G-Ste2	6.45	6.27
	G-Ste3	5.13	5.09
	G-Ste4	4.32	4.25

5.6.3　荷载—滑移曲线

蒸养混凝土与 GFRP 筋的黏结性能主要取决于化学胶着力、摩擦力及机械咬合力。因此，试验选择的表面喷砂加肋 GFRP 筋具有较强的黏结性能。基于第四章蒸养混凝土中 GFRP 筋表观形貌观测可知，在高温湿热的蒸养养护过程，混凝土碱性加强，对 GFRP 筋表面会造成一定的劣化影响，也直接影响 GFRP 筋与混凝土的机械咬合力。蒸养过程中混凝土发生膨胀变形[16]，内部的握裹力将低于标养混凝土，则蒸养混凝土与 GFRP 筋之间的摩擦力将不如标养混凝土。

如图 5-24a 所示，蒸养 GFRP 筋混凝土梁产生滑移是标养 GFRP 筋混凝土梁滑移的 1.34 倍，极限荷载下降了 4%。可见，蒸养养护制度对 GFRP 筋与混凝土的黏结性能具有一定的劣化影响。如图 5-24b 所示，蒸养 GFRP 筋混凝土梁产生滑移是蒸养钢筋混凝土梁滑移的 1.42 倍。如图 5-24c 所示，不同保护层厚度条件下，GFRP 筋与蒸养混凝土的黏结性能并未出现较明显的变化规律。由图 5-24d 可见，直径为 10mm 时，荷载—滑移曲线变化速率最快，19mm 时，曲线变化速率最慢。

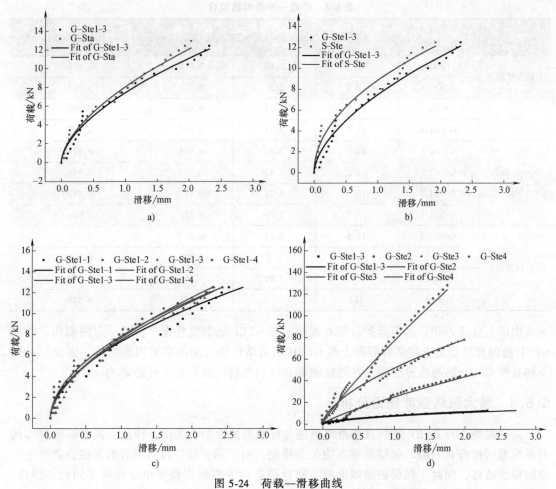

图 5-24　荷载—滑移曲线

a) 不同养护方式　b) 不同筋材　c) 不同混凝土保护层厚度　d) 不同 GFRP 筋直径

经典 mBEP 黏结滑移本构关系上升段显示，黏结强度 τ 与滑移量 s 之间存在以下关系

$$\frac{\tau}{\tau_{\mathrm{m}}} = \left(\frac{s}{s_{\mathrm{m}}}\right)^a \qquad (s \leqslant s_{\mathrm{m}}) \tag{5-51}$$

式中　τ_{m}、s_{m}——黏结强度峰值及相应滑移量。

由图 5-7 中荷载—滑移曲线的变化关系可知，梁荷载与滑移量之间的关系可以拟合为

$$P = P_{\mathrm{m}} \left(\frac{s}{s_{\mathrm{m}}}\right)^a \qquad (s \leqslant s_{\mathrm{m}}) \tag{5-52}$$

式中　P_{m}——最大荷载值；

　　　a——主要依据试验数据拟合取值。

由表 5-4 可见，试验梁依据式 (5-3) 进行拟合后，其标准差均在 0.96 以上，说明试验梁荷载—滑移上升段曲线均可认为符合式 (5-3) 的变化规律。表 5-4 中除钢筋的拟合系数 a 小于 0.5，其他 10mm 直径 GFRP 筋的系数 a 均在 0.5~0.6，然而，不同直径 GFRP 筋的 a 系数变化较大。a 系数是第 7 章中有关黏结强度预测较为重要的拟合参数。

表 5-4　荷载—滑移曲线拟合

对比	试件编号	极限荷载值 P_m/kN	最大滑移量 s_m/mm	拟合系数 a	标准差 R^2
不同养护形式	G-Sta	13	2.03	0.584	0.989
	G-Ste1-3	12.5	2.31	0.577	0.987
不同筋材	S-Ste	12.5	1.91	0.485	0.969
	G-Ste1-3	12.5	2.31	0.577	0.987
不同保护层厚度	G-Ste1-1	12.5	2.52	0.665	0.977
	G-Ste1-2	12.5	2.43	0.525	0.981
	G-Ste1-3	12.5	2.31	0.577	0.987
	G-Ste1-4	12.5	2.29	0.586	0.969
不同直径	G-Ste1-3	12.5	2.31	0.577	0.987
	G-Ste2	47	2.2	0.794	0.983
	G-Ste3	78	1.99	0.6	0.979
	G-Ste4	124	1.75	0.853	0.989

由以上分析可知，蒸养养护对蒸养混凝土与 GFRP 筋黏结性能产生了一定的损伤，然而 GFRP 筋的直径仍是决定蒸养混凝土与 GFRP 筋黏结性能大小的重要因素之一。因此，针对不同直径 GFRP 筋与蒸养混凝土黏结性能展开试验与理论研究是十分必要的。

5.6.4　最大黏结强度理论分析

蒸养混凝土与 GFRP 筋的黏结滑移机理与标准养护混凝土类似，因此，其黏结滑移本构关系模型同样符合 mBEP 黏结滑移本构关系模型，由于蒸养养护将对两者的黏结性能产生一定的损伤破坏，同时不同保护层厚度与不同直径条件下的损伤程度也是有所不同的。所以，蒸养混凝土与 GFRP 筋的黏结滑移模型中变化参数也将有所不同，本节将基于典型的 mBEP 黏结—滑移本构模型及相关试验数据从最大黏结强度理论角度来分析蒸养混凝土与 GFRP 筋黏结性能损伤规律。

众多学者对影响钢筋混凝土黏结强度的主要因素进行了研究，并对各影响因素进行试验探讨和理论验证，结合统计回归的处理方法得到了极限黏结强度的经验方程，见下式。

$$\tau = (0.82+0.9d/l)(1.6+0.7c/d)f_t \tag{5-53}$$

式中　τ——黏结强度；

　　　d——钢筋直径；

　　　l——钢筋的锚固长度；

　　　c——混凝土保护层厚度；

　　　f_t——混凝土的劈裂抗拉强度。

当其他因素一定时，混凝土劈裂抗拉强度越大，那么钢筋与混凝土之间的结强度也就越大。

2007 年 Bakis 等[56] 依据 mBEP 模型得到局部最大黏结强度 τ_{max}、最大滑移荷载 N_{smax}

$$\tau_{max} = C\left(\frac{aS_{max}}{1+a}\right)^a \frac{1}{1+a} \tag{5-54}$$

$$N_{smax} = \sqrt{2\pi d A_b E_b} \sqrt{c/(1+a)(2+a)}\, s^{(1+a)/2} \tag{5-55}$$

大部分试验显示：伴随梁的纵向分裂裂缝试件将产生一定的滑移量，即裂缝滑移 S。Nanni & Liu[213] 简化了径向界面应力引起滑移量的计算方式。

当 $0 \leqslant S \leqslant L/2$ 时，混凝土表面体积变化可等效于圆柱体半径变化 Δr，并确定界面应力值

$$\Delta r = \frac{h}{L^2} S(L-S) \tag{5-56}$$

$$\sigma_r = 1000K \frac{\Delta r}{r} E_b \tag{5-57}$$

式中　E_b——筋弹性模量。

影响因素 K 基于混凝土变形层径向直径变化等于界面高度变化的假设

$$K = 1 - \frac{E_b}{E_c} \tag{5-58}$$

当构件分裂裂缝延伸到整个界面时，对应的径向界面应力作为临界值考虑

$$(\sigma_r)_{max} = 4.25 f_{ct} \tag{5-59}$$

式中　f_{ct}——混凝土梁抗拉强度。

根据第 3 章蒸养混凝土抗压强度与抗拉强度关系，可估算每根蒸养混凝土梁的抗拉强度

$$f_{ct} = 0.11(f_c')^{0.95} \tag{5-60}$$

因此通过混凝土抗压强度，联立式（5-56）~式（5-60）可计算出相应的筋向应力及最大径向应力对应的滑移量 S_{max}，解决了求滑移量时二次方程两个根的问题。

由 5.6.3 节中不同条件下荷载—滑移关系，确定相应的荷载及最终滑移量拟合确定系数 α，由式（5-54）可进一步确定系数 C。表 5-6 可见 GFRP 筋混凝土梁不同工况作用下黏结—滑移曲线参数。

为验证模型的正确性及通用性，将得到的黏结模型参数，代入式（5-54）可得预测滑移荷载值，并与试验值进行比较分析。由图 5-25 可见预测值与试验值较为吻合，拟合直线达到 0.99，因此可根据表 5-5 黏结参数利用式（5-53）确定各种工况下的最大黏结强度 τ_{max}。

表 5-5　蒸养 GFRP 筋混凝土梁黏结滑移参数

对比	试件编号	S_{max}/mm	α	C
不同养护形式	G-Sta	2.03	0.584	4.34
	G-Ste1-3	2.31	0.577	3.3
不同筋材	S-Ste	1.91	0.485	1.16
	G-Ste1-3	2.31	0.577	3.3
不同保护层厚度	G-Ste1-1	2.52	0.665	2.28
	G-Ste1-2	2.43	0.525	2.7
	G-Ste1-3	2.31	0.577	3.3
	G-Ste1-4	2.29	0.586	4.5
不同直径	G-Ste1-3	2.31	0.577	3.32
	G-Ste2	2.2	0.794	6.2
	G-Ste3	1.99	0.6	7.67
	G-Ste4	1.75	0.853	11.95

表 5-6　最大黏结强度理论分析结果

对比	试件编号	直径 /mm	梁尺寸 /mm	保护层 厚度 /mm	锚固段 /mm	滑移荷载 /kN	最大黏结 强度 /MPa
		d_b	$b×h×L$	c	l_e	N_{smax}	τ_{max}
不同养护 形式	G-Sta	10	80×110×1100	25	250	27.28	2.31
	G-Ste1-3	10		25	250	26.52	1.90
不同筋材	S-Ste	10	80×110×1100	25	250	26.85	0.62
	G-Ste1-3	10		25	250	26.52	1.90
不同保护 层厚度	G-Ste1-1	10	80×110×1100	15	250	23.17	1.38
	G-Ste1-2	10		20	250	25.06	1.61
	G-Ste1-3	10		25	250	26.52	1.90
	G-Ste1-4	10		35	250	30.61	2.57
不同直径	G-Ste1-3	10	80×110×1100	25	250	26.60	1.91
	G-Ste2	16	150×150×1100	25	250	67.40	3.38
	G-Ste3	19	178×178×1100	25	250	90.84	4.02
	G-Ste4	22	206×206×1100	25	250	121.37	5.36

　　传统的平均黏结强度忽略了受力过程中构件间的滑移量或裂缝变化，简单地认为两者材料间可承受的滑移荷载相同时，单位面积受的应力则相同，即黏结强度相同。而本节采用的最大黏结强度理论基于试验及材料力学理论推导计算，与实际材料间滑移关系及材料性能都存在关系，可更好地分析蒸养混凝土与不同筋材间的黏结强度损伤程度，同时可更好地解释实际蒸养混凝土与 GFRP 筋黏结强度的变化规律。图 5-26 给出了不同条件下蒸养混凝土与GFRP 筋的最大黏结强度值及变化比例。

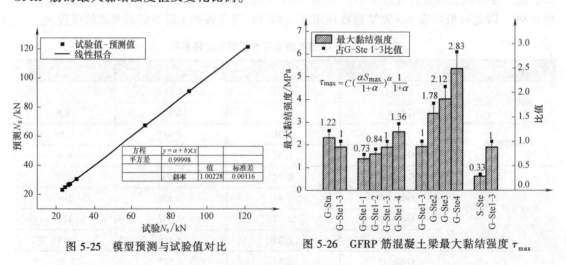

图 5-25　模型预测与试验值对比　　　　图 5-26　GFRP 筋混凝土梁最大黏结强度 τ_{max}

　　由表 5-6 及图 5-26 可见，采用最大强度理论计算蒸养 GFRP 筋混凝土梁与蒸养钢筋混凝土梁的滑移荷载与试验滑移荷载基本相同，然而最大黏结强度值却显示了较大的区别。Bakis[214] 根据不同生产厂家、不同筋材类型、树脂类型及不同的表面处理形式的 FRP 筋与混凝土发生的裂缝开展进行研究，研究提出黏结特性系数一般在 0.60 ~ 1.72，平均为 1.10，最大为 1.72，而试验过程中 GFRP 筋的黏结强度达到钢筋的 3 倍，即黏结特性系数远大于 Bakis 研究中的最大值。可见，蒸养混凝土与钢筋的黏结强度相对更低，这主要是由于蒸养养护制度对钢筋的表面及钢筋抗拉性能等都产生了更大的损伤，蒸养混凝土与钢筋的黏结强度下降比例也将更大。并且由于钢筋易腐蚀而 GFRP 筋耐腐蚀的特性，两者黏结性能损伤差异将更明显。因此，采用 GFRP 筋替代或部分替代钢筋应用于蒸养混凝土构件中的方法是值得推广的，并具有一定的工程意义。

　　GFRP 筋与混凝土的最大黏结强度由 2.31MPa 降至 1.90MPa，下降比例为 22%，而王英来[121] 对 GFRP 筋与混凝土进行拉拔试验，提出当温度低于 200℃时，GFRP 筋与混凝土黏结强度折减系数 K_T 取 0.8；当温度为 200℃ ~ 300℃时，K_T 取 0.65。可见，蒸养混凝土与 GFRP 筋的黏结强度下降比例相对较大，这说明蒸养养护确实对混凝土与 GFRP 筋的黏结性能产生了损伤，而这部分黏结性能的损伤不仅来自高温高湿度的环境，而且与蒸养养护过程中混凝土水化过程及结构性能变化关系密切。

　　由表 5-6 与图 5-26 可见，不同保护层厚度条件下蒸养混凝土与 GFRP 筋的最大黏结强度随保护层厚度增加而增大，保护层厚度 15mm 到 20mm 时，最大黏结强度增大 15%；保护层厚度 20mm 到 25mm 时，最大黏结强度增大 19%；保护层厚度 25mm 到 35mm 时，最大黏结强度增大 35%。这主要与蒸养混凝土结构性能有关，由第三章蒸养混凝土试验研究可知，蒸养混凝土表层存在明显的损伤，并且这部分损伤较大程度上影响了外界环境对内部筋材及两者黏结界面的性能，然而，越接近蒸养混凝土内部，这部分损伤越小。因此，导致黏结性能并没有随保护层厚度增大而产生等比例的变化，保护层厚度 35mm 时，黏结性能增强较明显。

　　保证相同配筋率及相同保护层厚度是本试验研究不同直径对蒸养混凝土与 GFRP 筋黏结性能影响的前提。部分研究者[157,215] 提出，黏结面积随 FRP 筋直径增大而减小，这将不利于极限黏结强度。而图 5-26 中显示蒸养混凝土与 GFRP 筋的最大黏结强度随直径的增大而增大，10mm 直径到 16mm 直径时，黏结强度增大比例达到 78%，这不仅与蒸养损伤有关，同时与 C/d_b 与 d_b/l_e 比值的大小存在较大关系。并且基于第四章蒸养混凝土中不同直径的 GFRP 筋研究可见，直径越大，蒸养养护对 GFRP 筋的损伤反而越小，这也是蒸养混凝土与 GFRP 筋黏结性能随直径增大而增大的原因。

　　基于以上分析可见，蒸养混凝土与 GFRP 筋的黏结强度随保护层厚度、直径的变化是符合普通混凝土与 GFRP 筋黏结强度变化规律的，但由于蒸养养护制度对混凝土结构性能及 GFRP 筋性能的损伤影响，将对其黏结强度变化程度有所改变。因此，蒸养混凝土与 GFRP 筋的黏结性能损伤分析是十分必要的。

5.6.5　界面断裂性能分析

　　界面断裂能可用于衡量材料界面断裂性能，也可表征材料对裂纹扩展阻力的大小。界面断裂能数值越大，说明阻裂效果越好。Griffith 首先提出从能量守恒方面考虑，裂纹出现时材料出现新表面，即产生表面能

$$\frac{\mathrm{d}}{\mathrm{d}A}(W-U) = \frac{\mathrm{d}}{\mathrm{d}A}S \tag{5-61}$$

式中　W——外力功；

　　　A——裂纹表面面积；

　　　S——表面能。

基于各工况作用下 N—s 曲线变化趋势，界面断裂能 G_{f}

$$G_{\mathrm{f}} = \left(\int_0^{s_{\max}} N_s \mathrm{d}s \right) / A \tag{5-62}$$

能量守恒准则适用于任何运动的物体。服役状态下的混凝土梁采用能量守恒准则可分析其内部及外部变形变化或裂缝开展变化。目前利用界面断裂能作为混凝土梁变形及开裂状态变化准则的研究较为广泛。而对黏结性能，界面断裂能同样非常重要。Karbhari 等[216] 对 GFRP 布与混凝土进行黏结试验，分别得出了考虑与未考虑环境作用两种条件下的模型 Ⅱ 应变能释放率范围。然而，Täljsten[217] 研究发现黏结层的剪切变形未考虑到应变能释放率计算中包括界面断裂能计算。Savoia[218] 则对 CFRP 布与混凝土试块黏结性能进行单面剪切试验得到界面断裂能 1500N/m，与裂缝混凝土进行类似试验得出界面断裂能为 2200N/m。2007 年 Bakis[56] 对不同环境下 GFRP 筋与混凝土黏结性能进行研究，研究结果发现，GFRP 筋与混凝土的界面断裂能约为 4~10N/m，随不同环境腐蚀时间，界面断裂能取值有所不同，然而其变化趋势与黏结强度相似，并提出了界面断裂能 G_{f} 计算模型

$$G_{\mathrm{f}} = C \frac{S_{\max}^{(1+a)}}{(1+a)(2+a)} \tag{5-63}$$

本节基于试验荷载—滑移曲线与式（5-62）总结各条件下蒸养 GFRP 筋混凝土梁的界面断裂能，从能量的角度分析各参数变化对黏结性能的影响。

由图 5-27 可知，蒸养钢筋混凝土梁界面断裂能较小，仅占蒸养 GFRP 筋混凝土梁的 27%，这说明蒸养混凝土与钢筋的局部黏结更易发生破坏，而由于钢筋弹性模量较高，试验过程中并未显示更大的挠度，使蒸养混凝土更易发生脆性破坏。因此，采用 GFRP 筋替代或部分替代钢筋可在一定程度上避免蒸养混凝土梁的脆性破坏。

标养 GFRP 筋混凝土梁界面断裂能为 3.25N/mm，高于蒸养混凝土梁界面断裂能 7%。可见，蒸养养护一定程度上降低了 GFRP 筋混凝土梁界面断裂能，使混凝土与 GFRP 筋的局部黏结更易破坏，同时

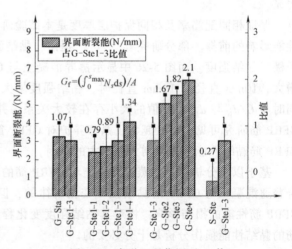

图 5-27　各种工况作用下 G_{f} 值

GFRP 筋混凝土梁更易变形及产生裂缝，也从能量的角度揭示了蒸养混凝土与 GFRP 筋黏结性能的损伤原因、蒸养混凝土梁挠度变形更大的本质及蒸养 GFRP 筋混凝土构件刚度验算修正的必要性。

不同保护层厚度的 GFRP 筋混凝土梁界面断裂能显示随保护层厚度增加而增大，这与黏结强度的变化趋势是一致的。然而界面断裂能影响最大的同样是 GFRP 筋的直径，由于本书

采用相同配筋率进行截面设计，直径增大，相应截面尺寸也随之增大，界面断裂能随直径的增加而增加，直径为 10~16mm 的增长比例最为明显。

5.7　蒸养混凝土与 GFRP 筋黏结性能损伤机理分析

基于第 4 章与第 5 章试验研究分析可知，蒸养高温高湿度环境对钢筋的抗拉强度及黏结强度都造成了较大的损伤，这将直接影响蒸养混凝土预制构件的耐久性及使用寿命。然而 GFRP 筋属于高强耐腐蚀的材料，采用 GFRP 筋替代或部分替代钢筋应用于蒸养混凝土预制构件中是具有一定的工程意义的。因此，研究分析蒸养混凝土与 GFRP 筋的黏结性能损伤机理对其推广应用是十分必要的。

蒸养养护过程加速了水泥晶体的硬化，使水泥胶体与 GFRP 筋表面吸附不够全面，直接导致蒸养混凝土与 GFRP 筋化学胶着力下降。然而，化学胶着力一般较小，仅在无滑移区段内起作用，当接触面发生相对滑动时化学胶着力将消失。因此，影响蒸养混凝土与 GFRP 筋黏结性能的因素主要是两者的摩擦力与机械咬合力。

5.7.1　蒸养高温高湿度环境对黏结性能损伤影响分析

GFRP 筋主要由玻璃纤维与树脂基体组成，树脂基体起着黏结和传递剪力的作用。然而树脂存在玻璃化温度，当温度过高时，GFRP 筋中的黏结树脂胶体将逐渐被玻化、热分解与碳化，继而使蒸养混凝土与 GFRP 筋之间的化学黏着力、摩擦力和机械咬合力等性能逐渐下降。

然而，混凝土与 GFRP 筋的黏结强度变化并不随温度发生线性变化，主要变化机理分为四个阶段：当温度低于树脂玻璃化温度时，黏结强度的损失与普通钢筋类似，树脂对黏结强度将不产生影响；当温度高于树脂玻璃化温度 T_g 但低于 T_1 时，黏结树脂玻化将导致黏结强度下降，然而温度回到室温时，树脂黏结性能将部分恢复，对 GFRP 筋与混凝土的黏结强度影响不大；当温度达到 T_2 时，黏结树脂胶体已经发生热分解现象，黏结性能将无法恢复，因此将导致混凝土与 GFRP 筋的黏结强度大幅下降；当温度超过 T_3 时，GFRP 筋中的黏结树脂胶体将完全碳化，从而使其丧失黏结和传递剪力的作用。其中 T_1、T_2、T_3 均大于树脂的玻璃化温度，不同树脂类型在不同环境因素下，三者温度数值将有所不同，但黏结强度随温度的变化趋势不变，主要以玻璃化温度作为黏结强度明显下降的临界温度[57-59,121]。

因此，蒸养养护制度确定时，选取蒸养养护温度应充分考虑对树脂黏结性能的损伤规律。本书采用的 60℃蒸养养护温度（低于 GFRP 筋树脂的玻璃化温度）并未影响树脂黏结和传递剪力的作用。

5.7.2　蒸养混凝土强度对黏结性能损伤影响分析

混凝土与 GFRP 筋黏结强度主要取决于 GFRP 筋表面与混凝土之间相互产生的机械咬合作用力。当 GFRP 筋表面带肋时，肋嵌入混凝土形成较大的机械咬合作用。随着混凝土强度的提高，两者之间协同工作时间较长，滑移量相对较低，两者的黏结强度也将提高。GFRP 筋混凝土的黏结强度与混凝土的抗压强度的平方根存在线性规律，数学模型可表示为混凝土抗压强度的平方根的函数[121,219-220]。然而，当混凝土强度超过 GFRP 筋横肋剪切强度发生剪切破坏时，黏结强度将不随混凝土强度提高而提高，以上黏结强度与混凝土抗压强度的线性关系将无法定论[221,222-223]。

基于本书第 3 章蒸养混凝土抗压强度研究可知，蒸养混凝土早期抗压强度明显高于标养混凝土，然而，后期抗压强度将持续低于标养混凝土。这主要是由于蒸养养护早期加速混凝土水化热使混凝土成型，但高温度高湿度成形过程中，对混凝土抗压强度产生了不可忽略的损伤，因此，当标养混凝土达到标准抗压强度时，蒸养混凝土并不能到达。蒸养混凝土构件服役过程中，其抗压强度将低于标养混凝土。可见，当 GFRP 筋未发生剪切破坏时，蒸养混凝土强度对黏结强度关系可表达为

$$\tau_u = k\sqrt{f_c}/d \tag{5-64}$$

式中　τ_u——蒸养混凝土与 GFRP 筋黏结强度；

　　　k——蒸养混凝土抗压强度损伤系数；

　　　f_c——标养混凝土抗压强度；

　　　d——GFRP 筋直径。

5.7.3　蒸养混凝土表层损伤对黏结性能损伤影响分析

由于 GFRP 筋混凝土构件整体受力过程中，GFRP 筋表面变形且与混凝土彼此挤压造成斜向压力，GFRP 筋与混凝土之间的黏结力则为斜向压力的纵向分力，并由周围混凝土的拉应力承担。因此，GFRP 筋与混凝土之间传递荷载的能力不仅与 GFRP 筋本身的性能有关，且与混凝土的拉力环存在直接的关系。可见其破坏模式一定程度上取决于 GFRP 筋与混凝土的相对位置[59,224]。

蒸养混凝土表层损伤说明，混凝土表层孔隙或裂缝较为明显，相对标养混凝土表层更为薄弱。当环向拉应力大于混凝土的抗拉强度时，内部混凝土开裂，当蒸养混凝土保护层厚度较薄时，内部裂缝会发展至蒸养混凝土的表面，并由于受到蒸养混凝土表面孔隙及裂缝的影响，使内部裂缝发展到加载端并向自由端延伸，最终导致混凝土的劈裂破坏。当蒸养混凝土保护层较厚时，裂缝的发展将受到阻止，蒸养混凝土表层损伤对黏结性能的影响则相对较小。

蒸养混凝土表层损伤对黏结性能的影响不仅体现在裂缝发展速度上，对两者的黏结面积也存在较明显的影响。当 GFRP 筋处于表层损伤区域时，混凝土孔隙率较大，蒸养混凝土与 GFRP 筋的黏结面积将直接减小，最终导致两者黏结性能下降。并且当孔隙存在于 GFRP 筋与混凝土黏结界面时，受力过程中将可能产生应力集中现象，使局部提前发生黏结破坏，影响整体黏结性能。

可见，蒸养混凝土表层损伤对黏结性能的影响主要体现在保护层厚度较薄的情况下。蒸养 GFRP 筋混凝土构造设计时，保护层厚度的选择时不但要考虑对筋材的保护作用，还要充分考虑避免表层损伤对黏结性能的损伤。因此，在普通混凝土选择保护层厚度的标准上，应考虑适当放大系数。

5.7.4　蒸养混凝土内部附加应力对黏结性能损伤影响分析

基于 4.4.4 节分析可见，蒸养过程中的热效应将导致混凝土内部应力发生变化，其变化主要来源于内部气相受热膨胀的剩余压力与蒸养过程中热质传输引起的混凝土内部附加压

力，蒸养混凝土内部附加应力将使 GFRP 筋长期处于额外的应力状态下，而这部分额外的应力将部分消耗蒸养混凝土与 GFRP 筋两者间抵抗外荷载破坏的能力（图 5-28）。

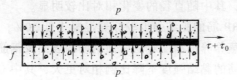

图 5-28　蒸养混凝土中 GFRP 筋摩擦力分析

当 $\tau+\tau_0 \leqslant f$　　　　　$\tau=f-\tau_0=kP-\tau_0$ 　　　　　(5-65)

当 $\tau+\tau_0 > f$　　　　　$\tau=\tau_{max}-\tau_0$ 　　　　　(5-66)

式中　τ——抵抗外部剪应力；

　　　τ_0——抵抗内部附加应力；

　　　τ_{max}——两者间极限黏结强度；

　　　f——蒸养混凝土与 GFRP 筋摩擦力；

　　　k——蒸养混凝土与 GFRP 筋界面摩擦系数；

　　　P——混凝土握裹力。

由式（5-65）与式（5-66）可见，不论蒸养混凝土与 GFRP 筋两者间是否有发生滑移，蒸养混凝土内部附加应力对两者抵抗外界黏结性能都存在着直接的削弱。

5.8　本章小结

本章对不同混凝土保护层厚度、不同直径的蒸养 GFRP 筋混凝土梁进行了三点偏载黏结试验，比较分析了蒸养 GFRP 筋、钢筋混凝土受弯性能、蒸养混凝土与 GFRP 筋的黏结性能，并探讨其损伤机理，得到以下结论：

1）蒸养 GFRP 筋混凝土的开裂荷载比标养条件或钢筋混凝土梁更早，边缘裂缝也较多，并且极限荷载低于标养 GFRP 筋混凝土梁（下降 4%）；保护层厚度较小时，开裂较早，但整体梁的承载能力并没有明显的变化。相同配筋率前提下，开裂荷载占极限荷载比例随直径增大而减小，即直径越大，开裂时间越早，这说明当采用较大直径时，两者间局部黏结破坏可能更早。

2）蒸养 GFRP 筋混凝土梁跨中挠度与荷载施加点位置挠度都大于标养 GFRP 筋混凝土，施加点挠度达到标养条件下的 1.92 倍。这说明蒸养养护对整体刚度产生了一定的损伤影响。荷载未达到破坏荷载时，挠度并没有产生与保护层厚度呈正比的关系，当达到破坏荷载时，其最大挠度随保护层厚度增大而增大。相同配筋率蒸养 GFRP 筋混凝土梁的跨中挠度与荷载施加点挠度增加速率随 GFRP 筋直径增大而减小。

3）蒸养 GFRP 筋混凝土梁产生滑移是标养 GFRP 筋混凝土梁滑移的 1.34 倍；蒸养 GFRP 筋混凝土梁与蒸养钢筋混凝土梁荷载—滑移曲线对比显示，蒸养养护对混凝土与钢筋之间的黏结性能影响更大，因此，蒸养混凝土结构中采用 GFRP 筋的黏结可靠性更大。基于典型黏结滑移本构关系对荷载—滑移曲线进行拟合，拟合标准差均在 0.96 以上，说明试验梁荷载—滑移上升段曲线符合 mBEP 黏结滑移本构关系。

4）三点梁式黏结性能试验中假定筋纵向发生偏离有效黏结区域前达到的最大荷载为滑移荷载 N_S，蒸养混凝土与 GFRP 筋之间的滑移荷载小于标养混凝土，且滑移荷载随保护层厚度或直径的增加而增大，其中随直径的变化相对比较明显。

5）蒸养混凝土与 GFRP 筋的黏结强度较标养混凝土低 30%，蒸养养护对两者的黏结强度存在较大的影响；由于蒸养养护制度对易腐蚀钢筋的表面及钢筋抗拉性能等都产生了更大的损伤，蒸养混凝土与钢筋的黏结强度下降比例相对更大，其中 GFRP 筋的黏结强度达到钢筋的 3 倍；蒸养混凝土与 GFRP 筋的最大黏结强度随保护层厚度、直径的增大而增大。

6）蒸养钢筋混凝土梁界面断裂能较低，蒸养养护降低了 GFRP 筋混凝土梁的界面断裂能，使混凝土与 GFRP 筋的局部黏结更易破坏，同时 GFRP 筋混凝土梁更易变形及产生裂缝，也从能量的角度揭示了蒸养混凝土与 GFRP 筋黏结性能的损伤原因；GFRP 筋混凝土梁界面断裂能随保护层厚度增加而增大，同样随直径的增大而增加。

7）基于蒸养混凝土与 GFRP 筋黏结性能损伤机理分析可知，蒸养混凝土与 GFRP 筋之间的黏结力同样由三部分组成：混凝土浇筑成型过程中水泥凝胶体与 GFRP 筋表面的化学胶着力、混凝土与 GFRP 筋接触面的摩擦力、混凝土与 GFRP 筋不光滑表面之间的机械咬合力。然而蒸养养护过程加速了水泥晶体的硬化，使水泥胶体与 GFRP 筋表面吸附不够全面，直接导致蒸养混凝土与 GFRP 筋化学胶着力下降。且蒸养混凝土后期强度降低、表层损伤及内部附加应力都将造成蒸养混凝土与 GFRP 筋黏结性能的损伤。

第6章 蒸养GFRP筋混凝土梁损伤分析

6.1 引言

目前对 GFRP 筋应用于混凝土结构的研究主要以力学性能分析与耐久性能变化机理为主[225-233]。但以往这些研究主要以最终破坏阶段的性能为研究对象，并没有研究整个受力过程中 GFRP 筋混凝土梁的损伤程度和损伤演化过程。FRP 加固混凝土结构损伤力学以 FRP 宏观力学性质的影响与损伤演化过程和规律作为重点考察对象，这不同于传统破坏理论[234-238] 中仅关注变形至破坏的起点至终点式的研究方式。因此利用损伤力学可解释蒸养 GFRP 筋混凝土梁在荷载或环境作用下的变形过程、损伤的演化发展直至破坏，损伤力学的研究方式可使蒸养 GFRP 筋混凝土力学特性的认识更全面深刻。

基于第 3 章~第 5 章对蒸养 GFRP 筋混凝土损伤试验的研究分析可见，蒸养对混凝土、混凝土中 GFRP 筋及两者的黏结性能都产生了一定的损伤，试验过程中分别采用了微观观测及宏观测试方法，然而，任何损伤试验方法均很难跟踪到蒸养 GFRP 筋混凝土梁的损伤演化过程及能量耗散过程。其中能量是材料损伤最重要的指标。Selman[239] 强调了结合力学性能和声学能量对全面分析材料损伤特征的重要性。Achintha[240] 采用断裂能量研究了 FRP 筋混凝土梁的黏结性能，并对其性能进行预测。

由于能量不可测性，研究者开始展开模型分析方法[241-245]。采用有限元模型对蒸养 GFRP 筋混凝土结构受力工程中能量耗散规律进行分析，是探索蒸养 GFRP 筋混凝土结构损伤规律较好且较经济的手段。有限元模拟软件可模拟研究剪切或弯曲性能、破坏模式及试验无法观测的材料内部性能变化，其中包括内部损伤演化与能量耗散。因此，有必要利用有限元分析补充试验研究的不足，对蒸养 GFRP 筋混凝土结构内部的损伤规律进行更深入的研究[246]。

因此，本章基于第 3 章蒸养混凝土试块强度试验、第四章 GFRP 筋抗伸试验及第五章蒸养 GFRP 筋混凝土梁三点弯曲试验研究结果，确定蒸养混凝土、GFRP 筋的相关材料参数，采用 ABAQUS 损伤塑性模型建立蒸养 GFRP 筋混凝土梁三点弯曲试验模型，对比分析蒸养素混凝土梁、蒸养钢筋混凝土梁的内部损伤值变化、阻裂机理及能量耗散规律。最后，通过改变受压筋、受拉筋及箍筋中 GFRP 筋的配筋率，探讨少筋、适筋与超筋蒸养 GFRP 筋混凝土梁的能量耗散及损伤规律，为蒸养 GFRP 筋混凝土配筋设计提供理论设计指导。

6.2 损伤本构模型

由第 3 章蒸养混凝土损伤研究可知，蒸养混凝土内部水化产物并没有发生变化，并且蒸养损伤主要集中在混凝土表面，其内部损伤较小。因此，有限元分析过程中，假定蒸养混凝土损伤本构模型符合普通混凝土损伤本构模型。有限元分析的关键在于损伤模型[247,248] 的选取及参数的确定，本章采用的是混凝土塑性损伤模型，并分别定义了拉伸弹塑性应力-应变曲线和压缩弹塑性应力-应变曲线。塑性加载面演化则由两个硬化变量进行控制：拉伸载荷引起的张开塑性应变的等效塑性应变 $\overline{\varepsilon}_t^p$；压缩载荷引起的压缩塑性应变的等效塑性应变 $\overline{\varepsilon}_c^p$。

1. 拉伸塑性应力-应变曲线

拉伸塑性应力-应变曲线采用峰值后区的应力-应变曲线，损伤应变定义为总拉应变减去无损伤材料对应的弹性应变值，即

$$\overline{\varepsilon}_t^{ck} = \varepsilon_t - \varepsilon_{ot}^e = \varepsilon_t - \frac{\sigma_t}{E_o} \tag{6-1}$$

式中　$\overline{\varepsilon}_t^{ck}$——损伤应变；

　　　ε_t——总拉应变；

　　　ε_{ot}^e——无损伤材料对应的弹性应变值；

　　　E_o——初始无损伤材料弹性模量；

　　　σ_t——有效拉伸应力。

2. 压缩非弹性应力-应变曲线

应变硬化数据的应力强度值与非弹性应变对应，压缩非弹应变定义为总压应变与无损材料弹性应变的差值

$$\overline{\varepsilon}_c^{in} = \varepsilon_c - \varepsilon_{oc}^e = \varepsilon_c - \frac{\sigma_c}{E_o} \tag{6-2}$$

式中　$\overline{\varepsilon}_c^{in}$——压缩非弹应变；

　　　ε_c——总压应变；

　　　ε_{oc}^e——无损材料弹性应变；

　　　σ_c——有效压应力。

3. 受压强度与开裂位移的相互关系[249]

$$\frac{\sigma_t}{f_t} = \left[1 + \left(c_1 \frac{w_t}{w_{cr}}\right)^3\right] e^{-c_2 \frac{w_t}{2w_{cr}}} - \frac{w_t}{w_{cr}}(1 + c_1^3) e^{-c_2} \tag{6-3}$$

$$w_{cr} = 5.14 \frac{G_f}{f_t} \tag{6-4}$$

$$f_t = 1.4 \left(\frac{f_c' - 8}{10}\right)^{2/3} \tag{6-5}$$

$$G_f = (0.0469 d_a^2 - 0.5 d_a + 26) \left(\frac{f_c'}{10}\right)^{0.7} \tag{6-6}$$

式中　w_t——裂缝张开位移；

　　　f_t——单轴拉伸状态下混凝土的抗拉强度；

　　　σ_t'——拉伸应力；

f_c'——圆柱体抗压强度；

w_{cr}——极限应力状态下开裂位移；

G_f——断裂能；

d_a——骨料最大直径；

c_1、c_2——混凝土拉伸试验参数 $c_1 = 3.0$，$c_2 = 6.93$。

4. 损伤因子

$$d_t = w_t / \left(w_t + \frac{h_c \sigma_t}{E_c} \right) \tag{6-7}$$

式中　h_c——$h_c = \sqrt{2} e$，e 为选取的网格尺寸。

6.3　建立蒸养 GFRP 筋混凝土梁模型

为验证 GFRP 筋对蒸养混凝土梁损伤性能贡献，本章采用有限元 ABAQUS 软件模拟分析蒸养 GFRP 筋混凝土梁从裂缝萌生到破坏的损伤演化过程及破坏过程中伴随的能量耗散规律。

6.3.1　材料参数

本模型参数主要根据第 3 章蒸养混凝土试块抗压试验及第 4 章 GFRP 筋抗拉试验研究结果确定。蒸养混凝土强度采用试验中养护 28d 后的抗压强度与抗拉强度，同时弹性模量取 33.5GPa，泊松比取 0.2。GFRP 筋拉伸试验过程中并未出现脱锚现象，因此，试验数据较为集中，能反应 GFRP 筋的实际性能。可作为有限元数值模拟中 GFRP 筋的材料属性，GFRP 筋受拉破坏之前的应力—应变关系基本呈线性变化，没有明显屈服平台，取 0.75 倍极限强度作为名义屈服强度[250]。钢筋假定为理想弹塑性材料，采用拉伸试验过程中蒸养混凝土中钢筋屈服强度 289.5MPa 及弹性模量 178GPa。详细材料参数见表 6-1。

表 6-1　GFRP 筋抗拉试验结果

试件	抗拉强度(f_u) /MPa	屈服强度(f_y) /MPa	抗压强度(f_c) /MPa	弹性模量(E) /GPa	泊松比 (v)
蒸养混凝土	3.25	—	32.3	33.5	0.2
GFRP 筋	1252	939		46.9	0.2
钢筋	412.9	276.8	—	178	0.3
支座垫块				200	0.3

6.3.2　采用模型单元

ABAQUS 有限元模拟软件具有较庞大的单元库，常用单元有实体单元、壳单元、梁单元、桁架单元和刚形体单元。其中模拟混凝土实体单元一般有三角形单元、四边形单元、四面体单元等单元形式，为得到较精确的位移结果，模型中选用 4 节点四边形平面应力减缩积分单元（CPS4R），对于加强筋的模拟一般有 REBAR 和 Truss 两种单元，由于后处理时 REBAR 单元不支持应力显示，因此，本模型中 GFRP 筋与钢筋均采用 Truss 单元。Truss 单元认为构件只承受拉伸和压缩作用，不承受弯矩作用，即模型模拟中不考虑 GFRP 筋与钢筋的弯曲作用。

针对材料构件间的接触约束，ABAQUS 有限元模拟软件中提供了 Tie（绑定约束）、Rigid Body（刚体约束）、Coupling（耦合约束）、Embedded Region（嵌入区域约束）和 Equation（方程约束）等约束形式。其中 Tie（绑定约束）模型是指两个接触面被黏结，并在分析过程中认为不再分开；Rigid Body（刚体约束）是指参考点与模型区域之间建立刚性连接，并在分析过程中认为各节点间相对位置不变；Coupling（耦合约束）是指参考点与模型区域之间建立约束；Embedded Region（嵌入区域约束）是指某个区域镶嵌入另一个区域的内部；Equation（方程约束）是指用方程表示区域间自由度的关系。根据 5.3.3 节荷载—滑移曲线变化规律可知其符合典型的 mBEP 黏结—滑移本构关系，因此，模拟过程中采用 Spring2 非线性弹簧单元模拟 GFRP 筋/钢筋与混凝土的黏结性能，并且其黏结—滑移关系由第 5 章黏结试验进行确定；荷载施加点与施加面采用 Coupling（耦合约束）；其他垫块与混凝土梁接触面均采用 Tie 约束。

6.3.3　模型的建立与处理

为验证模型的可信性，本章有限元模型主要依据试件 G-Ste1-3 蒸养 GFRP 筋混凝土梁进行尺寸确定及边界约束处理（表6-2）。加载位置与第 5 章蒸养 GFRP 筋混凝土梁三点弯曲试验一致，离梁端距离 250mm，加载方式为以位移控制方式为进行加载。并考虑支座处应力集中引起的模型收敛问题，模型中两端分别设置大小 50mm×30mm 的支座垫块。

表 6-2　蒸养 GFRP 筋混凝土梁模型相关参数信息

梁尺寸（b×h×L）/mm	GFRP 筋直径/mm	布筋方式	保护层厚度/mm	约束类型	加载	
					距梁端距离/mm	方式
80×110×1100	10	梁底部纵向一根 GFRP 筋	25	左端:(U1,U2)	250	位移控制
				右端:(U1)		

一般情况下，单元网格划分越小计算结果将越精确，然而，单元网格过密不但计算时间及难度加大，而且加大了结构收敛的困难。因此，综合考虑后为确保分析结果中混凝土梁的裂缝能较好地显示且能较好地收敛，模型中采用的单元长度为 10mm。模型的网格划分如图 6-1 所示。

图 6-1　三点弯曲梁网格划分

6.4　模型验证

对有限元模拟结果与第 5 章三点弯曲试验结果进行对比分析，验证本模型的可信度。由数值模拟分析中蒸养 GFRP 筋混凝土梁的应变演化过程可表征蒸养 GFRP 筋混凝土梁的破坏过程及破坏特征，荷载-挠度则表征了蒸养 GFRP 筋混凝土梁受荷载过程中变形的规律，以下则通过应变分布及荷载-挠度曲线对模型进行验证。

6.4.1　应变变化分析

图 6-2 中显示了不同分析步 GFRP 筋混凝土梁裂缝随荷载施加的演化，应变达到最大值即红色区域，说明明显的可见裂缝已形成，并可从试验过程中进行观测，由图 6-2 可见 GFRP 筋混凝土梁裂缝特点：裂缝为剪切裂缝；混凝土梁在受载点底部开始开裂，开裂较早；主裂缝延伸较慢，受载点附近产生较多边缘裂缝。模型模拟裂缝演化结果与图 5-20 试验中 GFRP 筋混凝土梁底部产生裂缝情况基本相同。模型中可见的绿色区域表征了蒸养 GFRP 筋混凝土梁的损伤区域，这部分区域预示着梁内部损伤的产生，包括微裂缝的形成，最终产生可见裂缝，即红色区域。然而，这个从不可见的内部损伤直至可见的外部损伤的演化过程是试验中无法直观观测的，相反有限元模拟分析中却较容易得到。可见，本章应用有限元对蒸养 GFRP 筋混凝土梁的损伤演化进行模拟研究是非常有效且有意义的。

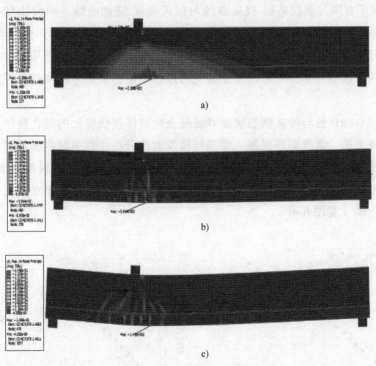

图 6-2　不同分析步应变分布

a) $t=0.1377s$　b) $t=0.3569s$　c) $t=1.0s$

除应变在模型图上的分布与试验过程中梁的破坏形式基本一致外，由图 6-3 可见，蒸养 GFRP 筋混凝土梁的模拟应变数值分布也显示，受损区域的变形主要是剪切应变的形式，除支座处外，GFRP 筋与混凝土最大应变均发生在荷载施加点位置，这与试验现象同样吻合。图 6-3 显示 GFRP 筋与混凝土最大应变相差达 34.6%。以荷载施加点为中心，GFRP 筋应变随距施加点距离增加而减小，并且呈抛物线形式变化，支座处应变值接近 0。

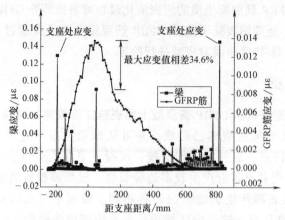

图 6-3 蒸养 GFRP 筋混凝土梁应变分布

6.4.2 荷载-挠度曲线分析

图 6-4 显示了有限元模拟荷载-挠度曲线与试验荷载-挠度曲线,两曲线变化趋势基本一致,有限元模拟与试验结果中极限荷载与最大挠度值的最大偏差都低于 5%。可见,本章有限元数值模拟分析模型与试验值吻合较好,模型是可信的。因此,可利用相同单元、相同的损伤模型对不同参数蒸养 GFRP 筋混凝土梁受力过程中损伤演化过程及能量耗散规律进行进一步分析。

为对比分析 GFRP 筋与传统钢筋对蒸养混凝土梁整体损伤演化的变化规律。用同样的模型对蒸养素混凝土梁、蒸养钢筋混凝土梁进行模拟对比分析,相关材料参数及单元选取等按照 6.3 节进行处理。蒸养钢筋混凝土梁拟合模型与第五章中蒸养钢筋混凝土梁的荷载-挠度曲线对比分析可见,除钢筋材料属性与 GFRP 筋存在一定的差异外,建立的模型同样适用于蒸养钢筋混凝土梁(见图 6-4b)。

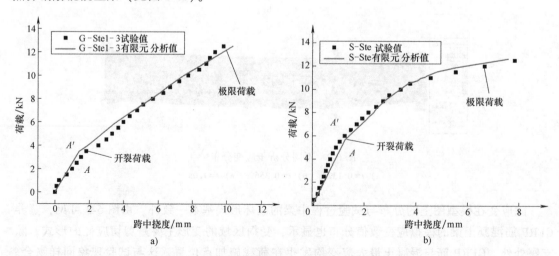

图 6-4 荷载-挠度曲线对比分析

a) 蒸养 GFRP 筋混凝土梁 b) 蒸养钢筋混凝土梁

6.5　蒸养 GFRP 筋混凝土梁损伤演化规律分析

6.5.1　损伤分布

有限元分析中当损伤值等于 1 时刚度阵将会出现奇异性，为避免出现刚度阵奇异现象，本模型限制最大损伤值为 0.998。下面选择 $t=0.1377s$，$t=0.3569s$，$t=1.0s$ 三个时刻的计算结果分别表示损伤过程区形成、扩展、完整三个典型阶段，分析损伤过程区的萌生与演化过程。

图 6-5 显示了蒸养 GFRP 筋混凝土梁拉伸损伤分布，最终梁受载点下面红色区域表示其损伤值达到最大值 0.998。与图 6-3 蒸养 GFRP 筋混凝土梁应变分布联系可知损伤区域变形主要以剪应变为主，破坏形式为剪压形式。

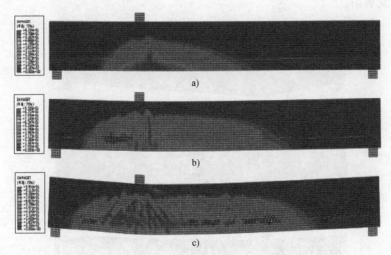

图 6-5　蒸养 GFRP 筋混凝土梁拉伸损伤分布

a）$t=0.1377s$　b）$t=0.3569s$　c）$t=1.0s$

对比分析 $t=1.0s$ 时蒸养素混凝土梁、蒸养钢筋混凝土梁拉伸损伤分布，如图 6-6 所示，可见蒸养素混凝土梁、蒸养钢筋混凝土梁最终拉伸损伤值等于 0.998，区域较为集中，蒸养素混凝土梁红色区域直接贯通梁体截面，蒸养 GFRP 筋混凝土梁与两种梁损伤分布情况对比可知：蒸养 GFRP 筋混凝土梁拉伸损伤分布较为分散，GFRP 筋使蒸养混凝土梁整体参与抵抗损伤，使梁抵抗损伤强度增大。

a）

图 6-6　$t=1.0s$ 时对比梁拉伸损伤分布

a）蒸养素混凝土梁

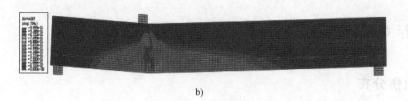

b)

图 6-6　$t=1.0$s 时对比梁拉伸损伤分布（续）

b）蒸养钢筋混凝土梁

6.5.2　蒸养 GFRP 筋混凝土梁阻裂分析

　　针对蒸养素混凝土梁、蒸养钢筋混凝土梁和蒸养 GFRP 筋混凝土梁的阻裂机理进行分析，有限元模拟分析中破坏时应变的分布形式表征了梁的裂缝分布状况，图 6-7 给出了各梁受荷载后裂缝发展图。

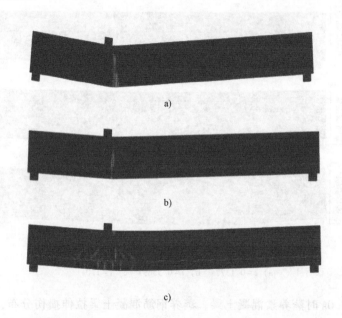

a)

b)

c)

图 6-7　蒸养混凝土梁裂缝形式

a）蒸养素混凝土梁　b）蒸养钢筋混凝土梁　c）蒸养 GFRP 筋混凝土梁

　　图 6-7a 为蒸养素混凝土梁，梁一旦开裂，裂缝迅速扩展，并且显示为脆性破坏，梁体只出现一根主裂缝，主裂缝张开位移较大，裂缝高度可达到梁高的 70%～80%，继而梁直接破坏。假设断裂力学中裂纹尖端的应力强度因子为 K_{IA}，其值将大于混凝土断裂韧性 K_{IC}。

　　图 6-7b、c 为蒸养钢筋混凝土梁、蒸养 GFRP 筋混凝土梁，当梁开裂后，GFRP 筋与钢筋在蒸养混凝土梁中起一样的作用，即产生一个反向应力强度因子 K_{IG}，阻止裂纹的失稳扩展，裂纹尖端的应力强度因子 $K_{IC}=K_{IA}-K_{IG}$。而由于 GFRP 筋中的纤维材料具有较好的断裂韧性，对裂缝延伸产生更大的阻止作用，较好地防止了裂缝延伸破坏，然而边裂缝相对较容易扩展。

6.5.3　蒸养 GFRP 筋混凝土梁断裂性能分析

断裂力学是以含裂纹构件断裂强度和裂纹扩展规律作为研究对象的，它的建立对于解决工程实际问题具有重大的实用价值，最主要的是使得工程中许多灾难性的低应力断裂问题得到了解决。断裂力学理论已经成为失效分析最有效的方法之一，它是对传统安全设计方法不足的弥补。断裂力学是在变形体力学基础上，研究在各种不同工作环境中含裂纹构件的裂纹平衡、扩展及失稳的规律，以保证构件满足其强度要求。近些年来，断裂力学发展迅速，已经在工程领域中得到大量的应用，解决了大量的生产实际问题。

工程构件都存在一定的缺陷，其形式很多，十分复杂。除裂纹外，在冶炼过程中产生的气孔、夹杂的杂质，在加工过程中产生的刀痕、刻痕以及在使用过程中产生的腐蚀裂纹和疲劳裂纹等都统称为裂纹。

（1）按裂纹的几何形状分类　按裂纹几何特征的不同可分为三种，即穿透裂纹、表面裂纹以及深埋裂纹。

1）穿透裂纹。把贯穿构件厚度方向的裂纹称为穿透裂纹。实际工程中，把裂纹延伸至构件厚度一半以上的都视为穿透裂纹。

2）表面裂纹。有些裂纹位于构件表面，或裂纹深度相对构件厚度比较小时就把它作为表面裂纹来处理。

3）深埋裂纹。位于构件内部的裂纹称为深埋裂纹。

（2）按裂纹的力学特征分类　实际工程构件的裂纹，由于受不同的外力作用，可分为三种基本状态，即张开裂纹、滑开型裂纹和撕开型裂纹。张开型裂纹即 Ⅰ 型裂纹，这种裂纹受到与裂纹面相垂直的正应力作用，从而使裂纹面产生张开位移。滑开型裂纹即 Ⅱ 型裂纹，裂纹受平行于裂纹面而又与裂纹前缘垂直的剪应力作用，导致裂纹产生沿裂纹面的相对滑开。撕开型裂纹即 Ⅲ 型裂纹，裂纹受到与裂纹面及裂纹前缘平行的剪应力作用，导致裂纹产生沿裂纹面的相对错开。在实际裂纹体中，裂纹与正应力成一角度或者裂纹可能同时受剪应力和正应力作用，此时就同时存在 Ⅰ 型和 Ⅱ 型裂纹，或 Ⅱ 型和 Ⅲ 型裂纹等，称为复合型裂纹。该裂纹可能是两种裂纹的组合，也可能是两种以上裂纹的组合。

（3）按裂纹的形状分类　根据裂纹的实际形状，又可分为椭圆形、圆形、表面半椭圆形、表面半圆形，以及贯穿直裂纹等。

GFRP 加固混凝土结构时，两种材料间黏结性能的优劣直接影响其加固效果。GFRP 与混凝土结构间发生剥离破坏是一种很常见的破坏形式，该破坏发生突然，脆性大，可能导致 GFRP 不能得到很好的利用。分析造成剥离破坏的原因，按结构或构件发生剥离破坏的位置分为端部剥离破坏和中部剥离破坏两种破坏形式。端部剥离破坏是由梁端部应力集中引起的，该破坏始于混凝土梁端部，并向梁跨中开展。不同的加载方式、碳纤维复合材料的黏结长度等因素都可能造成端部剥离破坏。比如对梁两点集中加载，梁的剪跨比较小，会导致梁两端支座附近较容易出现剪切裂纹，这样在裂纹附近混凝土界面与碳纤维复合材料之间就形成应力集中。另一方面碳纤维复合材料与混凝土间的黏结长度较小同时又没有可靠的附加锚固情况下，会发生端部剥离破坏。在施工过程中应当采取相应的加固措施来防止端部剥离破坏的发生。中部剥离破坏是由梁中部应力集中引起的，该破坏始于混凝土梁中部，并向梁端部延伸。比如在混凝土梁跨中一点加载时，在梁跨中的弯矩、剪力都是最大的，此时梁内裂纹会首先出现在跨中附近，这样就可能会导致在梁跨中区域附近的碳纤维复合材料与混凝土界面间形成应力集中。如果碳纤维片材与混凝土两种材料间有效黏结延伸长度足够的话，就会在梁中部发生剥离破坏。

在实际工程中，由于碳纤维复合材料与混凝土这两种材料间的剥离破坏具有不确定性，所以影响混凝土梁发生剥离破坏的因素很多，如混凝土的强度、混凝土保护层厚度、碳纤维复合材料的锚固形式、梁内受荷载作用的不同、施工质量等。所以在使用纤维复合材料对混凝土结构或构件加固时，就应该严格选材、合理增加锚固及锚固长度、严格控制施工质量，对结构或构件表面进行打磨处理等。

对含界面端裂纹的钢筋混凝土梁，当 GFRP 片材加固厚度相同时，增加 GFRP 片材长度，片材端部裂纹尖端应力强度因子 K_I、K_{III} 增加，K_{II} 呈减小趋势，片材端部裂纹尖端 y 方向最大正应力及 xy 面最大剪应力均增加，梁内最大竖直位移减小，由此可见，GFRP 片材长度增加不会改善片材端部抵抗裂纹开裂的能力；当 GFRP 片材加固长度相同时，增加 GFRP 片材厚度，片材端部裂纹尖端应力强度因子 K_I 减小，K_{II}、K_{III} 增加，片材端部裂纹尖端 y 方向最大正应力及 xy 面上最大剪应力增加，梁内最大竖直位移减小，由于张开型应力强度因子 IK 是导致片材端部开裂的主要原因，所以增加 GFRP 片材厚度，可以改善片材端部抵抗裂纹开裂的能力；材质的弹性模量越大则加固效果越好，6K 碳纤维片材加固效果优于其他材质；改变 GFRP 片材铺层结构，对界面端裂纹抗断裂能力影响不大[251]。

在引入适用于钢筋混凝土试件的断裂韧度后，其裂缝扩展过程也可以用双 K 断裂准则来描述。钢筋混凝土试件的起裂断裂韧度与配筋率无关，是材料固有的一个参数，而失稳断裂韧度随着配筋率的增大而逐渐增大，钢筋混凝土试件的延性随着配筋率的增大而逐渐降低[252]。

6.5.4　蒸养 GFRP 筋混凝土梁能量耗散分析

能量耗散结构理论是研究一种从无序到有序并远离平衡态开放系统的演化理论。耗散结构是比利时布鲁塞尔学派著名的统计物理学家普里戈金于 1969 年在理论物理和生物学国际会议上提出的一个概念。这是普里戈金学派 20 多年从事非平衡热力学和非平衡统计物理学研究的成果。1971 年普里戈金等写成著作《结构、稳定和涨落的热力学理论》，比较详细地阐明了耗散结构的热力学理论，并将它应用到流体力学、化学和生物学等方面，引起了人们的重视。1971—1977 年耗散结构理论的研究有了进一步的发展，包括用非线性数学对分岔的讨论，从随机过程的角度说明涨落和耗散结构的联系，以及耗散结构在化学和生物学等方面的应用。1977 年普里戈金等所著《非平衡系统中的自组织》一书就是这些成果的总结。之后，耗散结构理论的研究又有了新的发展，主要是用非平衡统计方法考察耗散结构形成的过程和机制，讨论非线性系统的特性和规律，以及耗散结构理论在社会经济系统等方面的应用等，耗散结构理论比较成功地解释了复杂系统在远离平衡态时出现耗散结构这一自然现象，并得到广泛的应用。能量耗散理论认为，构件损坏失稳过程一般为不可逆过程，应力分布达到一定程度后，产生不同程度能量耗散。混凝土梁受荷载产生裂缝直至破坏是能量耗散与能量释放的综合结果，因此对梁模型能量耗散分析可以很好地解释裂缝的发展破坏形式。本章梁结构中主要以强调与外界能量交流特性。基于有效的有限元模型，主要针对损伤耗散能、塑性耗散能与应变能对蒸养 GFRP 筋混凝土梁受力过程中能量耗散演化进行分析。

图 6-8 显示了 15mm 位移荷载情况下蒸养 GFRP 筋混凝土梁的能量耗散图，图 6-9 为蒸养
GFRP 筋混凝土梁、蒸养钢筋混凝土梁、蒸养素混凝土梁有限元模型中的能量耗散图。图 6-8、
图 6-9 中能量单位均为 N/mm。

　　本章引入损伤力学研究的目的在于分析蒸养 GFRP 筋混凝土梁的破坏过程，并从能量的
角度进行解释。损伤变量的相伴变量是指能量耗散密度，也表征了损伤的扩展力。因此，采
用能量耗散的方法对损伤变量进行定义更具意义。从能量角度分析可知，材料在产生塑性变
形后能承担的塑性变形能已有较大程度的下降，即本构能已降低，这同样是微观结构变化造
成材料性能劣化的表现[253]。如图 6-8a 所示，蒸养 GFRP 筋混凝土梁损伤耗散能相对较小，
最大比例仅占外功 2.2%。初始裂缝出现前，损伤耗散能占外功比例不断上升，然而初始裂
缝出现后，占外功比例呈现持续下降趋势。由图 6-9a 可见，GFRP 筋与钢筋对蒸养混凝土的
损伤都有非常大的贡献，损伤耗散均控制在素混凝土梁的 8% 以内。蒸养 GFRP 筋混凝土梁
与蒸养钢筋混凝土梁损伤耗散能仅相差 1.38N/mm，可认为 GFRP 筋与钢筋对混凝土梁损伤
耗散能贡献基本相同。

　　塑性耗散能说明了构件发生永久变形所耗散的能量值。塑性应变的大小可能是与加载速
度有关的函数，当材料响应与载荷速率或变形速率无关时，定义为率无关塑性；当材料响应

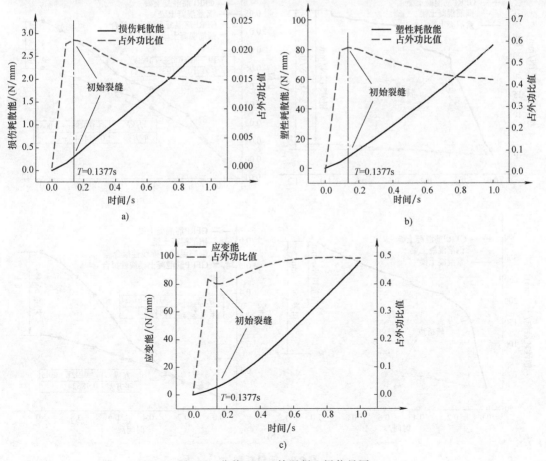

图 6-8　蒸养 GFRP 筋混凝土梁能量图

a）损伤耗散能　b）塑性耗散能　c）应变能

与应变速率有关时，定义为率相关塑性。如图 6-8b 所示，蒸养 GFRP 筋混凝土梁塑性耗散能随荷载施加时间不断增加，占外功比例较大，最大可达 57.3%，然而初始裂缝出现后，占外功比例呈现持续下降趋势。说明蒸养 GFRP 筋混凝土梁的塑性变形是荷载施加初期就开始产生，并不是初始裂缝出现时，只是比例随时间变化有所不同。由图 6-9b 可见，蒸养 GFRP 筋混凝土梁与蒸养素混凝土梁/钢筋混凝土梁的塑性耗散能都有所不同，特别是蒸养素混凝土的塑性耗散能明显大于加筋梁，说明梁内布置不同筋材将会改变塑性耗散速率。从占素混凝土梁塑性耗散能比例图来看，钢筋比 GFRP 筋产生的塑性变形更大，这与 GFRP 筋和钢筋的材料属性有关，因此，也直接影响了筋材对混凝土梁塑性变形的贡献程度。本书中称为筋相关的塑性耗散能。

弹性体在外力作用下产生变形时其内部储存的能量，不考虑变形过程中的动力效应和温度效应，以应变与应力的形式贮存在材料中的势能，称为应变能，又称为变形能。如图 6-8c 所示，蒸养 GFRP 筋混凝土梁应变能同样随荷载施加时间不断增加，最大值比塑性耗散能大 13.6N/mm，占外功比例最大可达到 49%。与损伤耗散能、塑性耗散能不同的是，初始裂缝前后，占外功比例是持续增长的，只是初始裂缝出现后，比例增加速率有所降低。由图 6-9c

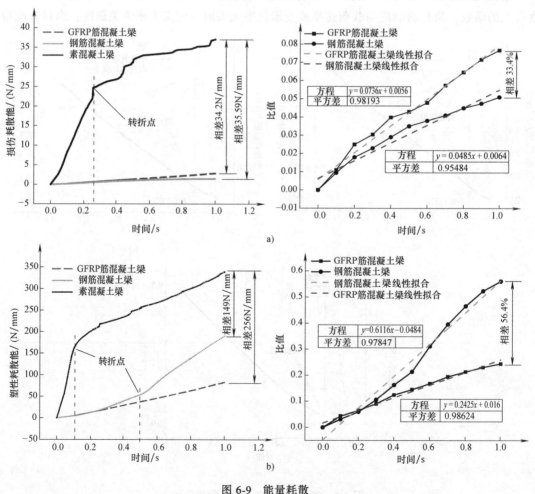

图 6-9　能量耗散

a）损伤耗散能　b）塑性耗散能

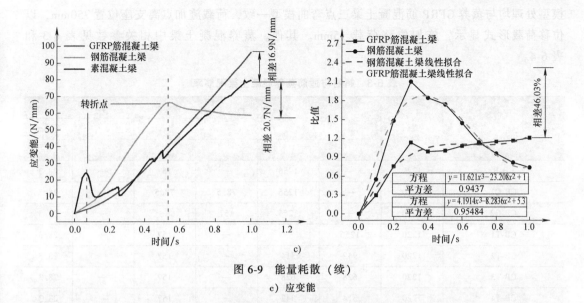

图 6-9　能量耗散（续）

c）应变能

可见，蒸养 GFRP 筋混凝土梁、素混凝土梁与蒸养钢筋混凝土梁的应变能变化不同，蒸养 GFRP 筋混凝土梁与蒸养素混凝土梁的应变能变化趋势基本一致，主要差异源于各材料的弹性模量，GFRP 筋弹性模量与混凝土弹性模量相差不大，属于同一数量级，但钢筋弹性模量相对较大，比混凝土弹性模量高出一个数量级，因此，钢筋配置在混凝土结构中，两者协同性不及 GFRP 与混凝土。

由图 6-9 可见，素混凝土梁能量耗散较大，梁进入塑性阶段，引起较大的塑性耗散能；其中素混凝土梁损伤耗散能最大，钢筋混凝土梁次之。三种梁塑性耗散能与损伤耗散能变化说明 GFRP 筋应用于受拉筋时使混凝土梁的损伤程度或破坏程度最小。

6.6　GFRP 筋配筋率对蒸养混凝土梁损伤性能影响分析

能量耗散分析显示，GFRP 筋与钢筋对梁整体性能损伤过程都起着重要的作用，并且蒸养 GFRP 筋混凝土梁破坏形式与钢筋混凝土梁基本相似。GFRP 筋耐腐蚀性能强、强度高，然而 GFRP 筋弹性模量低的特性成为应用于混凝土结构中存在的一个明显问题。特别是蒸养混凝土结构中，随 GFRP 筋配筋率的增加，蒸养混凝土梁的裂缝与挠度变形将更大程度地增加甚至超过混凝土结构设计变形允许值，与此同时，由于 GFRP 筋与混凝土的弹性模量为一个等级，GFRP 筋混凝土的协同性能更好。可见，在允许变形挠度条件下，GFRP 筋混凝土结构的整体性能将更优越。因此，不同配筋率下蒸养 GFRP 筋混凝土梁的性能研究对蒸养 GFRP 筋混凝土结构设计指导十分必要。

因此，本节在蒸养 GFRP 筋混凝土三点弯曲受力有限元损伤模型分析的基础上，从损伤演化规律及能量耗散角度探讨 GFRP 筋配筋率对少筋、适筋与超筋蒸养混凝土梁的贡献。依据美国 ACI 440-15《GFRP 筋混凝土设计规范》[254]、我国 GB 50608—2010《纤维复合材料建设工程应用技术规范》[85] 及我国 GB 50010—2010《混凝土结构设计规范》[193]，设计不同配筋率 GFRP 筋与钢筋埋置于蒸养混凝土梁（400mm×200mm×3000mm）中，材料参数及模型处理均与蒸养 GFRP 筋混凝土梁三点弯曲模型一致，荷载施加点离支座位置 750mm，以位移荷载形式显示，施加位移荷载 15mm。其他。蒸养混凝土梁中相关参数见表 6-3 和表 6-4。

表 6-3　超筋与适筋蒸养混凝土梁配筋率

试件编号	剪跨 s/mm	配筋					
		受拉筋		受压筋		箍筋（@100mm）	
		GFRP	Steel	GFRP	Steel	GFRP	Steel
CB-R	1220	—	1256	—	157		28.3
CB-C1	1220	—	1256	78.5	78.5		28.3
CB-C2	1220	—	1256	157	—		28.3
CB-T1	1220	1256	—	—	157		28.3
CB-T2	1220	942	314	—	157		28.3
CB-T3	1220	628	628	—	157		28.3
CB-T4	1220	314	942	—	157		28.3
CB-S1	1220	—	1256	—	157	28.3	—

表 6-4　少筋蒸养混凝土梁配筋率

试件编号	剪跨 s/mm	配筋					
		受拉筋		受压筋		箍筋（@100mm）	
		GFRP	Steel	GFRP	Steel	GFRP	Steel
RCB-R	1220	—	452	78.5	78.5		28.3
RCB-T1	1220	113	339	78.5	78.5		28.3
RCB-T2	1220	226	226	78.5	78.5		28.3
RCB-T3	1220	339	113	78.5	78.5		28.3
RCB-T4	1220	452	—	78.5	78.5		28.3

6.6.1　GFRP 筋配筋率对超筋梁与适筋梁影响分析

（1）超筋破坏—纵向受拉配筋屈服前受压区混凝土先被破坏　与少筋梁相反，纵向受拉配筋配置越多，受拉区混凝土开裂后纵向受拉钢筋的"应力突变" $\Delta\sigma_s$ 就越小。当纵向受拉配筋过多时，由于纵向受拉配筋"应力突变" $\Delta\sigma_s$ 过小，致使在荷载增加的过程中，配筋应力虽增加，但受压区混凝土应力也增加，且受压区混凝土先被压坏（这时，纵向受拉配筋未屈服），由于混凝土是脆性材料，破坏前没有明显预兆，破坏突然，属于脆性破坏[255]。

（2）适筋梁—塑性破坏　纵向受拉配筋配置适量时，受拉区混凝土开裂后纵向受拉配筋的"应力突变"也适量，在荷载继续增加时，纵向受拉配筋和受压区混凝土应力也相应增加，直到纵向受拉配筋首先屈服。纵向受拉配筋屈服以后，其应力维持不变，裂缝宽度开展，裂缝长度延伸，扰度增加，但并不立即破坏。它还可以通过中和轴的上移（受压区混凝土压应力的合力作用线上移）从而增大内力偶臂来抵抗进一步的荷载弯矩。由于此破坏在破坏前有明显的预兆（裂缝和变形），破坏不突然，属于塑性破坏[255]。

通过分别改变受拉筋、受压筋及箍筋中 GFRP 筋的配筋率，分析不同配筋率下蒸养 GFRP 筋混凝土梁损伤耗散能、塑性耗散能及应变耗散能变化规律。图 6-10~6-12 分别显示了表 6-3 中不同配筋率下蒸养 GFRP 筋混凝土梁能量耗散规律。

CB-R 设计为适筋梁，然而当 GFRP 筋高强度设计时，CB-T2 和 CB-T1 则作为超筋梁处理。图 6-10 和图 6-11 显示了改变 GFRP 筋占受拉钢筋、箍筋比例得到的损伤耗散能、塑性耗散能及应变耗散能三者能量的变化规律，并且揭示了 GFRP 筋占受拉钢筋比例不同对蒸养混凝土梁的损伤耗散能、塑性耗散能及应变能影响都较小，并且相应占外功比例变化趋势也基本相同，改用 GFRP 筋作为箍筋的蒸养混凝土梁中三个能量耗散同样显示出变化趋势的一致性。

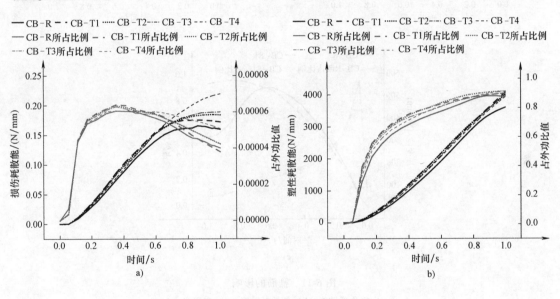

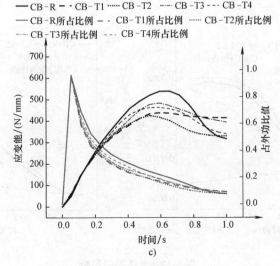

图 6-10　受拉筋的影响

a) 损伤耗散能　b) 塑性耗散能　c) 应变能

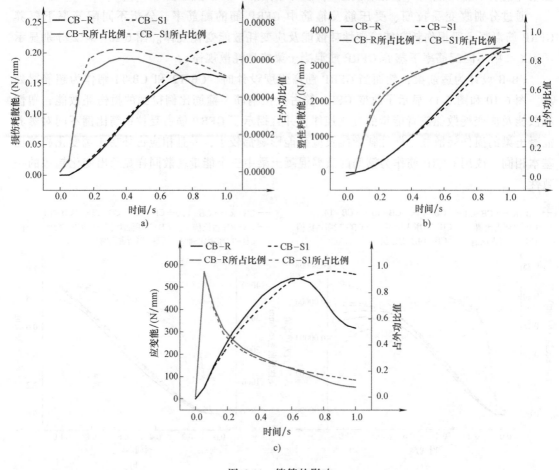

图 6-11　箍筋的影响

a）损伤耗散能　b）塑性耗散能　c）应变能

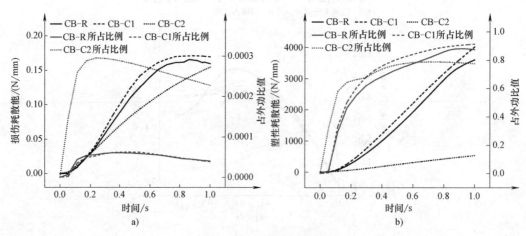

图 6-12　受压筋的影响

a）损伤耗散能　b）塑性耗散能

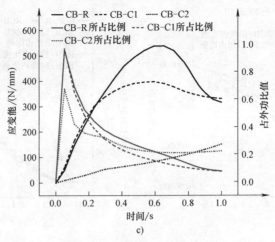

图 6-12　受压筋的影响（续）

c）应变能

　　然而从图 6-12c 中可见，受压钢筋中配置不同比例 GFRP 筋，蒸养混凝土梁的能力耗散将有较大的区别。蒸养混凝土梁 CB-R、CB-C1 损伤耗散能变化趋势及占外功比例基本差不多，但蒸养混凝土梁 CB-C2 损伤耗散能变化接近线性增长，并且占外功最大比例高达蒸养混凝土梁 CB-R、CB-C1 的 76.1 倍。

　　由以上分析可见，当受拉钢筋足够时，改变 GFRP 筋占受拉筋及箍筋的配筋率将不会较大程度地改变其三者的能量耗散，相反改变 GFRP 筋占受压筋比例则会较大程度地改变三者能量耗散变化值，甚至可能直接改变其变化趋势。

6.6.2　GFRP 筋配筋率对少筋梁影响分析

　　少筋梁"一裂即坏"，即纵向受拉配筋配置越少，受拉区混凝土开裂后纵向受拉配筋的"应力突变"$\Delta\sigma_s$ 就越大，当纵向受拉配筋配置过少时，由于纵向受拉配筋的"应力突变"过大，开裂后纵向受拉配筋的应力 $\Delta\sigma_s+\Delta\sigma_s$（几乎不需要增加荷载）大于配筋的屈服强度而发生破坏，这种情况称为少筋破坏，相应的梁称为少筋梁（或相应截面称为少筋截面）。少筋破坏为"一裂即坏"，破坏突然，属于脆性破坏，工程中应该避免[255]。针对少筋钢筋混凝土梁，配置 GFRP 筋可提高纵向筋的强度，并且可增强其延性，最终改善甚至改变少筋梁的破坏形式。因此，少筋梁的研究对 GFRP 筋在蒸养混凝土梁中配筋率的探索也是十分必要的。

　　图 6-13 显示少筋情况下，改变 GFRP 筋占受拉钢筋比例同样对三者能量耗散变化没有明显的改变，仅应变能随着 GFRP 筋用量增大而有明显的降低，但总体变化趋势仍基本相同。可见，少筋梁中，受拉筋可充分利用 GFRP 筋提高整体混凝土梁的强度且不会引起过大的损伤。然而，从受力角度分析，受压筋中采用 GFRP 筋将加速少筋梁的破坏，因此，不宜采用 GFRP 筋作为少筋梁中受压筋。

　　基于以上超筋、适筋及少筋梁分析，受拉钢筋与箍筋采用 GFRP 筋作为受力筋材可充分利用其高强、耐腐蚀特性，并且对梁的损伤影响不大。但应用于受压钢筋时，对梁的损伤影响较大，应少量使用。

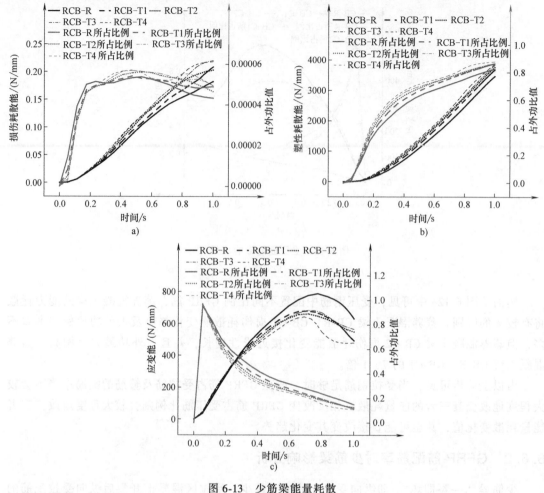

图 6-13　少筋梁能量耗散

a）损伤耗散能　b）塑性耗散能　c）应变能

6.7　本章小结

从损伤耗散能角度分析蒸养 GFRP 筋混凝土梁的破坏特性及损伤演化过程对蒸养 GFRP 筋混凝土结构的应用设计是非常必要的。为了弥补试验研究中无法直接获取蒸养 GFRP 筋混凝土梁损伤演化过程的不足，本章利用 ABAQUS 有限元模拟分析蒸养 GFRP 筋混凝土梁损伤的演化过程、损伤耗散能量、塑料能量耗散和应变能，得到以下结论：

1）有限元分析蒸养 GFRP 筋混凝土梁模型，裂缝演化过程、荷载—挠度曲线关系与试验值都基本吻合，说明建立的模型结果具有一定的可靠性。

2）通过蒸养 GFRP 筋混凝土梁与蒸养素混凝土梁、蒸养钢筋混凝土梁阻裂机理、能量耗散进行对比分析，分析结果显示：蒸养 GFRP 筋混凝土梁拉伸损伤分布较为分散，边缘裂缝较多，裂缝基本未贯穿梁截面，可见 GFRP 筋应用于受拉筋时，使蒸养混凝土梁抵抗损伤强度较大，损伤程度或破坏程度最小。

3）蒸养 GFRP 筋混凝土梁与蒸养钢筋混凝土梁损伤耗散能量的变化趋势基本相同。但蒸养钢筋混凝土梁的塑性耗散能量和应变能明显与蒸养 GFRP 筋混凝土梁不同，蒸养 GFRP 筋混凝土梁塑性耗散能较钢筋最大相差 56.4%。

4）为提供蒸养 GFRP 筋混凝土结构设计规范指导，以不同配筋率 GFRP 筋对受拉筋、受压筋及箍筋的影响作为研究对象，研究结果发现：GFRP 筋作为受拉筋和箍筋时，可充分利用强度和耐腐蚀特性，对梁结构损伤不会造成较大的伤害；然而，当 GFRP 筋用于抗压筋时，蒸养混凝土梁的损伤明显增大，因此，结构中应以最低配置进行设计。

第7章 蒸养GFRP筋混凝土损伤预测模型

7.1 引言

研究蒸养 GFRP 筋混凝土构件中混凝土、GFRP 筋及两者黏结性能损伤规律，最主要的目的是对其性能损伤进行预测，对试验数据进行拓展，并且可应用于更多的实际工程。而由于 GFRP 筋在土木工程结构中的应用时间相对较短，更没有可靠的蒸养 GFRP 筋混凝土结构工程的实测数据资料反映蒸养 GFRP 筋混凝土结构的性能规律。因此，有必要对蒸养 GFRP 筋混凝土构件性能损伤进行试验研究并基于试验研究数据进行相关损伤预测。

从力学角度分析，蒸养 GFRP 筋混凝土预制构件的使用性能取决于三方面：蒸养混凝土性能、GFRP 筋性能、蒸养混凝土与 GFRP 筋黏结性能，而以往的研究数据很大程度上将混凝土与 GFRP 筋进行独立分析研究，然而，蒸养养护制度对其混凝土、GFRP 筋及两者的黏结性能都产生了一定的损伤，并且三者损伤之间存在着一定的关联。因此，基于蒸养混凝土性能、GFRP 筋性能及黏结性能的综合研究，修正蒸养 GFRP 筋混凝土构件的设计方法可较大程度地缩短实际使用寿命与设计寿命之间的误差。

本章将基于第 3 章、第 4 章及第 5 章三方面的试验研究规律，建立相关损伤预测模型。针对蒸养混凝土强度、GFRP 筋抗拉强度及两者黏结强度的损伤预测模型均建立在标养养护普通 GFRP 筋混凝土构件基础之上，因此，蒸养 GFRP 筋混凝土结构设计所需数据可基于普通环境下的材料性能，再通过本章各性能的预测得到，无需对蒸养养护制度下各材料进行特定的性能试验研究，为蒸养 GFRP 筋混凝土结构设计提供可靠有效的设计依据。这是本书针对蒸养混凝土、GFRP 筋及两者黏结性能损伤分析的目的所在。

7.2 蒸养混凝土强度损伤预测模型

7.2.1 混凝土强度影响因素分析

混凝土承受外加应力的能力不仅与本身材料组成有关，与外界应力种类及混凝土各相孔隙率不同因素的组合也有关。这些影响因素不但包括混凝土中各原材料的性能及比例，而且包括混凝土浇筑养护环境。相对标准养护过程中的环境，蒸养养护混凝土对混凝土强度的影响主要体现在温度、湿度及养护时间方面。

（1）温度　温度对混凝土强度的影响主要体现在浇筑与养护时间—温度的关系。其中蒸养养护混凝土浇筑过程中的温度与标养混凝土相同，因此，蒸养养护混凝土与标养混凝土强度受温度影响程度主要集中在养护期间的时间—温度历程，即相同浇筑时间—温度，不同养护时间—温度。

（2）湿度　普通混凝土力学性能试验方法标准规定[80]：标准养护混凝土的养护室必须满足 95%以上的相对湿度，混凝土内部干缩则可能引起界面过渡区形成微裂缝。对于刚浇筑的混凝土，水分蒸发速率不仅与混凝土表面积与体积之比有关，还与温度和湿度密不可分。

（3）时间　水灰比一定时，水化水泥颗粒不断的水化过程中，混凝土强度将不断增大。然而水化过程必须确保在一定的湿度环境下，空气中养护时水分经毛细孔蒸发而导致失水，7d 后混凝土强度基本不会随时间而增大。

ACI209 推荐湿养护下用普通硅酸盐水泥配制混凝土的关系式

$$f_{cm}(t) = f_{cm}\left(\frac{t}{4+0.85t}\right) \tag{7-1}$$

CEB-FIP 模式规范（1990）建议 20℃养护的混凝土试件推测强度为

$$f_{cm}(t) = \exp\left[s\left(1 - \sqrt{\frac{28t_1}{t}}\right)\right]f_{cm} \tag{7-2}$$

式中　$f_{cm}(t)$——龄期 t d 的平均抗压强度；

　　　f_{cm}——28d 平均抗压强度；

　　　s——取决水泥类型的系数；

　　　t_1——龄期为 1d。

7.2.2　蒸养混凝土强度损伤预测模型

如图 7-1 所示，假设与龄期 28 天的强度比随时间变化系数为 K

$$K = Ae^{\left(-\frac{t}{t_1}\right)} + A_0 \tag{7-3}$$

相应强度预测模型为

$$f_{(t)} = Kf_{(28)} \tag{7-4}$$

式中　$f_{(t)}$——龄期 t d 的强度；

　　　$f_{(28)}$——龄期 28d 的强度。

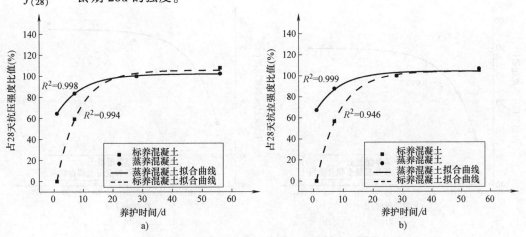

图 7-1　与龄期 28 天的强度比随时间变化规律

a）抗压强度　b）抗拉强度

由表 7-1 可见，蒸养混凝土与标养混凝土强度随时间变化的相关参数存在差异，且由于蒸养混凝土与标养混凝土 28d 的强度值也同样存在一定的差距，因此，蒸养混凝土结构设计中直接采用以上拟合公式的前提是蒸养混凝土 28d 的强度为已知条件。然而，实际混凝土结构设计中，无法实时对采用的不同等级的蒸养混凝土都进行 28d 强度测试，而是基于标养混凝土 28d 的强度进行相关设计，因此，为使蒸养混凝土结构设计更符合蒸养混凝土实际强度标准，减少设计误差，还需以标养混凝土 28d 强度为基准，对蒸养混凝土抗压与抗拉强度随时间变化的相关系数进行进一步调整。

表 7-1　混凝土强度随时间变化相关拟合参数

性能	养护方式	28d 强度 $f_{(28)}$/MPa	相关拟合参数			
			A_0	A	t_1	R^2
抗压强度	标养混凝土	36.6	105.64	−120.53	7.45	0.994
	蒸养混凝土	32.3	102	−42.32	8.59	0.998
抗拉强度	标养混凝土	3.14	104.30	−118.60	7.72	0.999
	蒸养混凝土	2.93	104.43	−41.37	8.27	0.946

由图 7-2 蒸养混凝土与龄期 28d 标养混凝土强度的比值随时间变化规律可得以 28d 标养混凝土抗压强度为基数的蒸养混凝土抗压强度预测值及以 28d 标养混凝土抗拉强度为基数的蒸养混凝土抗拉强度预测值

$$f_{cm}(t) = \left[-0.37e^{\left(-\frac{t}{8.59}\right)} + 0.9\right]f_{cm} \qquad (7-5)$$

$$f_{tm}(t) = \left[-0.39e^{\left(-\frac{t}{8.27}\right)} + 0.97\right]f_{tm} \qquad (7-6)$$

式中　$f_{cm}(t)$——龄期 t d 的平均抗压强度；

　　　f_{cm}——28d 平均抗压强度；

　　　$f_{tm}(t)$——龄期 t d 的平均抗拉强度；

　　　f_{tm}——28d 平均抗拉强度。

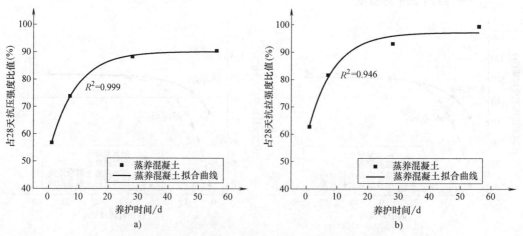

图 7-2　蒸养混凝土与龄期 28d 标养混凝土强度的比值随时间变化规律
a) 抗压强度　b) 抗拉强度

因此，蒸养混凝土抗压强度与抗拉性能损伤预测模型可表示为

$$c_{sc}(t) = -0.37e^{\left(-\frac{t}{8.59}\right)} + 0.9 \tag{7-7}$$

$$c_{st}(t) = -0.39e^{\left(-\frac{t}{8.27}\right)} + 0.97 \tag{7-8}$$

式中　$c_{sc}(t)$——蒸养混凝土抗压强度损伤系数；

　　　$c_{st}(t)$——蒸养混凝土抗拉性能损伤系数。

由式（7-5）与式（7-6）可知，蒸养混凝土抗压强度与蒸养混凝土抗拉强度与标养养护制度下的混凝土强度都存在着随养护龄期幂函数的变化规律，但损伤系数有所不同。可见，蒸养养护制度对混凝土抗压强度与抗拉性能损伤影响是存在一定差异的。

7.3　蒸养混凝土中 GFRP 筋抗拉性能损伤预测模型

基于蒸养混凝土环境对 GFRP 筋抗拉性能损伤机理分析可知，蒸养养护中高温蒸汽及混凝土内部碱环境对 GFRP 筋抗拉性能损伤起了主导作用。目前针对 GFRP 筋抗拉强度预测模型研究主要分宏观力学退化模型与微观扩散模型。

7.3.1　宏观力学性能退化模型

围绕加速试验结果应用性的研究，主要集中在加速试验过程与实际过程的联系，因此，建立退化模型并采用短期加速试验数据进行正常使用条件下的结构性能寿命预测是研究的主要目标。

目前退化模型主要有指数关系退化模型、幂关系退化模型、艾林退化模型、Arrhenius 退化模型。这四种退化模型[256] 主要通过改变变量与退化速率之间的关系表达式达到不同的退化预测结果，但模型中都忽略了退化速度随时间的变化规律，均假设退化速度不随时间变化而变化。

（1）指数关系退化模型　以应力作为变量，设置两个材料参数，建立退化速率 κ 与应力 V_1 之间指数形式表达式

$$\kappa = A\exp(\gamma V_1) \tag{7-9}$$

（2）幂关系退化模型　以退化因素作为变量，设置两个材料参数，建立退化速率 κ 与某个单独退化因素 V 之间幂形式表达式

$$\kappa = AV^{\gamma} \tag{7-10}$$

（3）艾林退化模型　艾林退化模型设置两个变量，一个为温度变量，另一个为荷载、湿度等其他退化因素变量，设置四个材料参数，通过两个退化因素的整合，最后建立指数形式表达式

$$\kappa = A\exp\left(\frac{\gamma}{T} - \alpha V - \beta \frac{V}{T}\right) \tag{7-11}$$

（4）Arrhenius 退化模型　以温度作为变量，设置一个材料参数，并引入材料活化能、摩尔气体常数，建立温度与应力之间指数形式表达式

$$\kappa = A\exp\left(\frac{-E_a}{RT}\right) \tag{7-12}$$

式中　　κ——退化速率；

α、β、γ——材料常数；

　　E_a——材料活化能，J/mol；

　　R——摩尔气体常数，8.3145J/(mol·K)；

　　V——退化因素；

　　V_1——加速应力；

　　T——温度。

7.3.2　微观扩散模型

由于 FRP 材料在应用中处于受持续荷载状态，因此，FRP 材料受环境影响时较多情况处于扩散退化。目前，模拟化学物质扩散到树脂基体的微观扩散模型主要有两种，均基于 Fick 定律以溶剂溶度作为扩散动力。基于 Fick 定律对 FRP 筋抗拉强度进行预测，预测模型中假设：

1）忽略纤维与树脂在 x 侵蚀深度区域内受拉力传递影响，且未受侵蚀区域，抗拉性能与腐蚀前一致[210,257]。

2）以 OH⁻作为唯一侵蚀离子，对 FRP 筋进行均匀侵蚀，并且忽略 OH⁻与纤维发生化学反应的时间。

3）OH⁻离子在树脂中只考虑物理过程[258]。

结构中表面原子向体内扩散的过程严格遵循 Fick 扩散定律，Fick 第二扩散定律的表达式为

$$\frac{\partial C_{(x,t)}}{\partial t}=D\frac{\partial^2 C_{(x,t)}}{\partial x^2} \tag{7-13}$$

式中　　$C_{(x,t)}$——t 时刻 x 侵蚀深度处溶液溶度（mol/L）；

　　t——扩散时间（s）；

　　x——侵蚀深度（mm）；

　　D——扩散系数（mm²·s⁻¹）。

通过初始条件与高斯定律可将上式求解为[259]

$$C_{(x,t)}=C_s\left[1-\psi_s\left(\frac{x}{2\sqrt{D_{OH}\cdot t}}\right)\right] \tag{7-14}$$

式中　　C_s——GFRP 筋表面 OH⁻离子溶度（mol/L）；

　　$\psi_s(z)$——高斯误差函数。

将上式转化为侵蚀深度与侵蚀时间表达式

$$x=2\left(\frac{C_s-C_{(x,t)}}{C_s}\right)\cdot\sqrt{D_{OH}\cdot t}/\psi_s \tag{7-15}$$

由上式可见，侵蚀深度与侵蚀时间呈抛物线关系。

基于上述扩散公式，研究者们结合试验研究数据，总结分析出各参数取值，如王伟[41]考虑温度、应力水平与侵蚀时间对直径为 16mm 的 GFRP 筋中 OH⁻的扩散系数 D_{OH} 的影响，建立扩散系数公式如下

$$D_{\mathrm{OH}} = D_{\mathrm{T}} \cdot D_{\mathrm{S}} \cdot t^{-m} = 5.13 \times 10^{-5} \cdot \exp(0.34s) \cdot \exp\left(-\frac{1160}{T}\right) \cdot t^{-0.4} \tag{7-16}$$

式中　D_{T}——温度影响扩散系数；

　　　D_{S}——应力影响扩散系数。

Tannous[257] 对 GFRP 筋耐久性研究指出，GFRP 筋中 OH^- 离子的扩散系数会随 GFRP 筋直径的不同而不同，因此，上式扩散系数并不能代表任何直径 GFRP 筋的扩散系数规律。

7.3.3　GFRP 筋抗拉强度预测模型

基于上述各种退化模型，对正常使用条件下 GFRP 筋抗拉强度进行预测是 GFRP 筋抗拉强度研究的最终目标。

（1）基于 Arrhenius 模型预测法　基于 Arrhenius 关系模型，FRP 材料耐久性加速试验研究预测法最典型的有以下几种预测方法。

TSF 预测法由 Dejke（2001）等[47] 提出并应用于 FRP 筋性能预测中，指不同温度条件对材料产生相同侵蚀程度所需时间比值，得出一个适用于任何温度环境下的时间转换系数

$$TSF = \frac{t_1}{t_2} = \frac{\dfrac{c}{\beta_1}}{\dfrac{c}{\beta_2}} = \frac{\beta_2}{\beta_1} = \frac{A\exp\left(\dfrac{-E_a}{RT_2}\right)}{A\exp\left(\dfrac{-E_a}{RT_1}\right)} = \exp\left(\frac{E_a}{k}\right)\left(\frac{1}{T_1} - \frac{1}{T_2}\right) \tag{7-17}$$

式中　TSF——时间转换系数；

　　t_1、t_2——腐蚀反应时间，s；

　　β_1、β_2——相应温度下退化速度；

　　　c——腐蚀反应常数；

　　T_1、T_2——温度，K；

　　　A——与材料和老化过程有关的常数值；

　　　E_a——活化能；

　　　R——摩尔气体常数。

Bank 等[260] 基于大量的 FRP 筋加速耐久性试验及相关预测模型研究，得到了土木工程中 FRP 筋耐久性能寿命预测方法。Chen 等[48] 通过不同环境下 GFRP 筋抗拉强度的试验研究及强度预测的对比，验证了以上模型的可行性。建立了不同温度条件下 FRP 筋力学性能保留率与时间的关系，通过短期加速试验数据对 FRP 筋长期耐久性寿命进行预测

$$Y = a\lg(t) + b \tag{7-18}$$

式中　Y——材料性能保留率，%；

　　a、b——基于试验数据回归的常数；

　　　t——暴露时间。

相似的预测模型还有以下两种

$$Y = 1/\sqrt{1+kt} \tag{7-19}$$

$$Y = (100 - Y_\infty)\exp(-t/t_{\mathrm{s}}) + Y_\infty \tag{7-20}$$

式中　k——考虑温度、应力、溶液溶度影响系数；

Y_∞——假设暴露无限时间对应材料性能保留率；

t_s——依赖于温度的特征时间。

Arrhenius 退化模型是 FRP 材料耐久性能研究中应用最广泛的一种，但相应的模型中存在一定的假设条件：

1）假设材料腐蚀过程中腐蚀机理不随时间而变化，即经历 1 年与 100 年的材料腐蚀机理是相同的。

2）假设材料腐蚀过程中不同条件下腐蚀机理不会改变，如加速试验过程中采用高温条件下的材料腐蚀机理与正常使用条件下的材料腐蚀机理是相同的。

3）忽略环境中其他因素对材料性能退化的影响，如荷载水平。

4）忽略材料本身物理性质对材料性能退化的影响，如直径大小、几何形状。

然而，较多研究者[41, 43-47]的研究结果表明，不同温度、不同持续荷载和不同直径等条件下 GFRP 筋抗拉强度的退化机理有所不同。因此，Arrhenius 关系模型预测 GFRP 筋抗拉强度存在一定的误差。

（2）微观模型预测法　以上预测模型主要通过加速试验方法得到宏观力学性能的变化，如抗拉强度的变化，并未从微观进行分析研究。目前，从微观角度对 GFRP 筋抗拉强度变化进行预测的方法主要为基于 Fick 定律考虑扩散系数法和基于 XRF 考虑 GFRP 筋中元素变化法。

基于 Fick 定律预测法对 GFRP 筋抗拉强度进行预测时，主要考虑溶液介质向 GFRP 筋内部进行扩散而导致结构性能的退化。预测过程中应对不同条件作用下扩散系数进行系统研究。

$$Y = 100\left(1 - \frac{\sqrt{2DCt}}{r_0}\right)^2 \tag{7-21}$$

式中　Y——材料性能保留率，%；

D——扩散系数；

C——溶液溶度；

t——暴露时间；

r_0——初始筋材半径。

王伟、付凯等[41,129]基于 XRF 考虑了不同温度下 GFRP 筋中 SiO_2 含量随时间的变化，通过对变化曲线的拟合，得到相应系数的对数曲线

$$w = a\ln(t) + b \quad t>0 \tag{7-22}$$
$$w = c \quad t=0 \tag{7-23}$$
$$f_{tR} = \delta\exp(\gamma w) \tag{7-24}$$

式中　w——GFRP 筋中 SiO_2 含量，%；

f_{tR}——GFRP 筋相对残余抗拉强度，%；

b、c——不同侵蚀温度下 SiO_2 含量与时间曲线拟合系数；

δ、γ——SiO_2 含量与 GFRP 筋相对残余抗拉强度曲线拟合系数。

7.3.4　蒸养混凝土中 GFRP 筋抗拉性能损伤预测模型

1. Fick 定律修正模型

通过 Arrhenius 方程或 Fick 定律的抗拉强度预测模型分析可知，两者均存在一定的假设，

应用中不可避免地存在一些限制和偏差。针对蒸养混凝土孔隙率增大等现象引起的 GFRP 筋抗拉性能损伤，采用 Fick 扩散定律相对更适合蒸养混凝土中 GFRP 筋的抗拉强度预测。

因此，本节基于 Fick 定律的预测模型，提出预测模型中增加损伤系数的概念。文献 [41] 中同样提出预测模型中增加老化因子的理念，然而，模型中的老化因子并未考虑不同直径 GFRP 筋引起的不同扩散系数问题。因此，本节提出的损伤系数是综合时间与不同直径的扩散系数总结归纳得出，不但考虑到玻璃纤维和基质黏结强度老化的依时性，也考虑到不同直径 GFRP 筋扩散系数的相异性。这样便能更加准确地描述蒸养混凝土中 GFRP 筋抗拉性能损伤变化规律。

为便于蒸养混凝土环境中 GFRP 筋抗拉强度的直接预测，首先将 Fick 定律预测模型转换成以初始抗拉强度作为参量，预测抗拉强度值作为未知量的模型

$$f_{\text{fu}} = \left(1 - \frac{\sqrt{2DCt}}{r}\right)^2 f_0 \tag{7-25}$$

结合 4.3.5 节吸湿性能研究结果，将式（4-7）代入式（7-22）进行整合，得到有关吸湿率的 GFRP 筋抗拉强度预测模型

$$f_{\text{fu}} = \left(1 - 1.86 \times 10^{-3} \frac{e^{0.175r} c^{-0.2135} t^{0.5}}{r}\right)^2 f_0 \tag{7-26}$$

为简化预测模型，引入蒸养损伤因子 λ、β，λ 与不同保护层厚度及不同 GFRP 筋直径的扩散系数取值有关，β 表征了 GFRP 筋吸湿率随时间变化的相关参数。由试验数据拟合确定蒸养损伤因子 λ 和 β，最终得到基于 Fick 定律的蒸养混凝土中 GFRP 筋抗拉强度的预测修正模型

$$f_{\text{fu}} = (1 - \lambda t^{\beta}) f_0 \tag{7-27}$$

通过试验数据拟合整理可确定蒸养损伤因子 λ、β，其中 $\beta = 1.69$，λ 定义为与保护层厚度及 GFRP 筋直径相关变化参数，即

$$\lambda = 2.79 \times 10^{-11} e^{0.175r} c^{-0.2135} / r^2 \tag{7-28}$$

因此，蒸养混凝土中 GFRP 筋抗拉性能损伤预测模型为

$$c_{\text{sb}}(t) = 1 - \lambda t^{\beta} = 1 - 2.79 \times 10^{-11} e^{0.175r} c^{-0.2135} t^{1.69} / r^2 \tag{7-29}$$

式中　$c_{\text{sb}}(t)$——蒸养混凝土中 GFRP 筋抗拉性能损伤系数。

2. 损伤预测模型验证

由于以上损伤预测模型主要基于 Fick 定律进行，通过考虑不同直径 GFRP 筋、不同保护层厚度下 GFRP 筋的吸湿性能的变化对 GFRP 筋的抗拉强度进行损伤预测。因此，为检验模型在蒸养混凝土中 GFRP 筋抗拉强度的适用性，本节依据以上修正预测模型对试验试件抗拉强度进行预测，预测结果见表 7-2。

由表 7-2 可见，本书抗拉强度试验值与模型预测值之比平均值为 0.992，标准差为 0.005，吻合较好。表 7-2 中蒸养损伤因子 λ 反映了蒸养养护对不同保护层厚度与不同直径 GFRP 筋抗拉强度的影响。保护层厚度越大，对 GFRP 筋的保护作用越明显，GFRP 筋抗拉强度受影响的蒸养损伤因子越小，保护层厚度 15mm 条件下的 GFRP 筋抗拉强度蒸养损伤因子 λ 高于保护层厚度 25mm 的值 $\Delta\lambda_1 = 11.5\%$，保护层厚度 25mm 的 λ 高于保护层厚度

35mm 的值 $\Delta\lambda_2 = 7.4\%$，并且 $\Delta\lambda_1$ 是 $\Delta\lambda_2$ 的 1.55 倍。这主要是因为存在蒸养混凝土表层损伤，使 GFRP 筋抗拉强度受到损伤的程度相对更明显。

表 7-2　试验值与预测结果对比

试件编号	GFRP 筋直径 2r/mm	保护层厚度 c /mm	蒸养时间 t/s	蒸养损伤因子		GFRP 筋抗拉强度/MPa		
				λ (10^{-12})	β	试验值	预测值	预测值/试验值
G-Ste1-1	10	15	2419200	1.50	1.69	1183	1180.071	0.998
G-Ste1-2	10	20	2419200	1.41	1.69	1200	1187.215	0.989
G-Ste1-3	10	25	2419200	1.35	1.69	1208	1192.462	0.987
G-Ste1-4	10	35	2419200	1.25	1.69	1212	1199.917	0.990
G-Ste2	16	25	2419200	0.89	1.69	870	869.746	1.000
G-Ste3	19	25	2419200	0.82	1.69	745	740.716	0.994
G-Ste4	22	25	2419200	0.79	1.69	702	694.346	0.989
平均值								0.992
标准差								0.005

由以上对比分析可见，本节损伤预测模型不但可以对蒸养混凝土中 GFRP 筋的抗拉强度进行预测，而且较好地表征了蒸养养护对不同保护层厚度及不同直径 GFRP 筋抗拉强度的损伤程度。

7.4　蒸养混凝土与 GFRP 筋黏结强度损伤预测模型

基于第 5 章蒸养混凝土与 GFRP 筋黏结性能损伤机理分析可知，蒸养养护中的高温、混凝土强度的变化、表层损伤的存在等都对两者黏结性能造成了一定的损伤。目前，蒸养混凝土与 GFRP 筋黏结性能的研究比较少见，但对标养混凝土与 GFRP 筋两者的黏结性能研究则较多。

7.4.1　黏结—滑移本构模型

许多研究者[194,210,211] 采用了不同的试验方法对 GFRP 筋与混凝土的黏结性能进行试验研究，研究对象主要为黏结强度与滑移量的模型建立。较为典型的模型有四种[159,261-264]：

（1）Malvar 模型[261]　Malvar 通过对 FRP 筋与混凝土施加不同的侧限压力值，总结不同表面处理 FRP 筋与混凝土的黏结性能

$$\frac{\tau}{\tau_m} = \frac{F\left(\dfrac{s}{s_m}\right) + (G-1)\left(\dfrac{s}{s_m}\right)^2}{1 + (F-2)\left(\dfrac{s}{s_m}\right) + G\left(\dfrac{s}{s_m}\right)^2} \tag{7-30}$$

式中　τ_m、s_m——黏结强度峰值及相应滑移量；

　　　F、G——经验系数，由试验数据拟合得到。

其中侧限压力 σ、τ_m、s_m 的估计值可表示为

$$\frac{\tau}{f_t}=A+B\left(1-e^{-\frac{c\sigma}{f_t}}\right) \tag{7-31}$$

$$s_m = D + E\sigma \tag{7-32}$$

式中　　　　　　σ——轴对称的侧限径向压力；

　　　　　　　　f_t——混凝土抗拉强度；

A、B、C、D、E——由不同类型的筋材试验确定。

（2）Bertero-Popov-Eligehausen 模型（BPE）[262]　　Eligehausen 等得到较为典型的钢筋与混凝土黏结滑移的本构模型（BPE），如图 7-3a 所示。模型中分别考虑了黏结滑移上升段、黏结强度不变的水平段、黏结强度下降滑移量增加的下降段及最后的残余应力段

上升段　　　　　　$$\frac{\tau}{\tau_m}=\left(\frac{s}{s_m}\right)^a \qquad s\le s_m \tag{7-33}$$

水平段　　　　　　$$\tau=\tau_m \qquad s_m<s\le s'_m \tag{7-34}$$

下降段　　　　　　$$\tau=\tau_m-\frac{(\tau_m-\tau_c)(s'_m-s)}{s'_m-s_c} \qquad s'_m<s\le s_c \tag{7-35}$$

残余应力段　　　　　　$$\tau=\tau_c \qquad s>s_c \tag{7-36}$$

式中　s'_m、s_c、τ_c——试验过程确定；

　　　τ_m、s_m——黏结强度峰值及相应滑移量；

　　　a——不大于 1 的常数。

（3）modified Bertero-Popov-Eligehausen 模型（mBPE）[263]　　Cosenza 等[172,265] 对 FRP 筋与混凝土进行试验研究，试验过程中并未出现 BPE 模型的水平阶段，因此，在 BPE 模型的基础上进行修正，提出以下修正模型（图 7-3b）

上升段　　　　　　$$\frac{\tau}{\tau_m}=\left(\frac{s}{s_m}\right)^a \qquad s\le s_m \tag{7-37}$$

下降段　　　　　　$$\frac{\tau}{\tau_m}=1-p\left(\frac{s}{s_1}-1\right) \qquad s_m<s\le s_c \tag{7-38}$$

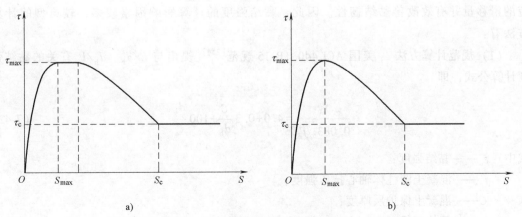

图 7-3　FRP 筋黏结滑移本构关系

a）BPE 模型　b）mBPE 模型

残余应力段 $\qquad\qquad\qquad \tau = \tau_c \quad s > s_c$ $\qquad\qquad$ (7-39)

式中 τ_c——摩擦力分量；

$\quad a$、p——参数。

（4）Cosenza-Manfredi-Realfonzo 模型（CMR）[264] Cosenza 根据实际结构需求，提出了仅考虑上升段的 CMR 模型

$$\frac{\tau}{\tau_m} = (1 - e^{-\frac{s}{s_m}})^{\beta}$$ （7-40）

式中 τ_m——黏结强度峰值；

$\quad s_m$、β——根据试验曲线拟合得到的参数。

1998 年 Benmokrane 等针对 FRP 筋混凝土梁进行试验，确定了模型中 s_m、β 参数的具体数值[266]。因此，CMR 模型进一步确定为

$$\frac{\tau}{\tau_m} = (1 - e^{4s})^{0.5}$$ （7-41）

国内高丹盈、郝庆多等都对 FRP 筋与混凝土的黏结滑移模型进行了一定的修正，然而修正模型前提是基于一定的试验数据，以上模型主要基于拉拔黏结试验得出，与实际梁黏结性能有所区别。

7.4.2 黏结强度计算模型

基于 GFRP 筋与混凝土的黏结性能机理可知，两者的黏结强度影响因素较多，如直径、锚固长度、表面处理方式、混凝土强度和保护层厚度等。目前较多研究者[60-62,267-270] 关注到了 FRP 筋与混凝土的黏结耐久性问题，对温度变化、冻融循环和海洋潮湿环境等进行了长期黏结性能影响规律研究。并且部分研究者[271-272] 考虑到外加纤维对两者的黏结性能的影响，如陈建等[271] 通过研究不同掺入量的聚丙烯长纤维对 FRP 筋与混凝土基体黏结性能的影响发现，聚丙烯长纤维可增强 FRP 筋与混凝土的黏结强度，增大黏结强度对应的滑移量并有效改善黏结韧性。因此，黏结强度的计算影响因素较多，较典型的计算方法有：

（1）规范计算方法 美国 ACI 440.1R-15 规范[254] 提出与 C/d_b、d_b/l_e 有关的黏结强度计算公式，即

$$\frac{\tau_u}{0.083\sqrt{f_c'}} = 4.0 + 0.3\frac{C}{d_b} + 100\frac{d_b}{l_e}$$ （7-42）

式中 τ_u——黏结强度；

$\quad f_c'$——混凝土圆柱体轴心抗压强度；

$\quad C$——混凝土保护层厚度；

$\quad d_b$——筋的直径；

$\quad l_e$——锚固长度。

我国《纤维增强复合材料设计规范》未对筋与混凝土的黏结强度及锚固长度进行特别说明，因此，对其黏结强度的计算仍可采用 GB 50010—2010《混凝土结构设计规范》[193]中 8.3.1 条规定的基本锚固长度计算方法，即

$$l_{ab} = \alpha \frac{f_y}{f_t} d \tag{7-43}$$

式中　l_{ab}——受拉钢筋的基本锚固长度，mm；

　　　f_y——普通钢筋的抗拉强度设计值，MPa；

　　　f_t——混凝土轴心抗拉强度设计值，MPa；

　　　α——锚固钢筋的外形系数。

当钢筋达到极限强度时，钢筋与混凝土界面受力可表示为

$$l_{ab} \pi d \tau_u = f_y A_s \tag{7-44}$$

因此，联立公式可得两者间的黏结强度计算方法

$$\tau_u = \frac{f_t}{4a} \tag{7-45}$$

由上式可见，当筋材达到极限强度时，两者的黏结强度主要取决于混凝土的轴心抗拉强度与外形系数，规范中规定带肋钢筋和光圆钢筋的外形系数分别取 0.14、0.16。

（2）引入黏结长度系数计算方法　通过所有黏结性能试验研究可知，黏结强度的取值首先需要考虑的是锚固长度与直径的影响。

郑乔文[273] 通过引入黏结长度系数影响系数 ϕ 来考虑 GFRP 筋黏结长度与直径对黏结强度的影响

$$\frac{\tau_u}{(8.00 - 0.17 d_b) f_t} = k\phi \left(\frac{l_e}{d_b} \right)^{-0.4} \tag{7-46}$$

式中　k——待定系数。

当 $l_e \leqslant 10 d_b$ 时，$\phi = 2.05$；当 $l_e = 20 d_b$ 时，$\phi = 1.05$；当 $10 d_b < l_e < 20 d_b$ 时，ϕ 线性内插。基于上述公式，引入 GFRP 筋表面形态影响系数 a'，见表 7-3。

表 7-3　表面形态影响系数 a'

表面形式	变形+粘砂	绕肋+粘砂	粘砂	织物
a'	1	0.64	0.39	0.67

（3）引入混凝土强度计算方法　由国内外规范可见，GFRP 筋与混凝土的黏结强度与混凝土的强度存在着较明显的关系，美国规范显示，同等条件下，两者黏结强度与混凝土圆柱体轴心抗压强度成正比。因此，较多研究者[121,219] 将 GFRP 筋的与混凝土的黏结强度简化为

$$\tau_u = k \frac{\sqrt{f_c'}}{d} \tag{7-47}$$

郝庆多[219] 通过 GFRP/钢绞线复合筋与混凝土黏结性能研究，总结 K 系数为 11.37。王英来[121] 通过对 GFRP 筋与混凝土黏结性能试验及室温下混凝土立方体抗压强度 $f_{cu,k}$ 测

试，将上式整合为

$$\tau_u = 12\frac{\sqrt{f_{cu,k}}}{d} \tag{7-48}$$

国内规范假设 FRP 筋与混凝土两者间的黏结强度 τ_u 和混凝土的劈裂抗拉强度 f_t 存在正比关系

$$\tau_u = \alpha f_t \tag{7-49}$$

王英来[121] 通过对 GFRP 筋与混凝土黏结性能试验及室温下混凝土劈裂抗拉强度 f_t 测试，总结了 α 取值：BFRP 筋取 4.5，GFRP 筋取 3.5。

（4）高温下的计算方法 基于蒸养高温对 GFRP 筋与混凝土的黏结性能损伤机理分析可知，GFRP 筋与混凝土黏结强度变化并不随温度发生线性变化，其变化规律与 GFRP 筋树脂的玻璃化温度 T_g、树脂的热分解温度 T_d 有关。王晓璐等[61] 针对高温 FRP 筋与混凝土的黏结强度进行研究并提出高温下黏结强度的折减公式，即

$$\tau_{max,t} = K_T \tau_{max,t_0} \tag{7-50}$$

$$K_T = k_1 e^{-\frac{t-t_0}{(T_g)^4}} + k_2 e^{-\frac{t-t_0}{(T_d)^4}} \tag{7-51}$$

式中　t_0——室内常温，取 20℃；

　　　T_g——树脂玻璃化温度，℃；

　　　T_d——树脂的热分解温度，℃；

　　$\tau_{max,t}$——温度 t 时的黏结强度；

　　τ_{max,t_0}——常温下的黏结强度；

　　　K_T——高温下的黏结强度折减系数；

　k_1、k_2——FRP 筋表面形式有关系数。

王晓璐等[61] 对环氧树脂基体的 FRP 筋进行试验研究，表面喷砂 FRP 筋中 k_1、k_2 分别取 0.9、0.1。王英来[121] 对 GFRP 筋混凝土进行拉拔试验研究，研究结果表明，相对室温下的黏结强度，经过 70℃、120℃、170℃、220℃、270℃和350℃温度时黏结强度分别下降 11.62%、12.23%、6.99%、14.24%、31.62%和 76.86%，并提出当温度低于 200℃时，K_T 取 0.8；当温度介于 200℃~300 时，K_T 取 0.65；当温度高于 300℃时，GFRP 筋不宜作为混凝土的增强材料。

7.4.3 黏结强度损伤预测模型

基于第 3 章、第 4 章及第 5 章的试验研究分析可知，蒸养养护过程中虽然对混凝土性能、GFRP 筋抗拉强度及两者的黏结性能造成了一定的损伤，然而本书中采用的蒸养制度并未改变材料本身性能，蒸养混凝土与 GFRP 筋的黏结滑移机理与标养混凝土也基本类似，可认为其黏结滑移本构关系同样符合 mBEP 本构关系。

因此，基于经典黏结滑移本构模型，利用 7.4.2 节黏结强度计算模型，针对蒸养混凝土与 GFRP 筋的黏结强度损伤进行分析，并建立蒸养混凝土与 GFRP 筋黏结强度损伤预测模型。

表 7-4　黏结强度相关参数表

对比	试件编号	混凝土立方体抗压强度/MPa	混凝土轴心抗拉强度/MPa	直径/mm	保护层厚度/mm	锚固段/mm	保护层厚度/直径	锚固长度/直径	最大黏结强度/MPa
		f_c	f_t	d_b	c	l_e	$\dfrac{c}{d_b}$	$\dfrac{l_e}{d_b}$	τ_{max}
不同养护形式	G-Sta	35.7	3.14	10	25	250	2.5	25	2.31
	G-Ste1-3	32.3	2.93	10	25	250	2.5	25	1.90
不同保护层厚度	G-Ste1-1	32.3	2.93	10	15	250	1.5	25	1.39
	G-Ste1-2	32.3	2.93	10	20	250	2	25	1.60
	G-Ste1-3	32.3	2.93	10	25	250	2.5	25	1.90
	G-Ste1-4	32.3	2.93	10	35	250	3.5	25	2.57
不同直径	G-Ste1-3	32.3	2.93	10	25	250	2.5	25	1.91
	G-Ste2	32.3	2.93	16	25	250	1.56	15.63	3.38
	G-Ste3	32.3	2.93	19	25	250	1.32	13.16	4.02
	G-Ste4	32.3	2.93	22	25	250	1.14	11.36	5.36

（1）温度损伤系数　高温环境对 GFRP 筋与混凝土的黏结性能造成了损伤，并且蒸养混凝土孔隙率及大孔径分布等结构性能的变化，使得蒸养混凝土与 GFRP 筋黏结强度降低更快，由表 5-6 蒸养混凝土与 GFRP 筋的最大黏结强度值、标养混凝土与 GFRP 筋的最大黏结强度值对比可见，蒸养混凝土与 GFRP 筋的最大黏结强度下降了 18%，仅为标养条件下的82%。因此，蒸养温度对最大黏结强度的损伤影响可表示为

$$\tau_{max,t} = \alpha \tau_{max,t_0} \tag{7-52}$$

其中，α 表示蒸养养护温度对最大黏结强度的损伤系数，本书中蒸养制度损伤系数取 0.82，不同的蒸养制度（不同高温及恒温段时间等）温度损伤系数 α 取值有所不同，然而蒸养养护温度一般不高于 200℃，因此，偏于安全考虑，蒸养混凝土中温度损伤系数 α 可统一取 0.8。蒸养损伤系数大于王英来等[121] 提出的黏结强度高温折减系数，这说明蒸养损伤不仅体现在高温环境上，而且与蒸养养护过程中混凝土水化及混凝土结构性能变化等因素有关。

（2）黏结长度影响系数　基于第 5 章蒸养混凝土与不同直径 GFRP 筋的最大黏结强度变化规律可知，蒸养混凝土与 GFRP 筋的黏结强度随直径增大而呈现一致的增大，这不仅与锚固长度与直径比值有关，同时与蒸养养护损伤随直径增大而减小的损伤规律也存在较大的关系。

蒸养养护混凝土抗拉性能与标养混凝土存在差异，将直接影响蒸养混凝土与 GFRP 筋的黏结性能，因此，本节采用模型综合考虑了混凝土抗拉强度与 l_e/d_b 的影响规律

$$Y_d = \frac{\tau_u}{(8.00 - 0.17d_b)f_t} = K_d \left(\frac{l_e}{d_b}\right)^t \tag{7-53}$$

式中　K_d、t——试验拟合参数。

由试验数据进行拟合如图 7-4 所示，可得不同直径条件下蒸养混凝土与 GFRP 筋的黏结强度为

$$\frac{\tau_u}{(8.00 - 0.17d_b)f_t} = 52 \left(\frac{l_e}{d_b}\right)^{(-1.99)} \tag{7-54}$$

（3）保护层厚度影响系数　美国 ACI 440.1R-15 规范[254] 提出了与 c/d_b 有关的黏结强度计算方法，由式（7-42）可见，相同条件下混凝土与 GFRP 筋的黏结强度随保护层厚度与直径的比值属于线性变化。然而由表 5-6 可见，不同保护层厚度条件下蒸养混凝土与 GFRP 筋的最大黏结强度值与保护层厚度与直径比值并未呈现线性变化趋势，保护层厚度较小的条件下，两者的黏结强度相对较低，这主要与蒸养混凝土表层损伤影响有关，而保护层厚度不断增大时，黏结强度增大比例也不断增大。因此，蒸养混凝土与 GFRP 筋的

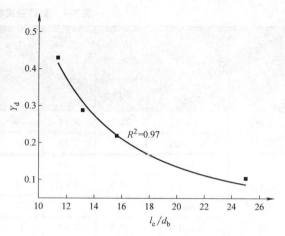

图 7-4　最大黏结强度随 le/db 比值的变化规律

黏结强度与 c/d_b 采用指数函数更符合实际变化规律，相同直径及锚固长度条件下，黏结强度模型可表示为

$$Y_c = \frac{\tau_u}{(8.00-0.17d_b)f_t} = K_c + w\frac{c}{d_b} \tag{7-55}$$

式中　K_c、w——试验拟合参数。

由试验数据进行拟合如图 7-5 所示，可得不同保护层厚度条件下蒸养混凝土与 GFRP 筋的黏结强度为

$$\frac{\tau_u}{(8.00-0.17d_b)f_t} = 0.02 + 0.03\frac{c}{d_b} \tag{7-56}$$

以上分析模型主要基于试验结果进行相关数据拟合，探讨养护方式对黏结强度影响时以直径 10mmGFRP 筋及保护层厚度为 25mm 作为不变量；探讨不同直径对黏结强度影响时以 60℃（333K）蒸养方式及保护层厚度为 25mm 作为不变量；探讨不同保护层厚度对黏结强度影响时以 60℃（333K）蒸养方式及直径 10mmGFRP 筋作为不变量。因此，同时考虑养护方式、不同直径及不同保护层厚度对黏结强度影响模型时需将每种工况下的基数进行整合，并且数据整合的最终模型中考虑混凝土抗拉强度 f_t 的影响

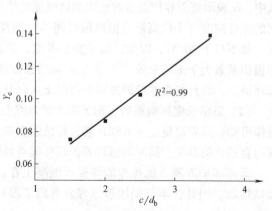

图 7-5　最大黏结强度随 c/d_b 比值的变化规律

$$\frac{\tau_u}{(8.00-0.17d_b)f_t} = \alpha + \beta\frac{c}{d_b} + \gamma\left(\frac{l_e}{d_b}\right)^\chi \tag{7-57}$$

式中　α、β、γ、χ——参数，均由试验过程中进行拟合得到。

GFRP 筋材料制作工艺及纤维树脂比例等的不同及蒸养养护制度条件不同，都将导致蒸养混凝土与 GFRP 筋黏结性能参数的差异。因此基于上述模型，本试验过程中按铁路规范的蒸养养护制度条件下蒸养混凝土与 GFRP 筋的黏结强度模型可表示为

$$\frac{\tau_u}{(8.00-0.17d_b)f_t}=0.01+0.01\frac{c}{d_b}+45\left(\frac{l_e}{d_b}\right)^{-1.99} \tag{7-58}$$

为减少蒸养 GFRP 筋混凝土结构设计工作难度，避免设计中需对蒸养混凝土轴心抗拉强度进行测试，因此，式（7-59）与式（7-60）中黏结强度均采用标养 28 天混凝土轴心抗拉强度进行预测。图 7-6 拟合黏结强度模型与试验值对比分析可见，上述拟合黏结强度模型是可信的。保护层厚度 15mm 时，预测黏结强度离散相对较明显，这主要是由于存在蒸养表层损伤，因此，当 GFRP 筋布置在较薄保护层厚度条件下时，需乘以温度损伤系数 0.8。针对不同表面形式 GFRP 筋的黏结强度，可参照表 7-3，引入 GFRP 筋表面形态影响系数 α'。

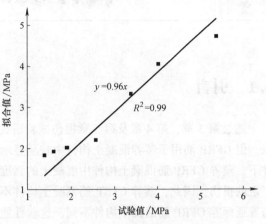

图 7-6　拟合值与试验值对比分析

7.5　本章小结

本章基于蒸养 GFRP 筋混凝土的性能损伤试验数据及现有预测模型，分别建立了混凝土强度损伤预测模型、蒸养混凝土中 GFRP 筋抗拉性能损伤预测模型及两者黏结强度损伤预测模型。

1）基于混凝土强度影响因素分析可见，蒸养养护中温度与湿度对混凝土强度均具有一定的影响，并且混凝土强度将随养护龄期而变化。因此，依据蒸养混凝土抗压强度与抗拉强度与龄期 28d 标养混凝土的强度比随时间变化规律的试验数据，建立以 28d 标养混凝土抗压强度为基数的蒸养混凝土抗压强度损伤预测模型及以 28 天标养混凝土抗拉强度为基数的蒸养混凝土抗拉性能损伤预测模型。

2）基于现有的 GFRP 筋抗拉强度宏观力学性能退化模型、微观扩散模型及预测模型比较分析，发现 Fick 扩散定律更适合蒸养混凝土中 GFRP 筋的抗拉性能预测；因此，基于 Fick 定律的预测模型，提出引入蒸养损伤因子 λ 和 β 的损伤预测模型，并依据蒸养混凝土中 GFRP 筋抗拉性能损伤试验数据拟合确定蒸养损伤因子 λ 和 β 取值，其中 $\beta=1.69$，λ 定义为与保护层厚度及 GFRP 筋直径相关的变化参数，最后采用试验数据验证了 Fick 定律修正预测模型的正确性，并弥补了 Fick 定律未考虑不同直径 GFRP 筋具有不同扩散系数的事实。

3）基于经典黏结—滑移的本构模型，利用现有规范及部分研究者研究计算黏结强度模型建立了蒸养混凝土与 GFRP 筋两者的黏结强度损伤预测模型，模型中充分考虑了直径、锚固长度、保护层厚度及混凝土强度等影响因素，并建议蒸养混凝土中温度损伤系数 α 统一取 0.8。

第 8 章

蒸养GFRP筋混凝土预制构件设计修正研究

8.1 引言

通过第 3 章、第 4 章及第 5 章损伤试验研究结果可知，GFRP 筋虽具有高强、耐腐蚀等优点，但 GFRP 筋用于蒸养混凝土构件中较易显示出脆性破坏的失效模式[274,275]，并且在同等条件下，蒸养 GFRP 筋混凝土构件中混凝土的强度、GFRP 筋的强度及两者的黏结性能都受到了一定的损伤，因此，蒸养 GFRP 筋混凝土构件不论是在承载力方面还是裂缝、挠度变形方面都与普通标养 GFRP 筋混凝土构件不同，这些性能的误差，也必然带来蒸养混凝土结构的设计误差及设计寿命误差，直接导致蒸养混凝土结构的不可靠性。因此，为降低蒸养 GFRP 筋混凝土结构的设计误差，对蒸养 GFRP 筋混凝土构件进行相关设计修正建议是十分必要的。

本章基于国内外现有 FRP 筋混凝土结构设计规范[85,254]，分别从正常使用极限状态、承载能力极限状态与相关构造要求方面对蒸养 GFRP 筋混凝土构件设计进行一定的修正。所有设计修正均基于标养养护制度并充分利用第七章有关蒸养混凝土强度损伤预测、GFRP 筋抗拉性能损伤预测及两者黏结性能损伤预测模型。因此，通过本章蒸养 GFRP 筋混凝土结构设计修正，无需对蒸养养护制度下各材料进行特定的性能试验，有利于材料性能数据的收集，不但减小了实际蒸养混凝土构件性能与设计性能的差距，还不增加设计工作难度。这是本书针对蒸养 GFRP 筋混凝土损伤性能分析及相关性能损伤预测的最终落脚点。

8.2 破坏形态

梁正截面受弯破坏形态与 FRP 筋强度、混凝土强度等性能有关。通过本书第 3 章与第 4 章研究可知，蒸养 GFRP 筋混凝土梁中蒸养混凝土抗压强度与 GFRP 筋的抗拉强度都将因蒸养热养护而产生一定的损伤，然而这种蒸养损伤却并未改变两者的材料性能，蒸养混凝土受压达到极限前的应力—应变变化关系基本保持二次抛物线，GFRP 筋拉断前的应力—应变曲线保持线弹性变化。结合本书第 4 章对蒸养 GFRP 筋混凝土梁进行受弯试验研究可知，蒸养 GFRP 筋混凝土梁的正截面受弯破坏同样存在三种破坏形态：平衡破坏、受拉破坏、受压破坏。

影响梁破坏形态的因素除筋材与混凝土的材料性能外，配筋率可作为主要定义破坏形态界限的定量值。目前美国 ACI 440.1R-15 规范[254] 与 GB 50608—2010《纤维增强复合材料建设工程应用技术规范》[85] 都直接采用配筋率对 FRP 筋混凝土梁的破坏形态进行界定，并将 FRP 筋与混凝土梁同时破坏时对应的配筋率定义为平衡配筋率。

（1）平衡破坏 图 8-1 是 FRP 筋混凝土梁平衡破坏形态时的应力-应变变化分布图，平衡破坏时混凝土应变达到极限应变 ε_{cu}，同时 FRP 筋应变达到极限应变 ε_{fu}。

欧洲混凝土协会的标准规范（CEB-FIP Mode Code）[276] 利用一条抛物线与水平线组成的曲线作为典型混凝土应力-应变曲线对其进行定义，规范中取 $\varepsilon_{cu} = 0.0035$，而我国 GB 50608—2010 规范[85] 中 ε_{cu} 最大值取 0.0033。FRP 筋极限应变定义为 $\varepsilon_{fu} = f_{fu}/E_f$，其中 f_{fu} 并非 GFRP 筋极限抗拉强度值，而是 GFRP 筋抗拉强度设计值，根据美国 ACI 440.1R-15 规范规定取正常服役环境下 GFRP 筋极限抗拉强度值的 0.8 倍。

由应变协调及受力平衡关系可得蒸养 GFRP 筋混凝土梁的相对界限受压区高度及平衡配筋率

$$\xi_{fb} = \frac{\beta_1 \varepsilon_{cu}}{\varepsilon_{cu} + \dfrac{f_{fu}}{E_f}} \tag{8-1}$$

$$\rho_{fb} = \alpha_1 \beta_1 \frac{f'_c}{f_{fu}} \frac{E_f \varepsilon_{cu}}{E_f \varepsilon_{cu} + f_{fu}} \tag{8-2}$$

式中　α_1——等效矩形应力图形应力与混凝土抗压强度的比值；

β_1——等效矩形应力图形高度与曲线应力图形高度的比值；

E_f——GFRP 筋的弹性模量；

ε_{cu}——正截面混凝土最大压应变；

ρ_{fb}——GFRP 筋与受压边缘的混凝土同时达到极限应变时，GFRP 筋混凝土梁的平衡配筋率。

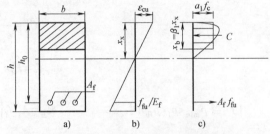

图 8-1　FRP 筋混凝土梁平衡破坏形态

a) 截面　b) 应变分布　c) 应力分布

（2）受拉破坏　图 8-2 是 FRP 筋混凝土梁受拉破坏形态时的应力—应变变化分布图。受拉破坏指 FRP 筋应变达到极限应变 ε_{fu}，但受压区混凝土应变未达到极限应变 ε_{cu}。因此，平衡破坏形态中将混凝土应力分布等效为矩形应力分布的假设并不适用于受拉破坏。

受拉破坏采用实际配筋率 ρ_f 与平衡配筋率 ρ_{fb} 关系表示

$$\rho_f < \rho_{fb} \tag{8-3}$$

（3）受压破坏　图 8-3 是 FRP 筋混凝土梁受压破坏形态时的应力-应变变化分布图。受压破坏指 FRP 筋应变未达到极限应变 ε_{fu}，受压区混凝土应变达到极限应变 ε_{cu}。受压破坏同样可以假定混凝土应力分布等效为矩形应力分布。

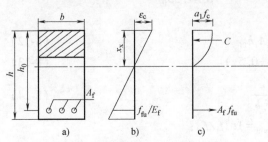

图 8-2　FRP 筋混凝土梁受拉破坏形态

a) 截面　b) 应变分布　c) 应力分布

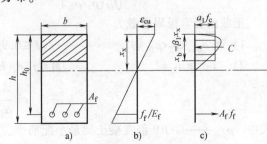

图 8-3　FRP 筋混凝土梁受压破坏形态

a) 截面　b) 应变分布　c) 应力分布

受压破坏采用配筋率形式可表示为

$$\rho_f > \rho_{fb} \tag{8-4}$$

8.3 正截面承载力设计

8.3.1 现行 GFRP 筋混凝土的正截面承载力设计规范

现行 GFRP 筋混凝土正截面承载力设计规范中对正截面受弯承载力分析均基于"平均应变平截面假定"，并且以实际配筋率 ρ_f 与平衡配筋率 ρ_{fb} 关系来界定 GFRP 筋混凝土梁的破坏形态。

（1）美国 ACI 440.1R-15 规范[254]　　正常环境下抗弯构件平衡配筋率

$$\rho_{fb} = 0.85\beta_1 \frac{f'_c}{f_{fu}} \frac{E_f \varepsilon_{cu}}{E_f \varepsilon_{cu} + f_{fu}} \tag{8-5}$$

正常环境下受弯构件在平衡抗拉条件下受压区换算高度 C_b

$$C_b = \frac{\varepsilon_{cu}}{\varepsilon_{cu} + \varepsilon_{fu}} d \tag{8-6}$$

$$f_f = E_f \varepsilon_{cu} \frac{\beta_1 - a}{a} \tag{8-7}$$

1）当 $\rho_{min} < \rho_f < \rho_{fb}$ 时　　　$M_n = A_f f_f \left(d - \frac{\beta_1 C_b}{2}\right) \tag{8-8}$

2）当 $\rho_f \geq \rho_{fb}$ 时　　　$M_n = A_f f_f \left(d - \frac{a}{2}\right) \tag{8-9}$

$$a = \frac{A_f f_f}{0.85 f_c b} \tag{8-10}$$

（2）GB 50608—2010 规范[85]　　规范中相对受压区高度与平衡配筋率计算方法见公式（8-1）与公式（8-2），其中 f_{fu} 用 f_{fd} 代替。

GFRP 筋的有效设计应力

$$f_{fe} = \begin{cases} f_{fd} & \rho_f \leq \rho_{fb} \\ f_{fd}[1 - 0.211(\rho_f/\rho_{fb} - 1)^{0.2}] & \rho_{fb} < \rho_f < 1.5\rho_{fb} \\ f_{fd}(\rho_f/\rho_{fb})^{-0.5} & \rho_f > 1.5\rho_{fb} \end{cases} \tag{8-11}$$

正截面受弯极限承载力

1）当 $\rho_{min} < \rho_f < \rho_{fb}$ 时　　　$M \leq 0.9 f_{fe} A_f h_{0f} \tag{8-12}$

2）当 $\rho_f \geq \rho_{fb}$ 时　　　$M \leq f_{fe} A_f (h_{0f} - 0.5x) \tag{8-13}$

$$x = \frac{A_f f_{fe}}{\alpha_1 f_c b} \tag{8-14}$$

式中　ρ_{min}——GFRP 筋混凝土梁最小配筋率，$\rho_{min} = 1.1 f_t/f_{fd}$；

　　　f_t——混凝土轴心抗拉强度设计值；

　　　b——梁的截面宽度；

h_{0f}——GFRP 筋合力点与梁试件顶面距离；

A_f——纵向 GFRP 筋截面积；

ρ_f——梁的截面配筋率，$\rho_f = A_f / b h_{0f}$；

f_{fd}——GFRP 筋的极限抗拉强度，$f_{fd} = f_{fk} / \gamma_f \gamma_e$，其中 γ_f、γ_e 分别表示分项系数与环境影响系数；

f_{fk}——GFRP 筋材料的抗拉强度标准值；

ε_{fu}——混凝土拉应变设计值。

根据以上规范对比分析可见，美国 ACI 440.1R-15 规范与我国 GB 50608—2010 规范对 FRP 筋混凝土正截面受弯承载力分析理论基本一致，仅在系数选择上有所区别，这主要是由于各国对安全系数选取不同，与理论分析无关，且我国 GB 50608—2010 规范根据不同配筋率引入了 FRP 筋的有效设计应力值的概念。

8.3.2　蒸养 GFRP 筋混凝土相关强度损伤分析

不论是我国 GB 50608—2010 规范，还是美国 ACI440.1R-15 规范，FRP 筋混凝土结构正截面受弯破坏分析原理基本相同，并且与本书 8.2 节蒸养 GFRP 筋混凝土梁破坏形态分析一致，但由于受到蒸养养护对混凝土及 GFRP 筋的热损伤影响，混凝土与 GFRP 筋的极限应变及极限强度都将有所改变。因此，虽然现行正截面承载力设计规范中承载力的设计原理同样适用于蒸养 GFRP 筋混凝土构件，但应力—应变参数需得到相应修正，避免因蒸养 GFRP 筋混凝土构件实际承载力与设计承载力产生较大的误差而最终引起安全及经济隐患。

（1）蒸养混凝土抗压强度标准值损伤　基于第 3 章蒸养混凝土与标养混凝土抗压强度试验研究结果可知，蒸养混凝土早期抗压强度与后期抗压强度不同，早期抗压强度明显大于标养混凝土，而后期抗压强度增长速率却明显低于标养混凝土。为将蒸养混凝土抗压强度变化进行量化，并可直接应用于混凝土结构设计中，本书 7.2.2 节根据试验数据建立了蒸养混凝土抗压强度与标养混凝土抗压强度随养护龄期变化的关系，即式（7-5），并提出了蒸养混凝土抗压强度损伤系数 $c_{sc}(t)$。

由式（7-5）中蒸养混凝土抗压强度可知，蒸养养护结束（本书采用铁路相关规范蒸养制度，蒸养过程共 20h）混凝土抗压强度已超过养护龄期 28d 标养混凝土抗压强度的 55%。这意味着蒸养养护制度将大大缩短混凝土结构施工工期，进而较大程度上减小了成本，起到了一定的经济效益。

（2）蒸养混凝土中 GFRP 筋极限抗拉性能损伤　基于第 4 章蒸养混凝土中 GFRP 筋抗拉性能试验研究结果可知，GFRP 筋的弹性模量变化并不显著，损伤率均在 2% 以内，并且部分出现 GFRP 筋弹性模量增大的现象，因此，蒸养混凝土中 GFRP 筋材料性能修正时不考虑弹性模量变化。然而蒸养混凝土中 GFRP 筋抗拉强度随不同直径、不同保护层厚度均产生不同程度的下降，混凝土结构设计中主要应用 GFRP 筋的抗拉性能，因此，蒸养混凝土中 GFRP 筋抗拉强度的损伤不可忽略。本书 7.3.4 节根据 GFRP 筋的吸湿性能变化规律建立了 Fick 定律修正预测模型，模型中不但考虑了 GFRP 筋的抗拉强度，而且引入了蒸养损伤因子 λ 表征蒸养养护对不同保护层厚度与不同直径 GFRP 筋的抗拉性能的损伤程度。蒸养混凝土中 GFRP 筋的抗拉性能损伤系数 $c_{sb}(t)$ 见第 7 章式（7-29）。

8.3.3 蒸养 GFRP 筋混凝土正截面承载力设计修正

由于蒸养混凝土及蒸养混凝土中 GFRP 筋的材料特性并没有改变，因此，蒸养 GFRP 筋混凝土正截面承载力设计原理与普通 GFRP 筋混凝土设计原理基本一致，可基于现行规范进行一定的修正。基于最小配筋率的安全性考虑及正截面承载力中忽略混凝土抗拉性能的假定，蒸养 GFRP 筋混凝土最小配筋率计算不考虑蒸养混凝土抗拉强度的损伤，仍以标养混凝土抗拉强度进行确定。因此，修正过程中主要体现蒸养混凝土抗压强度及 GFRP 筋抗拉强度的损伤。

蒸养混凝土中 GFRP 筋的极限抗拉强度 f_{fd} 不但需考虑材料分项系数与环境影响系数，还需考虑蒸养损伤系数，可确定其计算公式为

$$f'_{fd} = \frac{c_{sb} f_{fk}}{\gamma_f \gamma_e} \qquad (8-15)$$

蒸养混凝土抗压强度设计值修正

$$f'_c = 1.4 c_{sc} f_{ck} \qquad (8-16)$$

相对界限受压区高度

$$\xi'_{fb} = \frac{\beta_1 \varepsilon_{cu}}{\varepsilon_{cu} + \dfrac{f'_{fd}}{E_f}} \qquad (8-17)$$

平衡配筋率

$$\rho'_{fb} = \frac{\alpha_1 f'_c}{f'_{fd}} \xi'_{fb} \qquad (8-18)$$

以上正截面承载力设计修正公式与蒸养 GFRP 筋混凝土结构设计中保护层厚度选取及 GFRP 筋直径有关，且强度承载力因其变化而产生不同损伤，因此，设计时与普通钢筋混凝土有所不同。

8.4 裂缝宽度

8.4.1 现行裂缝宽度理论计算规范

裂缝宽度的计算主要是根据裂缝间距和筋材平均应变由公式推导得出，并且计算方法基本是保护层厚度、筋材直径、筋材间距、有效配筋率等的线性函数。但由于混凝土裂缝的产生存在着一定的离散性，因此，以上计算方法及相关规范建议均属于半经验半理论计算公式。

（1）美国 ACI 440.1R-15 规范[254]　为了与 ACI318 保持一致，在 FRP 筋混凝土以及单向板中的弯曲裂缝控制能够通过指定一个最大的 GFRP 筋间距来完成，其间距等于

$$S_{max} = 1.15 \frac{E_f w}{f_{fs} k_b} - 2.5 c_c \leqslant 0.92 \frac{E_f w}{f_{fs} k_b} \qquad (8-19)$$

式中　S_{max}——最大间距；

　　　　w——最大允许裂缝宽度；

　　　　f_{fs}——FRP 应力；

k_b——黏结系数；

c_c——保护层厚度。

对于所选 FRP 筋的应力水平以及目标裂缝宽度限制，最大筋间距的评价主要基于 d_c 值。因为有特殊的耐久性要求或者其他原因，必须有一个较大的 d_c 值，并且最大裂缝宽度限制不能放宽，这就需要降低 FRP 筋的应力等级。例如，能够通过增加抗弯加固量来完成

$$d_c \leqslant \frac{E_f w}{2 f_{fs} \beta k_b} \qquad (8\text{-}20)$$

限制裂缝宽度的选择依赖于结构的使用目的，这个过程允许控制不同的弯曲裂缝水平，并且这种弯曲裂缝是在有利的环境下（不透水的环境）从结构内非常狭窄的裂缝中产生的。由于 FRP 筋有良好的耐腐蚀性，故可接受更宽的裂缝。由于审美原因，在裂纹宽度受限的情况下，可接受的限制裂缝宽度范围是 0.016~0.028 英寸，即 0.4~0.7mm。

（2）我国 GB 50608—2010《纤维增强复合材料建设工程应用技术规范》[85] 规范中 FRP 筋混凝土受弯构件的最大裂缝宽度计算公式为

$$\omega_{max} = 2.1 \psi \frac{\sigma_{fk}}{E_f} \left(1.9c + 0.08 \frac{d_{eq}}{\rho_{te}} \right) \qquad (8\text{-}21)$$

裂缝间纵向受拉 FRP 筋的应变不均匀系数为

$$\psi = 1.1 - 0.65 \frac{f_{tk}}{\rho_{te} \sigma_{fk}} \qquad (8\text{-}22)$$

受拉区纵向 FRP 筋的等效直径为

$$d_{eq} = \frac{\sum n_i d_i^2}{\sum n_i v_i d_i} \qquad (8\text{-}23)$$

按有效受拉混凝土的截面面积计算的纵向受拉筋配筋率为

$$\rho_{te} = \frac{A_f}{A_{te}} \qquad (8\text{-}24)$$

荷载效应标准组合下 FRP 筋的应力为

$$\sigma_{fk} = \frac{M_k}{0.9 A_f h_{0f}} \qquad (8\text{-}25)$$

式中　A_f——受拉区 FRP 筋的截面面积；

A_{te}——有效受拉混凝土的截面面积；

d_{eq}——受拉区纵向 FRP 筋的等效直径，mm；

d_i——受拉区的第 i 种纵向 FRP 筋公称直径，mm；

n_i——受拉区的第 i 种纵向 FRP 筋根数；

v_i——受拉区纵向 FRP 筋相对黏结特性系数；

M_k——按荷载效应的标准组合计算弯矩值，取计算区段内最大弯矩值；

h_{0f}——FRP 筋合力点距混凝土的受压区边缘的距离，mm。

8.4.2　蒸养 GFRP 筋混凝土裂缝机理分析

GFRP 筋混凝土裂缝产生是指结构受力过程中混凝土拉应力超过极限而使混凝土开裂

的一个过程。基于第3章分析可知，蒸养混凝土的极限拉应力随养护龄期而变化，后期将趋于平缓，然而相比标养养护混凝土的极限拉应力有所降低，这也加快了蒸养混凝土裂缝的产生，这是蒸养混凝土表层有较多裂缝的主要原因。由式（8-20）可知，混凝土受力过程中，极限拉应力值将直接影响GFRP筋的应变不均匀系数，进而对裂缝最大宽度值产生影响。

蒸养GFRP筋混凝土裂缝产生机理与钢筋混凝土裂缝产生的机理是一致的，目前针对混凝土结构裂缝机理的经典理论主要有三种：黏结滑移理论、无滑移理论与综合理论[277,278]。

黏结滑移理论认为裂缝控制主要取决于两者的黏结性能，裂缝的形成则意味着筋与混凝土之间局部发生了黏结破坏，两者变形在裂缝处不再协调并产生相对滑移，将这个裂缝区间内的筋材与混凝土伸长差定义为裂缝开展的宽度。因此，同等条件下，裂缝宽度随裂缝间距的增大而增大。而裂缝间距 l_e 主要取决于筋材与混凝土的黏结强度分布和大小。根据这一理论可知，影响GFRP筋混凝土裂缝间距或宽度的主要因素为GFRP筋与混凝土之间的黏结强度分布状况。由本书第5章蒸养混凝土与GFRP筋黏结性能损伤分析可知，蒸养高温蒸汽的养护方法将造成GFRP筋与混凝土之间的化学黏着力、摩擦力及机械咬合力等性能不同程度的下降。因此，蒸养养护制度对GFRP筋与混凝土黏结强度分布是具有一定损伤的。

而在蒸养GFRP筋混凝土受力过程中可以发现，不同保护层厚度情况下，裂缝产生的时间与宽度都不同。这符合无滑移理论中钢筋的混凝土保护层厚度是裂缝宽度主要影响因素的结论。无滑移理论中表面裂缝宽度控制取决于筋材至构件表面的应变梯度，说明离筋材距离增大时，裂缝宽度也将增大。并且基于蒸养GFRP筋混凝土表层损伤影响研究可知，在考虑不同保护层厚度的情况下，表层损伤的影响也是不可忽略的，当保护层厚度较薄时，GFRP筋混凝土梁的开裂荷载明显较小，即开裂相对较早，裂缝延伸在短时间内受GFRP筋的抑制，但最终裂缝的宽度及破坏形式却未显示出直接的变小趋势。因此，无滑移理论中裂缝宽度考虑为随保护层厚度增加而不断增加的理念，应用于蒸养GFRP筋混凝土中具有一定的局限性。

综合理论不但考虑了保护层厚度影响，而且考虑了筋与混凝土间的滑移关系，相对更符合裂缝实际发展状况。目前美国ACI规范与我国规范均依据黏结滑移理论与无滑移理论的综合理论建立裂缝宽度理论计算方法。

综上所述，蒸养GFRP筋混凝土的裂缝开展机理不能忽略蒸养养护对混凝土极限拉应力、GFRP筋与混凝土黏结应力分布及表层损伤的影响。因此，基于综合理论可知，蒸养GFRP筋混凝土裂缝计算模型需分别对混凝土极限拉应力、黏结应力变化及保护层厚度对裂缝最大宽度的影响进行一定的修正。

8.4.3 蒸养GFRP筋混凝土裂缝宽度计算修正模型

基于8.4.2节对蒸养GFRP筋混凝土裂缝机理分析，裂缝宽度计算模型针对裂缝间纵向受拉GFRP筋应变不均匀系数、相对黏结特性系数及保护层厚度影响系数三方面进行修正。

（1）裂缝间纵向受拉GFRP筋应变不均匀系数分析 由黏结滑移理论可知，裂缝宽度指裂缝区间混凝土应变与筋材应变差，然而裂缝间纵向受拉FRP筋应变存在不均匀性，黏结滑移理论中指出裂缝宽度的主要决定元素之一是 σ_{ct}/f_t。

混凝土拉应力受外界荷载或温度等影响，与材料本身无关，然而由第三章蒸养混凝土抗拉性能试验研究结果可知，蒸养混凝土的极限拉应力较标养混凝土极限拉应力要低。为将蒸养混凝土抗拉强度变化进行量化，并直接用于混凝土结构设计中，本书 7.2.2 节根据试验数据建立了蒸养混凝土抗拉强度与标养混凝土抗拉强度随养护龄期变化的关系，并得到蒸养混凝土抗拉性能损伤系数 $c_{sc}(t)$，即式（7-8）。

裂缝间纵向受拉 FRP 筋应变不均匀系数修正为

$$\psi' = 1.1 - 0.65 \frac{c_{st}(t)f_{tk}}{\rho_{te}\sigma_{fk}} \tag{8-26}$$

（2）相对黏结特性系数分析　美国 ACI 440.1R-15 规范与我国 GB 50608—2010 规范都设置了黏结特性参数作为黏结性能对裂缝展开影响的考虑。规范中黏结特性参数表示的是同等条件下 FRP 筋黏结强度与带肋钢筋黏结强度的比值关系。Bakis[214] 根据不同厂家生产、不同筋材类型、树脂类型及不同的表面处理形式的 FRP 筋与混凝土的裂缝开展进行研究，总结出黏结特性系数一般在 0.60~1.72，平均为 1.10。表面喷砂处理的 FRP 筋黏结特性系数较高。然而，对黏结特性系数的选取必须基于试验数据才能贴近实际黏结特性，因此，美国规范 ACI 提出对 FRP 筋的黏结特性系数的研究还需要更加深入。

由 5.3.5 节中最大黏结强度理论分析可知，蒸养混凝土与 GFRP 筋的黏结强度是带肋钢筋黏结强度的 3 倍，大于 Bakis 等提出的最大倍数，这主要与钢筋的黏结强度受蒸养养护损伤程度有关。我国规范规定，当相对黏结特性系数 v_i 大于 1.5 时，取 1.5，而由于钢筋的易腐蚀及 GFRP 筋的耐腐蚀特性，长期服役或更高温的蒸养养护制度等条件下两者的黏结性能损伤差异将更明显，即大于本试验的 3 倍。因此，建议蒸养 GFRP 筋混凝土预制构件的相对黏结特性系数 v_i 取 1.5。

（3）保护层厚度影响系数分析　由于蒸养对不同保护层厚度混凝土的损伤程度不同，裂缝最大宽度与保护层厚度之间的关系与规范中确定的关系存在一定的偏差，因此，基于前文两者的修正，拟合试验实际裂缝宽度与理论宽度值，对蒸养混凝土保护层厚度的影响进行进一步的修正，如图 8-4 所示

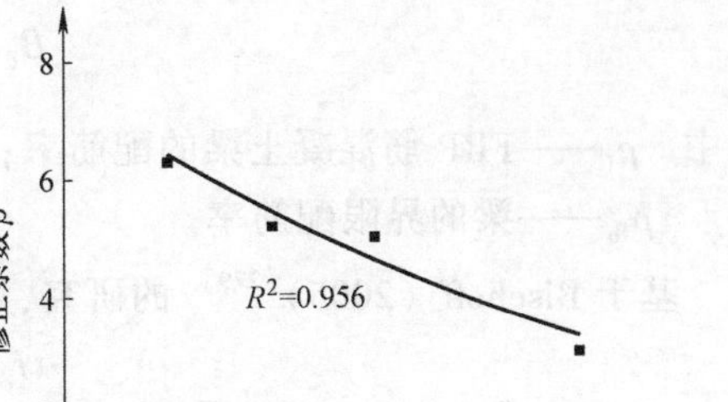

图 8-4　保护层厚度与修正系数关系

$$\omega_{max} = 2.1\psi' \frac{\sigma'_{fk}}{E_f}\left(\beta c + 0.08 \frac{d'_{eq}}{\rho_{te}}\right) \tag{8-27}$$

式（8-27）变形为

$$\chi = \frac{\omega_{max}E_f}{2.1\psi'\sigma'_{fk}} - 0.08 \frac{d'_{eq}}{\rho_{te}} = \beta c \tag{8-28}$$

$$\beta = 11.23 e^{(-0.036c)} \tag{8-29}$$

由式（8-29）可见，保护层厚度取值修正系数 β 与保护层厚度 c 呈指数变化关系，这与蒸养 GFRP 筋混凝土梁裂缝开展情况相符，由于蒸养表层损伤，蒸养混凝土梁裂缝宽度较标养混凝土梁更大，而随保护层厚度逐渐增大的过程中，蒸养养护对混凝土损伤逐渐减小，因此对裂缝的影响相对减小，β 系数呈现下降趋势。

8.5 正截面抗弯刚度

8.5.1 现行抗弯刚度设计规范

国内外有关 FRP 筋混凝土构件截面刚度的研究基本建立在钢筋混凝土构件已有的研究理论成果基础上。钢筋混凝土构件截面刚度理论公式的建立主要基于材料本构关系、几何变形条件、力学平衡方程及试验回归的基础上。

（1）美国 ACI 440.1R-15 规范[254]   规范 ACI440.1R-06[42] 中采用式（8-30）计算截面的有效惯性矩

$$I_e = \left(\frac{M_{cr}}{M_a}\right)^3 \beta_d I_g + \left[1 - \left(\frac{M_{cr}}{M_a}\right)^3\right] I_{cr} \leqslant I_g \tag{8-30}$$

式中　I_e——FRP 筋混凝土梁开裂后有效截面惯性矩；

　　　M_{cr}——截面开裂荷载；

　　　M_a——外荷载；

　　　I_g——未开裂时毛截面惯性矩，对于矩形截面 $I_g = bh^3/12$；

　　　I_{cr}——开裂截面惯性矩；

　　　β_d——折减系数。

$$\beta_d = \frac{1}{5}\left(\frac{\rho_f}{\rho_{fb}}\right) \leqslant 1.0 \tag{8-31}$$

式中　ρ_f——FRP 筋混凝土梁的配筋率；

　　　ρ_{fb}——梁的界限配筋率。

基于 Bischoff（2005）[279] 的研究，规范 ACI440-15 引入系数 γ 对有效惯性矩进行修正

$$I_e = \frac{I_{cr}}{1 - \gamma\left(\frac{M_{cr}}{M_a}\right)^2\left[1 - \frac{I_{cr}}{I_g}\right]} \leqslant I_g \qquad M_a \geqslant M_{cr} \tag{8-32}$$

且　　　　　　　　　$\gamma = 1.72 - 0.72(M_{cr}/M_a) \tag{8-33}$

（2）GB 50608—2010《纤维增强复合材料建设工程应用技术规范》[85]   FRP 筋混凝土梁短期刚度

$$B_s = \frac{E_f A_f h_{of}^2}{1.15\psi + 0.2 + \dfrac{6\alpha_{fE}\rho_f}{1 + 3.5\gamma_f'}} \tag{8-34}$$

受压翼缘截面面积与腹板的有效截面面积的比值

$$\gamma_f' = \left[(b_f' - b)h_f'\right]/(bh_{0f}) \tag{8-35}$$

式中　α_{fE}——GFRP 筋弹性模量与混凝土弹性模量的比值，$\alpha_{fE} = E_f/E_a$。

8.5.2 蒸养 GFRP 筋混凝土试验刚度

国内外规范对 FRP 筋混凝土受弯构件挠度的计算原则主要基于钢筋混凝土受弯构件的

计算。因此，蒸养 GFRP 筋混凝土构件挠度计算可以参照我国 GB 50010—2010《混凝土结构设计规范》第 7.2.1 条的规定：钢筋混凝土和预应力混凝土受弯构件挠度均可以依据结构力学方法进行验算。

根据材料力学理论，采用积分法求出本书蒸养 GFRP 筋混凝土梁三点偏载试验过程中的最大挠度值计算公式，即

$$f = \frac{\sqrt{3}\,Pa}{27lEI}(l^2 - a^2)^{3/2} \tag{8-36}$$

当荷载施加为偏载时，最大挠度发生在

$$x = \sqrt{(l^2 - a^2)/3} \tag{8-37}$$

然而，假设荷载不断靠近支座时，即 $a \to 0$ 时

$$x \to \sqrt{l^2/3} = 0.577l \tag{8-38}$$

这说明，即使荷载施加点非常靠近梁端支座，梁最大的挠度位置仍非常接近梁的中点，两者误差不超过 3%[280]。因此，为简化计算，可近似以梁中点挠度作为梁实际的最大挠度值

$$f_{l/2} = \frac{Pa}{48EI}(3l^2 - 4a^2) \tag{8-39}$$

$$B_{se} = EI = \frac{Pa}{48f_{l/2}}(3l^2 - 4a^2) \tag{8-40}$$

式中　　$f_{l/2}$——跨中挠度，mm；

　　　　EI——抗弯刚度；

　　　　B_{se}——梁受荷载短期刚度，kN·m²；

　　　　P——施加荷载值，kN；

　　　　l——计算跨度，mm。

由于受混凝土开裂、弹塑性应力—应变关系等影响，GFRP 筋混凝土梁截面曲率与弯矩的变化规律与均质材料不同。通常不采用常量 EI，而采用 B_s 表示 FRP 筋混凝土梁在荷载效应的标准组合作用下的截面抗弯刚度，即短期刚度。表 8-1 给出了试验试件的短期刚度计算值。

表 8-1　试验短期刚度

蒸养 GFRP 筋混凝土梁	荷载 P/kN	计算跨度 l/mm	距支座距离 l_1/mm	实测跨中挠度 $f_{l/2}$/mm	试验短期刚度 B_{se}/kN·m²
G-Ste1-1	12.5	1020	210	8.414	19.14
G-Ste1-2	12.5	1020	210	9.1	17.70
G-Ste1-3	12.5	1020	210	9.8	16.43
G-Ste1-4	12.5	1020	210	11.1	14.51
G-Ste2	47	1020	210	6.45	93.88
G-Ste3	78	1020	210	5.13	195.89
G-Ste4	124	1020	210	4.32	369.80

8.5.3 蒸养 GFRP 筋混凝土短期刚度计算修正

美国 ACI 440.1R-15 规范验算截面刚度时，主要针对截面惯性矩进行研究，并且考虑到混凝土截面开裂后中心轴的变化，规范中引出有关开裂截面惯性矩的概念。由于混凝土截面开裂后其中心轴并不固定，随荷载的施加，裂缝的延伸也在不断发生改变，因此，在中心轴不断变化的情况下计算开裂后截面惯性矩比较困难。GB 50608—2010《纤维增强复合材料建设工程应用技术规范》规范主要基于钢筋混凝土构件的研究，利用几何变形条件、力学平衡方程、材料本构方程以及试验回归方法进行总结确定，由式（8-34）可见，我国规范中的相关数值较方便确定，减少了大量的计算工作，并经研究者确定具有一定的可靠性。因此，本节主要基于我国规范对蒸养 GFRP 筋混凝土短期刚度计算方法进行一定的修正。

为使修正模型应用更广泛，蒸养 GFRP 筋混凝土构件短期刚度计算时无须基于蒸养养护制度下混凝土与 GFRP 筋的材料性能。因此，修正过程中，规范短期刚度理论值计算均采用普通标养养护制度下混凝土与 GFRP 筋材料性能数据。基于 8.5.1 节理论公式，计算规范短期刚度理论值，见表 8-2，其中 G-Sta 表示标养养护制度下 GFRP 筋混凝土梁。

表 8-2 规范短期刚度理论值

FRP 筋混凝土梁	GFRP 筋		混凝土			短期刚度
	直径	弹性模量	截面宽截面高	保护层厚度	弹性模量	
	d/mm	E_f/GPa	$b×h$/mm	c/mm	E_c/GPa	B_s/kN·m²
G-Sta1-1	10	46	80×110	15	35.5	22.78
G-Sta1-2	10	46	80×110	20	35.5	20.39
G-Sta1-3	10	46	80×110	25	35.5	18.12
G-Sta1-4	10	46	80×110	35	35.5	13.99
G-Sta2	16	45	150×150	25	35.5	98.71
G-Sta3	19	44	178×178	25	35.5	204.49
G-Sta4	22	44	206×206	25	35.5	384.13

由表 8-1 与表 8-2 中不同保护层厚度条件下的试验刚度与规范刚度对比可见，保护层厚度 15mm 时，规范计算刚度值为试验刚度值的 1.19 倍，这说明保护层厚度 15mm 时蒸养 GFRP 筋混凝土梁实际刚度较小，即挠度变形比计算值更大。而随保护层厚度不断增大，规范计算刚度值与试验刚度值相差比例不断缩小，这主要是由于蒸养养护对构件的损伤随保护层厚度的增加而减小，表层损伤最为明显。而不同直径条件下的规范计算刚度与试验刚度值相对较小，并且随直径的增大相差比例减小。这主要是因为直径越大，蒸养养护对筋损伤越小，对整体黏结性能的损伤也随直径的增大而减小。因此，蒸养 GFRP 筋混凝土梁的刚度计算公式需分别从保护层厚度及不同直径引起的不同影响规律进行修正。

基于我国刚度计算规范可见，刚度与裂缝间纵向受拉 GFRP 筋应变不均匀系数存在着直接的关系。因此，本节主要依据试验刚度占理论刚度比值及裂缝间纵向受拉 GFRP 筋应变的不均匀系数，对理论计算刚度进行修正，并引入我国设计规范中。其中裂缝间纵向受拉 GFRP 筋应变的不均匀系数见 8.4.3 节中式（8-26）。

如图 8-5 和图 8-6 所示，修正系数表达关系式为

$$c_c = 0.7 e^{0.01c} \tag{8-41}$$

$$c_d = 0.8656 e^{0.005d} \tag{8-42}$$

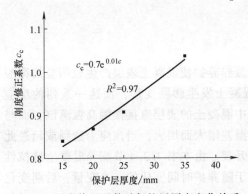

图 8-5　刚度修正系数随保护层厚度变化关系

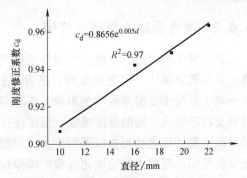

图 8-6　刚度修正系数随直径变化关系

整理式（8-41）和式（8-42）可得蒸养养护损伤的综合修正系数

$$c_{ste} = 0.7 e^{0.01c} e^{0.005d} \tag{8-43}$$

因此，蒸养 GFRP 筋混凝土构件短期刚度计算修正模型为

$$B_s = c_{ste} \frac{E_f A_f h_{of}^2}{1.15\psi' + 0.2 + \dfrac{6\alpha_{fE}\rho_f}{1+3.5\gamma_f'}} \tag{8-44}$$

式中相关系数含义及取值同前。

采用上述修正模型对试验试件刚度进行计算并与试验结果对比分析，由图 8-7 可见，上述修正模型与实际蒸养 GFRP 筋混凝土的刚度变化规律更为吻合。

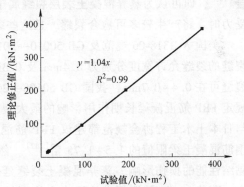

图 8-7　修正值与试验值对比分析

8.6　蒸养 GFRP 筋混凝土构造要求修正建议

8.6.1　蒸养混凝土最小保护层厚度

混凝土保护层是用于保护内部筋材的。混凝土保护层厚度指混凝土结构构件中受力筋中最外层筋的外边缘至混凝土表面的距离。基于前几章的研究可知，蒸养混凝土对其表层产生了较为明显的损伤，这一点与贺智敏[16]对蒸养混凝土的研究结论是一致的。因此，蒸养混凝土保护层厚度应适当增大，以起到保护内部筋材的作用。由于 GFRP 筋的耐腐蚀性能，增大系数无须较大，建议增大系数为 1.1 即可。

我国规范规定 FRP 筋用于混凝土板时，最小保护层厚度不应小于 15mm；用于混凝土梁时，最小保护层厚度不应小于 20mm。当 FRP 筋作为纵向受力筋时，水平方向的净间距不应小于 25mm 或 FRP 筋的最大直径。郝庆多[219]根据临界黏结强度与保护层相对厚度关系，

建议 GFRP/钢绞线复合筋混凝土保护层最小厚度为其直径的 2 倍。

综合考虑保护层厚度施工方便及临界黏结强度的要求，建议蒸养 GFRP 筋混凝土应用于混凝土构件中最小保护层厚度均不宜小于 $\max\{25mm, 2d\}$，即取 25mm 与 2 倍直径的最大值。

8.6.2 蒸养混凝土裂缝允许值

基于第 3 章对蒸养混凝土热损伤的研究可知，蒸养养护使混凝土表层产生较明显的微裂缝，并且贺智敏[17] 研究也发现，蒸养养护将使混凝土发生膨胀变形，而这一系列的反应主要基于混凝土受温度效应的影响。蒸养养护环境中混凝土的表层直接接触高温蒸汽，而与混凝土内部形成一定的温度梯度。温度使拉应力随温差增大而增大，当拉应力达到或超过此时混凝土凝结硬化过程的极限拉应力，混凝土开始开裂。由本书 3.3.4 节蒸养混凝土抗拉性能分析可知，混凝土凝结硬化过程中极限拉应力属于随养护时间变化的一个变量，后期变化趋于平缓。

然而，由本书 3.3.1 节对蒸养混凝土表观形貌观测可知，混凝土表层裂缝基本属于微裂缝，裂缝宽度一般不大于 0.15mm。通常认为宽度不大于 0.15~0.20mm 的裂缝可自行愈合[281]，即可认为蒸养混凝土表层裂缝属于可自行愈合裂缝。蒸养混凝土构件服役前或较小受力时，将产生较多可愈合裂缝，且这些裂缝可认为是不影响其承载力的。

美国 ACI318-06 规范及 GB 50010—2010 规范规定普通钢筋混凝土梁的内部裂缝及外部裂缝的裂缝允许宽度分别为 0.4mm 及 0.3mm。然而美国 ACI-15 规范建议 FRP 筋混凝土梁裂缝可在 0.4~0.7mm，我国 GB 50608—2010《纤维增强复合材料建设工程应用技术规范》规定 FRP 筋混凝梁长期作用影响的最大裂缝宽度限值取 0.5mm。加拿大公路桥梁设计规范与日本土木工程协会规范都建议 FRP 筋混凝土梁最大允许裂缝宽度可适当放宽，并取普通钢筋混凝土梁限值的 1.5~1.75 倍[282]。然而，由于受蒸养养护对混凝土、GFRP 筋及两者黏结性能的损伤影响，蒸养混凝土裂缝延伸速率及宽度展开将更快。因此，基于安全性考虑，蒸养 GFRP 筋混凝土的最大允许裂缝应该在 FRP 筋规范基础上乘以一定的安全系数，建议安全系数取值为 0.8~0.9。

8.6.3 蒸养混凝土中 GFRP 筋配筋建议

由于 GFRP 筋自身具有高强耐腐蚀性能，因此受到国内外研究者和工程师的青睐。然而，同时也由于 GFRP 筋本身的低弹模特性，抑制了 GFRP 筋的广泛应用。较多研究者针对 GFRP 筋混凝土结构性能进行了研究[229-233]，研究表明，GFRP 筋混凝土梁广泛应用最大的障碍是随 GFRP 筋配筋率的增加，混凝土梁裂缝与变形挠度也将明显增加甚至超过混凝土结构设计变形允许值[229]。蒸养高温高湿度对 GFRP 筋与混凝土造成的损伤，有可能加剧 GFRP 筋混凝土梁变形速率，而由第 5 章三点偏载试验结果可知，蒸养 GFRP 筋混凝土梁的挠度变形相对更大，正好证实了以上观点。因此，蒸养混凝土中 GFRP 筋的配筋方式及配筋率设计需得到关注，并特别说明。

基于第六章应用有限元对受拉筋、受压筋和箍筋中不同配筋率的 GFRP 筋应用于混凝土梁中的损伤性能模拟分析可知，GFRP 筋作为受拉筋和箍筋时，可充分利用强度和耐腐蚀特性，对梁结构损伤不会造成较大的伤害。然而，当 GFRP 筋应用于抗压筋时，蒸养混凝土梁的损伤明显增大，这将影响蒸养 GFRP 筋混凝土预制构件的使用。

因此，建议蒸养混凝土中 GFRP 筋配筋原则及最小配筋率在现有规范的基础上，对受压处 GFRP 筋的配筋应以最低配置进行考虑。

8.7　本章小结

本章基于蒸养 GFRP 筋混凝土的性能损伤分析及相关强度预测模型，建立了有关正截面承载力、正截面抗弯刚度与裂缝宽度计算的修正参数，并对蒸养混凝土最小保护层厚度、裂缝允许值及 GFRP 筋配筋给出了如下建议：

1）正截面承载力设计仍基于平截面等假定，并在 GB 50608—2010《纤维增强复合材料建设工程应用技术规范》的基础上引入蒸养混凝土抗压强度标准值损伤系数 $c_{sc}(t)$ 与蒸养混凝土中 GFRP 筋极限抗拉性能损伤系数 $c_{sb}(t)$ 进行了修正。

2）基于蒸养 GFRP 筋混凝土裂缝机理分析，对裂缝间纵向受拉 GFRP 筋应变不均匀系数、相对黏结特性系数及保护层厚度影响系数进行修正，分别引入蒸养混凝土抗拉性能损伤系数 $c_{sc}(t)$ 及保护层厚度取值修正系数 β，并建议蒸养混凝土中 GFRP 筋的相对黏结特性系数 v' 等于 1.5。

3）基于试验刚度与我国现行规范刚度值的对比分析，提出修正系数 c_{ste} 对正截面抗弯刚度设计进行修正，并且刚度计算中裂缝间纵向受拉 GFRP 筋应变不均匀系数根据 8.4.3 节进行了相应的修正。

4）蒸养 GFRP 筋混凝土预制构件中最小保护层厚度建议均不宜小于 25mm 及 2 倍筋材直径间的最大值；最大允许裂缝建议应该在 FRP 筋规范基础上乘以一定的安全系数，安全系数建议取值为 0.8~0.9。

5）建议蒸养混凝土中 GFRP 筋配筋原则及最小配筋率在现有规范的基础上，对受压处 GFRP 筋的配筋应以最低配置进行考虑。

参 考 文 献

［1］ 王洋，董恒磊，王震宇. GFRP 筋混凝土梁受弯性能试验 ［J］. 哈尔滨工业大学学报，2018, 50（12）：30-31.

［2］ 钱洋. 预应力 AFRP 筋混凝土梁受弯性能试验研 ［D］. 南京. 东南大学，2004.

［3］ 姬瑞璞，张宁远. 预应力状态下 FRP 筋材剪切性能的试验研究 ［J］. 中国市政工程，2018,（4）：101-104, 114.

［4］ 中华人民共和国国务院. 铁路安全管理条例（第 639 号公布文件）［Z］. 2014.

［5］ GLEN M C, RACHEL J D. Development of Mix Designs for Strength and Durability of Steam-Cured Concrete ［J］. Concrete International, 1993, 15（7）：37-39.

［6］ WON I, NA Y, KIM J T, et al. Energy-Efficient Algorithms of the Steam Curing for the in Situ Production of Precast Concrete Members ［J］. Energy and Buildings, 2013, 64（5）：275-284.

［7］ LONG G C, WANG M, XIE Y J, et al. Experimental Investigation on Dynamic Mechanical Characteristics and Microctrnctnre of Steam-cured Concrete ［J］. Science China Technological Sciences, 2014（57）：1902-1908.

［8］ RAMEZANIANPOUR A M, ESMAEILI K, GHAHARI S A, et al. Influence of Initial Steam Curing and Different Types of Mineral Additives on Mechanical and Durability Properties of Self-compacting Concrete ［J］. Construction and Building Materials, 2014, 73（3）：187-194.

［9］ RAMEZANIANPOUR A A, KHAZALI M H, VOSOUGHI P. Effect of Steam Curing Cycles on Strength and Durability of SCC：A Case Study in Precast Concrete ［J］. Construction and Building Materials, 2013, 49（6）：807-813.

［10］ 牛克想. 受腐蚀高速铁路预应力蒸养混凝土桥梁的力学性能研究 ［D］. 长沙：中南大学，2012.

［11］ 姚国文，廖刚，李世亚. FRP 在交通土建工程中的应用 ［C］. 重庆：第九届全国建设工程 FRP 应用学术交流会，2015.

［12］ 王伟，薛伟辰，钱文军. FRP 筋耐久性试验方法研究进展 ［J］. 河北工程大学学报（自然科学版），2008, 25（1）：1-4.

［13］ 刘志勇，吴桂芹，马立国. FRP 筋及其增强砼的耐久性与寿命预测 ［J］. 烟台大学学报（自然科学与工程版）2005, 18（1）. 66-73.

［14］ BA M F, QIAN C X, GUO X J, et al. Effects of Steam Curing on Strength and Porous Structure of Concrete with Low Water/Binder Ratio ［J］. Construction and Building Materials, 2011, 25（1）：123-128.

［15］ 杨全兵. 蒸养混凝土的抗盐冻剥蚀性能 ［J］. 建筑材料学报，2000（2）：113-117.

［16］ 贺智敏. 蒸养混凝土的热损伤效应及其改善措施研究 ［D］. 长沙：中南大学，2012.

［17］ 贺智敏，龙广成，谢友均，等. 蒸养混凝土的表层伤损效应 ［J］. 建筑材料学报，2014（6）：994-1000, 1008.

［18］ HE Z M, LIU J Z, WANG T H. Chloride Ions Penetration Resistance of Steam-Cured Concrete for Railway Precast Elements ［J］. Advanced Materials Research, 2011, 219（5）：1419-1422.

［19］ 彭波. 蒸养制度对高强混凝土性能的影响 ［D］. 武汉：武汉理工大学，2007.

［20］ 彭波，胡曙光，丁庆军，等. 蒸养参数对高强混凝土抗氯离子渗透性能的影响 ［J］. 武汉理工大学学报，2007（5）：27-30.

［21］ 刘宝举. 粉煤灰作用效应及其在蒸养混凝土中的应用研究 ［D］. 长沙：中南大学，2007.

［22］ 肖茜. 蒸养条件下外加剂对混凝土性能的影响 ［D］. 西安：西安建筑科技大学，2013.

［23］ 徐雯雯，贺智敏，柳俊哲，等. 偏高岭土对蒸养混凝土强度和毛细吸水性的影响 ［J］. 硅酸盐通报，2017, 36（1）：20-26.

［24］ 马昆林，龙广成，谢友均. 蒸养混凝土轨道板劣化机理研究 ［J］. 铁道学报，2018, 40（8）：116-121.

［25］ 伍勇华，张鹏，程浩，等. 蒸养条件下两性聚羧酸减水剂对胶砂及混凝土强度的影响 ［J］. 硅酸盐学报，2017, 36（7）：2275-2279.

［26］ 盖忠林. 高速公路装配式混凝土构件的蒸养装置的研究 ［J］. 低碳世界，9（2）：235-236.

［27］ 苏扬，徐志辉，丑纪能，等. 蒸养制度对预制构件混凝土早期强度的影响研究 ［J］. 混凝土与水泥制品，2019, 48（3）：48-50.

［28］ 李雪梅，齐莉莉. 矿物掺合料对管片蒸养混凝土强度的影响 ［J］. 低温建筑技术，2018, 40（7）：14-15, 18.

［29］ 齐莉莉，李雪梅. 蒸养制度对地铁管片混凝土抗渗性能的影响 ［J］. 低温建筑技术，2018, 40（7）：16-18.

[30] 苏小梅，李坚. 重金属离子对蒸养混凝土力学性能影响及其浸出特性研究 [J]. 硅酸盐通报，2018，37（2）：625-629.

[31] 贺炯煌，马昆林，龙广成，等. 蒸汽养护过程中混凝土力学性能的演变 [J]. 硅酸盐学报，2018，46（11）：1584-1592.

[32] 米刘芳. 蒸汽养护混凝土抗冻性能的试验研究 [J]. 港工技术，2018，55（6）：117-120.

[33] 何巍巍. 蒸汽养护对轨枕混凝土力学性能和耐久性的影响 [J]. 低温建筑技术，2018，40（5）：9-11.

[34] 吴芳. 含气量对蒸养混凝土强度和抗冻性的影响 [J]. 天津建设科技，2017，27（4）：9-10.

[35] 孙丕晏. 双块式混凝土轨枕预制蒸养温度与芯部温度研究 [J]. 云南水力发电，2017，33（6）：18-20.

[36] 周予启，刘进，王栋民. 不同水胶比下磷渣在蒸养混凝土中的应用 [J]. 土木工程，2017，6（6）：635-642.

[37] 张鹏. FRP筋混凝土梁受力性能的试验研究及理论分析 [D]. 南宁：广西大学，2006.

[38] 金清平，郑祖嘉，陆伟，等. GFRP筋拉伸力学性能与破坏形态试验分析 [J]. 中国塑料，2014（11）：67-72.

[39] 金清平，郑祖嘉，肖良丽. GFRP筋尺寸及材料组分对其拉伸性能的影响 [J]. 工程塑料应用，2014（7）：82-86.

[40] 张新越，欧进萍. FRP筋酸碱盐介质腐蚀与冻融耐久性试验研究 [J]. 武汉理工大学学报，2007，29（1）：33-37.

[41] 王伟. 碱环境下GFRP筋耐久性试验与理论研究 [D]. 上海：同济大学，2011.

[42] American Concrete Institute. Guide for the Design and Construction of Concrete Reinforced with FRP Bars: ACI 440. 1R-06 [S]. Farmington Hills: American Concrete Inst. 2006.

[43] CHEN Y. Accelerated Aging Tests and Long-Term Prediction Models for Durability of FRP Bars in Concrete [D]. Morgantown: West Virginia University, 2007.

[44] NKURUNZIZA G, BENMOKRANE B, DEBAIKY A S, et al. Effect of Sustained Load and Environment on Long-term Tensile Properties of Glass Fiber-Reinforced Polymer Reinforcing Bars [J]. ACI Structural Journal, 2005, 102（4）：615-621.

[45] BENMOKRANE B, WANG P, TAN T T, et al. Durability of Glass Fiber-Reinforced Polymer Reinforcing Bars in Concrete Environment [J]. Journal of Composites for Construction, 2002, 6（3）：143-153.

[46] STECKEL G L, HAWKINS G F, BAUER J L. Environmental Durability of Composites for Seismic Retrofit of Bridge Columns [C]. Second International Conference on Composites in Infrastructure, 1998.

[47] DEJKE V. Durability of FRP Reinforcement in Concrete [D]. Sweden: Chalmers University of Technology, 2001.

[48] CHEN Y, DAVALOS J F, RAY I. Durability Prediction for GFRP Reinforcing Bars Using Short-Term Data of Accelerated Aging Tests [J]. Journal of Composites for Construction, 2014, 10（10）：279-286.

[49] CHEN Y, DAVALOS J F, RAY I. Critical Short-Term Data on Durability of FRP Reinforcing Bars for Long-Term Prediction Models [J]. American Society for Composites, 2005：10（10）73-88.

[50] CHEN Y, DAVALOS J F, RAY I. Accelerated Aging Tests for Evaluations of Durability Performance of FRP Reinforcing Bars for Concrete Structures [J]. Composite Structures, 2007, 78（1）：101-111.

[51] HE X J, YANG J N, BAKIS C E. Tensile Strength Characteristics of GFRP Bars in Concrete Beams with Work Cracks under Sustained Loading and Severe Environments [J]. Journal of Wuhan University of Technology（materials science edition），2013, 28（5）：934-937.

[52] HE X J, YANG W R, DAY L. Shear Performance of GFRP Bars Embedded in Concrete Beams with Crack in Different Environments [C]. Nanjing, The 12th International Symposium on Fiber Reinforced Polymers for Reinforced Concrete Structures（FRPRCS-12），2015.

[53] ISLAM S, AFEFY H M, SENNAH K, et al. Bond Characteristics of Straight and Headed-end, Ribbed-surface, GFRP Bars Embedded in High-strength Concrete [J]. Construction and Building Materials, 2015, 83（5）：283-298.

[54] MAZAHERIPOUR H, BARROS J, SENA J M. Experimental Study on Bond Performance of GFRP Bars in Self-compacting Steel Fiber Reinforced Concrete [J]. Composite Structures, 2013, 95：202-212.

[55] GAO Y Y, LIU J X, YUE C X, et al. Experimental Study and Recommendation on Concrete Cover Thinkness of GFRP [J]. Applied Mechanics and Materials, 2014, 578：1410-1414.

[56] BAKIS C E, BOOTHBY T E, JIA J. Bond Durability of Glass Fiber-Reinforced Polymer Bars Embedded in Concrete Beams [J]. Journal Composite Construction, 2007, 11 (3): 269-278.

[57] KATZ A, BERMAN N. Modeling the effect of high temperature on the bond of FRP reinforcing bars to concrete [J]. Cement and Concrete Composites, 2000, 22: 433-443.

[58] ABBASI A, HOGG P J. Temperature and Environmental Effects on Glass Fibre Rebar: Modulus, Strength and Interfacial Bond Strength with Concrete [J]. Composites Part B Engineering, 2005, 36 (5): 394-404.

[59] GALATI N, NANNI A, DHARANI. Thermal Effects on Bond between FRP Rebars and Concrete [J]. Composites, Part A. 2006, 37 (8): 1223-1230.

[60] 吕西林, 周长东, 金叶. 火灾高温下GFRP筋和混凝土粘结性能试验研究 [J]. 建筑结构学报, 2007, 28 (5): 32-39.

[61] MASMOUDI A, MASMOUDI R, OUEZDOU M B. Thermal Effects on GFRP Rebars: Experimental Study and Analytical Analysis [J]. Materials and Structures, 2010, 43 (6): 775-788.

[62] 王晓璐, 查晓雄, 张旭琛. 高温下FRP筋与混凝土的粘结性能 [J]. 哈尔滨工业大学学报, 2013, 45 (6): 8-15.

[63] CHAPMAN R A, SHAH S P. Early-age Bond Strength in Reinforced Concrete [J]. ACI Materials Journal, 1987, (6): 501-510.

[64] BAKIS C E. Durability of GFRP Reinforcement Bars [C]. Beijing: Advances in FRP Composites in Civil Engineering Proceedings of the 5th International Conference on FRP Composites in Civil Engineering, 2010.

[65] JEONG Y, LOPEZ M M, BAKIS C E. Effects of temperature and sustained loading on the mechanical response of CFRP bonded to concrete: [J]. Construction and Building Materials, 2016, 124 (124): 442-452.

[66] BENMOKRANE B, TIGHIOUART B, CHAALAL O. Bond Strength and Load Distribution of Composite GFRP Reinforced Bars in Concrete [J]. ACI Material. Journal. 1996, 93 (3): 246-253.

[67] 吴波, 王军丽. 碳纤维布加固钢筋混凝土板的耐火性能试验研究 [J]. 土木工程学报, 2017, 40 (6): 27-31.

[68] 李维. CFRP加固钢筋混凝土板的抗火性能研究 [D]. 昆明: 昆明理工大学, 2017.

[69] KACHANOV L M. Time rupture process under creep conditions [J]. Izvestia Akademii Nauk SSSR, Otdelenie Tekhnicheskich Nauk, 1958, 12 (8): 26-31.

[70] RABOTNOV Y N. Creep rupture [M]. Berlin: Springer, 1969.

[71] JANSON J, HULT J. Fracture Mechanics and Damage Mechanics: A Combined Approach [J]. Journal of Applied Mechanics, 1977 (1): 59-64.

[72] 杨光松, 周鸣鸿. 玻璃纤维增强复合材料的损伤分析 [J]. 国防科技大学学报, 1988 (3): 1-11, 108.

[73] 李杰, 张其云. 混凝土随机损伤本构关系 [J]. 同济大学学报, 2001, 29 (10): 1135-1141.

[74] 李笃权, 张克实. 细观尺度的混凝土材料损伤 [J]. 西北水资源与水工程, 2002, 13 (1): 7-9.

[75] 杨强, 陈新, 周维垣. 岩土材料弹塑性损伤模型及变形局部化分析 [J]. 岩石力学与工程学报, 2004 (21): 3577-3583.

[76] 潘洪科, 李颖, 虞兴福, 等. 细观损伤理论在地下工程结构耐久性研究中的应用 [J]. 建材世界, 2015, 36 (3): 87-91.

[77] HORRIGMOE G. Future Needs in Concrete Repair Technology [C]. London and New York: In Concrete Technology for a Sustainable Development in 21st Century, 2000.

[78] 谢友均, 马昆林, 刘运华, 等. 蒸养超细粉煤灰高性能混凝土性能试验研究 [J]. 深圳大学学报 (理工版), 2007 (3): 234-239.

[79] 谢友均, 冯星, 刘宝举, 等. 蒸养混凝土抗压强度和抗冻性能试验研究 [J]. 混凝土, 2003 (3): 32-34, 51.

[80] 中国建筑科学研究院. 普通混凝土力学性能试验方法标准: GB/T 50081—2002 [S]. 北京: 中国建筑工业出版社, 2003.

[81] American Society for Testing Materials. Standard Test Method for Moisture Absorption Properties and Equilibrium Conditioning of Polymer Matrix Composite Materials: ASTM D5229 [S]. US-ASTM, 2010.

[82] 贾元法, 刘新翠. 养护制度对混凝土抗氯离子渗透性能的影响 [J]. 公路交通科技 (应用技术版), 2018, 14

(10): 39-41.

[83] KHATIB J M, MANUAT P S. Absorption Characteristics of Concrete as A Function of Location Relative to the Casting Position [J]. Cement and Concrete Research, 1995, 25 (5): 999-1010.

[84] HALL C. Water Sorptivity of Mortars and Concretes: a Renew [J]. Magzine of Concrete Research, 1989, 147: 51-61.

[85] 中国建筑科学研究院. 纤维增强复合材料建设工程应用技术规范: GB 50608—2010 [S]. 北京: 中国建筑工业出版社, 2010.

[86] CARION N J, LEW H S. Reexamination of the Relation between Splitting Tensile and Compressive Strength of Normal Weight Concrete [J]. Journal of American Concrete Institute, 1982, 79 (3): 214-218.

[87] LASKAR A I M, KUMAR R, BHATTACHARJEE B. Some Aspects of Evaluation of Concrete through Mercury Intrusion Porosimetry [J]. Cement and Concrete Research, 1997, 27 (1): 93-105.

[88] KUMAR R, BHATTACHARJEE B. Porosity, Pore Size Distribution and in Situ Strength of Concrete [J]. Cement and Concrete Research, 2003, 33 (1): 155-164.

[89] 吴中伟. 混凝土中心质假说 [R]. 北京: 北京水泥科学研讨中心, 1959.

[90] 国家水泥混凝土制品质量监督检验中心. 玄武岩纤维混凝土与聚丙烯纤维混凝土、聚丙烯腈纤维混凝土性能测试研究报告 [R]. 北京: 国家水泥混凝土制品质量监督检验中心, 2006.

[91] METHA P K. 混凝土的结构、性能与材料 [M]. 祝永年, 沈威, 陈志源, 译. 上海: 同济大学出版社, 1991.

[92] VERBECK G J, HELMUTH R A. Structures and Physical Properties of Cement Daste [C]. Tokyo: Proceedings of Fifth International Symposium on Chemistry of Cements, 1968.

[93] NEVILLE A M. Properties of Concrete (third edition) [M]. London: Pitman Publishing Limited, 1981, 271.

[94] POWERS T C. Structure and Physical Properties of Portland Cement Paste [J]. Journal of the American Ceramic Society, 1958, 1 (41): 1-6.

[95] 武胜萍. 玻璃纤维增强聚物筋耐久性及其增强水泥基复合材料研究 [D]. 南京: 东南大学, 2014.

[96] 张文华, 张云升. 高温养护条件下现代混凝土水化、硬化及微结构形成机理研究进展 [J]. 硅酸盐通报, 2015, 34 (1): 149-155.

[97] LERCH W. The Influence of Gypsum on the Hydration and Properties of Portland Cement Pastes [J]. Portland Cement Assoc R & D Lab Bull, 2008, 46 (2): 33-45.

[98] SOROKA I. Portland Cement Paste and Concrete [M]. London: Macmillan Education UK, 1979.

[99] 金叶. GFRP 筋耐久性能及耐火性能研究 [D]. 上海: 同济大学, 2006.

[100] 代力. 持续荷载与环境作用下混凝土梁中 GFRP 筋抗拉性能研究 [D]. 武汉理工大学, 2017.

[101] RAHMAN A H, LAUZIER C, KINGSLEY C, et al. Experimental Investigation of the Mechanism of Deterioration of FRP Reinforcement for Concrete [C]. Tucson: Proceeding of 2nd International Conference on Composite in Infrastructure, 1998.

[102] TANNOUS F E, SAADATMANESH H. Environmental effects on the mechanical properties of E-glass FRP rebars [J]. ACI Materials Journal, 1998, 95 (2): 87-100.

[103] DAI L, HE X J, SHEN F. A Effective Solution Method Based on Bayesian Rule for Prediction of Long-term Tensile Strength of GFRP Bars in Concrete Beams [C]. Shang hai: International Conference on Materials Science and Engineering Technology (MSET), 2014.

[104] 代力, 何雄君, 杨文瑞. 考虑初始裂缝的 GFRP 筋混凝土梁受弯性能试验 [J]. 武汉理工大学学报, 2014, 36 (9): 85-89.

[105] 代力, 何雄君, 杨文瑞, 等. 带工作裂缝 GFRP 筋混凝土梁抗弯性能受环境影响试验研究 [J]. 武汉理工大学学报 (交通科学与工程版), 2015, 39 (4): 755-758.

[106] PATEL H H, BLAND C H, POOLE A B. The Microstructure of Concrete Cured at Elevated Temperatures [J]. Cement and Concrete Research, 1995, 25 (3): 485-490.

[107] 耿健, 彭波, 孙家瑛. 蒸汽养护制度对水泥石孔结构的影响 [J]. 建筑材料学报, 2011, 14 (1): 116-118, 123.

[108] REINHARDT H W, STEGMAIER M. Influence of Heat Curing on the Pore Structure and Compressive Strength of Self-

compacting Concrete (SCC)[J]. Cement and Concrete Research, 2006, 36 (5): 879-885.

[109] VODAK F, TRTIK K, KAPICKOVA O. The Effect of Temperature on Strength-Porosity Relationship for Concrete[J]. Construction and Building Materials, 2004, 18 (7): 529-534.

[110] HO D W S, CHUA C W, TAM C T. Steam-Cured concrete Incorporating Mineral Admixtures[J]. Cement and Concrete Research, 2003, 33 (4): 595-601.

[111] KJELLSEN K O. Heat Curing and Post-heat Curing Regimes of High Performance Concrete: Influence on Microstructure and C-S-H Composition[J]. Cement and Concrete Research, 1996, 26 (2): 295-307.

[112] Lin Y, Hsiao C, Yang H, et al. The effect of post-fire-curing on strength-velocity relationship for nondestructive assessment of fire-damaged concrete strength[J]. Fire Safety Journal, 2011, 46 (4): 178-185.

[113] 赵兴英. 影响蒸养水泥净浆性能的因素研究[D]. 长沙: 中南大学, 2010.

[114] American Concrete Institute. Guide Test Methods for Fiber-reinforced Polymers (FRPs) for Reinforcing or Strengthening Concrete Structures: ACI 440.3R-04[S]. Farmington Hills: American Concrete Inst, 2004.

[115] DAVALOS J F, CHEN Y, RAY I. Long-term Durability Prediction Models for GFRP Bars in Concrete Environment[J]. Journal of Composite Materials, 2011, 46 (16): 1899-1914.

[116] TAYLOR H F W, FAMY C, SCRIVENER K L. Delayed ettringite formation[J]. Cement and Concrete Research, 2001, 31 (5) 683-693.

[117] 李晓玲. 早期高温水养护对矿物料混凝土力学性能影响的研究[D]. 北京: 中国矿业大学, 2014.

[118] 陈磊, 陈国新, 苏枋. 蒸养混凝土力学性能国内外研究现状[J]. 粉煤灰综合利用, 2016 (5): 61-64.

[119] CHALLAL O, BENMOKRANE. Pullout and bond of glass-fbre rods embedded in concrete and cement grout[J]. Materials and Structures, 1993 (26): 167-175.

[120] EHASNI M R, SAADATMANESH H, TAO S. Design Recommendations for Bond of GFRP Rebars to Concrete[J]. Journal of Structural Engineering, 1996, 122 (3): 247-254.

[121] 王英来. 高温后FRP筋拉伸性能及其与混凝土粘结性能试验研究[D]. 郑州: 郑州大学, 2013.

[122] TANANO H, MASUDA Y, KAGE T, et al. Fire resistance of continuous fbre reinforced concrete[C] London: Proceedings of non-metallic (FRP) reinforcement for concrete structures, RILEM Proceedings 29, 1995.

[123] YILMAZ V T. Chemicial Attach on Alkali-resistant Fibres in Matrix: Solids. Characterization of Corrosion Products[J]. Journal Hydrating Cement of Non-Crystaline, 1992, 151 (3): 236-244.

[124] YILMAZ V T, GLSSER F P. Reaction of Alkali-resistant Glass Fibres with Cement, Part 1: Review, Assessment, and Microscopy[J]. Glass Technology, 1991, 32 (3): 91-98.

[125] RAMIREZ F A, CARLSSON L A. Modified Single Fiber Fragmentation Test Procedure to Study Water Degradation of the Fiber-matrix Interface Toughness of Glass-vinyl Ester[J]. Journal of Materials Science, 2009, 44 (12): 3035-3042.

[126] FISCHER H. Polymer Nanocomposites: from Fundamental Research to Specific Applications[J]. Materials Science and Engineering C, 2003, 23 (6-8): 763-772.

[127] WON J P, YOON Y N, HONG B T, et al. Durability Characteristics of Nano-GFRP Composite Reinforcing Bars for Concrete Structures in Moist and Alkaline Environments[J]. Composite Structures, 2012, 94 (3): 1236-1242.

[128] 付凯, 薛伟辰. 人工海水环境下GFRP筋抗拉性能加速老化试验[J]. 建筑材料学报, 2014, 17 (1): 25-41.

[129] 付凯. 侵蚀环境下FRP材料耐久性试验与理论研究[D]. 上海: 同济大学, 2012.

[130] KUMAR P, SIN A S K, GHOSH S. Estimation of pore size and porosity of modified polyster /PVA blended spun yarn[J]. Fibers and Polymers, 2016, 17 (9): 1489-1496.

[131] LUCAS V R. Ueber das Zeitgesetz des kapillaren Aufstiegs von Flucssigkeiten[J]. Kolloid Zeitschrift, 1918, 23 (1): 15-22.

[132] WASHBURN, E W. The dynamics of capillary flow[J]. Physical Review, 1921 (17): 273-283.

[133] GZÈL G, CZIGANY T. A Study of Water Absorption and Mechanical Properties of Glass Fiber/Polyester Composite Pipes-Effects of Specimen Geometry and Preparation[J]. Joumal of Composite Materials, 2008, 26 (42): 2815-2827.

[134] SHEN C H, SPRINGER G S. Moisture Absorption and Desorption of Composite Materials[J]. Journal of Composite Materials, 1976 (10): 2-20.

[135] SOUSA J M, CORREIA J R, Cabral-Fonseca S, et al. Effects of Thermal Cycles on the Mechanical Response of Pultruded GFRP Profiles used in Civil Engineering Applications [J]. Composite Structures, 2014, 116 (1): 720-731.

[136] ROBERT M, BENMOKRANE B. Combined Effects of Saline Solution and Moist Concrete on Long-Term Durability of GFRP Reinforcing Bars [J]. Construction and Building Materials, 2013, 38 (1): 274-284.

[137] 杜钦庆. GFRP 筋力学性能试验研究 [D]. 南京：河海大学, 2008.

[138] MUKHERJEE A, ARWIKAR S J. Performance of Glass Fiber-Reinforced Polymer Reinforcing Bars in Tropical Environments-Part Ⅱ: Microstructural Tests [J]. ACI Structural Journal, 2005, 102 (6): 816-822.

[139] 姬永生, 徐从宇, 王磊, 等. 混凝土中钢筋腐蚀过程的温湿度综合效应 [J]. 土木建筑与环境工程, 2012, 34 (1): 12-16.

[140] LIU B J, XIE Y J, ZHOU S Q, et al. Some Factors Affecting Early Compressive Strength of Steam-Curing Concrete With Ultrafine Fly Ash [J]. Cement and Concrete Research, 2001, 31 (10). 1455-1458.

[141] ESCALANTE-GARCIA J I, SHARP J H. The Microstructure and Mechanical Properties of Blended Cements Hydrated At Various Temperatures [J]. Cement and Concrete Research, 2001, 31 (5): 695-702.

[142] GALLUCCI E, ZHANG X, SCRIVENER K L. Effect of Temperature on the Microstructure of Calcium Silicate Hydrate (C-S-H) [J]. Cement and Concrete Research, 2013, 53 (1): 185-195.

[143] BAHAFID S, GHABEZLOO S, DUC M, et al. Effect of the Hydration Temperature on the Microstructure of Class G Cement: C-S-Hcomposition and Density [J]. Cement and Concrete Research, 2017, 95 (1): 270-281.

[144] 汪冬冬, 田伟丽, 王成启. 蒸汽养护及矿粉对混凝土力学性能、抗氯离子渗透性和抗冻性能影响 [J]. 中国港湾建设, 2011 (01): 23-26.

[145] GONENC O. Durability and Service-life Prediction of Concrete Reinforcing Materials [D]. Madison: Universtiy of Wisconsin-Madison, 2003.

[146] 代力. 持续荷载与环境作用下混凝土梁中 GFRP 筋抗拉性能研究 [D]. 武汉：武汉理工大学, 2017.

[147] CHEN Y, DAVALOS J F, RAY I, et al. Accelerated aging tests for evaluations of durability performance of reinforcing bars for concrete structures [J]. Composite Structures, 2007, 78 (1): 101-111.

[148] KIM H Y, PARK Y H, YOU Y J, et al Short-term durability test for GFRP rods under various environmental conditions [J] Composite Structures, 2008, 83 (1): 37-47.

[149] AL-SALLOUM Y A, EI-GAMAL S, MUSALLAM T H, et al. Effect of harsh environmental conditions on the tensile properties of GFRP bars [J]. Composites Part B: Engineering, 2013, 45 (1): 835-844.

[150] 董志强. FRP 筋增强混凝土结构耐久性能及其设计方法研究 [D]. 南京：东南大学, 2018.

[151] CERNOI F, COSENZA E, GAETANO M, et al. Durability Issues of FRP Rebars in Reinforced Concrete Members [J]. Cement and Concrete Composites, 2006, 28 (10): 857-868.

[152] SERBESCU A, GUADAGNINI M, PILAKOUTAS K. Mechanical Characterization of Basalt FRP Rebars and Long-Term Strength Predictive Model [J]. Journal of Composites for Construction, 2014, 19 (2): 04014037.

[153] BENMOKRANE B, ELGABBAS F, AHMED E A, et al. Characterization and comparative durability study of glass/ lester basal/viny lester and basal /epoxy FRP bars [J]. Journal of Composites for Construction, 2015, 19 (6): 04015008.

[154] 李凯雷. GFRP 锚杆抗腐蚀及粘结耐久性试验研究 [D]. 长沙：中南大学, 2012.

[155] 李趁趁, 于爱民, 王英来. 模拟混凝土碱性环境下 FRP 筋的耐久性 [J]. 建筑科学, 2013, 29 (1): 47-51.

[156] ELKHADIRI I, PUERTAS F. The Effect of Curing Temperature on Sulphate-resistant Cement Hydration and Strength [J]. Construction and Building Materials, 2008, 22 (7): 1331-1341.

[157] FAMY C, SCRIVENER K L, ATKINSON A, et al. Effect of an Early or Late Heat Treatment on the Microstructure and Composition of Inner C-S-H Products of Portland Cement Mortars [J]. Cement and Concrete Research, 2002, 32 (2): 269-278.

[158] YOO D Y, KWON K Y, PARK J J, et al. Local Bond-slip Response of GFRP Rebar in Ultra-high-performance Fiber-reinforced Concrete [J]. Composite Structures, 2015, 120 (1): 53-64.

[159] MARANAN G, MANALO A, KARUNASENA K, et al. Bond Stress-Slip Behavior: Case of GFRP Bars in Geopolymer Concrete [J]. Journal of Materials in Civil Engineering, 2015, 27 (1): 04014116.

[160] CHAJES M J, THOMSON T A, FARSCHMAN C A. Durability of Concrete Beams Externally Reinforced with Composite Fabrics [J]. Construction and Building Materials, 1995, 9 (3): 141-148.

[161] TYSL S R, IMBROGNO M, MILLER B D. Effect of surface delamination on the freeze/thaw durability of CFRP-reinforced concrete beams [C]. Sherbrooke: CDCC—Int. Conf. on Durability of Fibre Reinforced Polymer (FRP) Composites for Construction, 1998.

[162] LI G Q, PANG S S, HELMS J E, et al. Stiffness Degradation of FRP Strengthened RC Beams Subjected to Hygrothermal and Aging Attacks [J]. Journal of Composite Materials, 2002, 36 (7): 795-812.

[163] 杨勇新, 王敬, 张小东. 碳纤维布加固混凝土结构耐久性初步研究 [J]. 港工技术, 2002, 6 (2): 25-27.

[164] 高丹盈, 程红强. 冻融循环对新老混凝土粘结性能的影响 [J]. 混凝土, 2006, 3: 29-32.

[165] 管巧艳, 高丹盈, 李彬. 冻融循环作用后CFRP与混凝土粘结性能研究 [J]. 工业建筑, 2010, 40 (6): 9-11.

[166] 李趁趁, 高丹盈, 张启明. 冻融作用下FRP加固混凝土圆柱耐久性研究 [C]. 北京: 第十二届全国纤维混凝土学术会议, 2008.

[167] 程红强, 高丹盈, 朱海堂. 钢纤维混凝土抗冻耐久性能试验研究 [C]. 北京: 全国纤维混凝土学术会议, 2008.

[168] ALMUSALLAM T H. Durability of GFRP rebars in Concrete Beams under Sustained Loads at Severe Environments [J]. Journal of Composite Materials, 2005, 40 (7): 623-637.

[169] YI CHEN, JULIO F. DAVALOS, INDRAJIT Ray. Life-cycle Durability Prediction Models for GFRP Bars in Concrete under Sustained Loading and Environmental Exposure [C]. Greece: International Symposium on Fibre-reinforced Polymer Reinforcement for Concrete Structures, FRPRCS-8, 2007.

[170] GULLAPALLI A, LEE J, LOPEZ M, et al. Sustained Loading and Temperature Response of Fiber-Reinforced Polymer-Concrete Bond [J]. Transportation Research Record: Journal of the Transportation Research Board, 2009, 2131: 155-162.

[171] 任慧韬, 李彬, 高丹盈. 荷载和恶劣环境共同作用对CFRP-钢结构黏结性能的影响 [J]. 土木工程学报, 2009, 42 (3): 36-41.

[172] 胡安妮. 荷载和恶劣环境下FRP增强结构耐久性研究 [D]. 大连: 大连理工大学, 2007.

[173] RILEM. Bond Test for Reinforcement Steel. 1. Beam Test. RC 5, RILEM Technical Recommendations for The Testing and Use of Construction Materials, Part, 4, E&FN Spon [S]. London: Technical Recommendations for the Testing and Use of Construion Materials, 1999.

[174] Japan Society of Civil Engineers (JSCE). Test Method for Bond Strength of Continuous Fiber Reinforcing Materials by Pull-Out Testing. Recommendation for Design and Construction of Concrete Structures using Continuous Fiber Reinforcing Materials: JSCE-E 539-1995 [S]. Tokyo: Japan Society of Civil Engineers, 1995.

[175] 汪世永, 飞渭, 李炳宏. 复合纤维筋混凝土结构设计与施工 [M]. 北京: 中国建筑工业出版社, 2017.

[176] AL-ZAHRANI M M. Bond of FRP Reinforcement to Concrete [D], Densylvania: The Pennsylvania State University, 1995.

[177] JIA J H. Durability Evaluation of Glass Fiber Reinforced-Polymer-Concrete Bonded Interfaces [J]. Journal of Composites for Construction, 2005, 9 (4): 348-359.

[178] 康清梁. 钢筋混凝土有限元分析 [M]. 北京: 中国水利水电出版社, 1996.

[179] 朱伯龙, 董振样. 钢筋混凝土非线性分析 [M]. 上海: 同济大学出版社, 1985.

[180] MALVAR L J. Bond Stress-Slip Characteristics of FRP Rebars [J]. Naval Facilities Engineering Service Center, 1994, (1): 331-356.

[181] RUSSO G, ZINGONE G, ROMANO F. Analytical Solution for Bond-Slip of Reinforcing Bars in R. C. Joints [J]. Journal of Structural Engineering, 1990, 116 (2): 336-355.

[182] ELIGEHAUSEN R, POPOV E P, BERTERO V V. Local Bond Stress Slip Relationships of Deformed Bars under Generalized Excitations [C]. Paris: Proceedings of the 7th Europecm Conference on Earthquake Engineering, 1982.

[183] COSENZA E, MANFREDI G, REALFONZO R. Behavior and Modeling of Bond of FRP Rebars to Concrete [J]. Journal of Composites for Construction, 1997, 1 (2): 40-51.

[184] 张海霞, 朱浮声. 考虑粘结滑移本构关系的FRP筋锚固长度 [J]. 四川建筑科学研究, 2007 (4): 55-59.

[185] 高丹盈, 朱海棠, 谢晶晶. 纤维增强塑料筋混凝土粘结滑移本构模型 [J]. 工业建筑, 2003, 33 (7): 41-44.

[186] 高丹盈, 谢晶晶, 李趁趁. 纤维聚合物筋混凝土粘结性能的基本问题 [J]. 郑州大学学报, 2002, 23 (1): 1-5.

[187] 谢晶晶. 纤维增强塑料筋锚杆锚固机理及设计方法的研究 [D]. 郑州: 郑州大学, 2002.

[188] 高丹盈, 张钢琴. 纤维增强塑料锚杆锚固性能的数值分析 [J]. 岩土力学与工程学报, 2005, 24 (20): 3724-3729.

[189] NAKABA K, KANAKUBO T, FURUTA T, et al. Bond behavior between Fiber-Reinforced Polymer Laminates and Concrete [J]. ACI Structural Journal, 2001, 98 (3): 359-367.

[190] YANKELEVSKY, DAVID Z. New Finite Element for Bond-Slip Analysis [J]. Journal of Structural Engineering, 1985, 111 (7): 1533-1542.

[191] 郝庆多, 王言磊, 侯古林, 等. GFRP/钢绞线复合筋与混凝土粘结滑移本构关系模型 [J]. 工程力学, 2009, 26 (5): 62-72.

[192] 单炜, 张绍逸. BFRP 筋与混凝土的粘结-滑移本构关系 [J]. 建筑科学与工程学报, 2013, 30 (2): 15-20.

[193] 中国建筑科学研究院. 混凝土结构设计规范: GB 50010—2010 [S]. 北京: 中国建筑工业出版社, 2010.

[194] ESFAHANI R, RAKHSHANIMEHR M, MEHROLLAH, et al. Bond Strength of Lap-Spliced GFRP Bars in Concrete Beams [J]. Journal of Composites for Construction, 2013, 17 (3): 314-323.

[195] 彭旭. FRP-混凝土界面粘结性能的研究 [D]. 兰州: 兰州大学, 2018.

[196] 郝庆多, 王勃, 欧进萍. FRP 筋与混凝土的粘结性能 [J]. 建筑技术, 2007, 38 (1): 15-17.

[197] 鲁莎丽. 表面构造对 GFRP 筋粘结性能的影响研究 [D]. 西安: 长安大学, 2016.

[198] CHAJES M J, JR W W F, JANUSZKA T F, et al. Bond and Force Transfer of Composite Material Plates Bonded to Concrete [J]. Aci Structural Journal, 1996, 93 (2): 208-217.

[199] MAEDA T, ASANO Y, SATO Y, et al. A Study on Bond Mechanism of Carbon Fiber Sheet [J]. Non-Metallic (FRP) Reinforcement for Concrete Structures, JSCE, 1999, (1): 279-186.

[200] HORIGUCHI T. SAEKI N. Effect of Test Methods and Quality of Concrete On Bond Strength of CFRP Sheet [J]. Non-Metallic (FRP) Rein for cement for Concrete Structures, 1997 (1): 265-270.

[201] BIZINDAVYI L, NEALE K W. Transfer Lengths and Bind Strengths for Composites Bonded to Concrete [J]. Journal of Composites for Construction, 19993 (4): 153-160.

[202] BIZINDAVYI L. Transfer Lengths and Bond Strengths for Composites Bonded to Concrete [J]. Journal of Composites for Construction, 1999, 3 (4): 153-160.

[203] LEE Y J, BOOTHBY T E, BAKIS C E, et al. Slip Modulus of FRP Sheets Bonded to Concrete [J]. Journal of Composites for Construction, 1999, 3 (4): 161-167.

[204] ALI M S, MIRZA M S, LESSARD L. Bond Characteristics between Fiber-Reinforced Polymer Composite Laminate and Prestressed Concrete [J]. IABSE Symposium Report, 2013. 99 (30): 215-222.

[205] LAURA D L, BRIAN M, AUTONIO N. Bond of Fiber-Reinforced Polymer Laminates to Concrete [J]. ACI Structural Journal, 2001, (5): 256-264.

[206] MILLER B, NANNI A. Bond between CFRP Sheets and Concrete [C]. Proceedings of ASCE 5th Materials Congress, Cincinnate, 1999.

[207] HARMON T G, KIM Y J, Kardos J, et al. Bond of Surface-Mounted Fiber-Reinforced Polymer Reinforcement for Concrete Structures [J]. ACI Structural Journal, 2004, 101 (4): 581-582.

[208] MARTINELLI E, NAPOLI A, NUNZIATA B, et al. Inverse identification of a bearing-stress-interface-slip relaionship in mechanically fastened FRP laminates [J]. Composite Structures, 2012, 94 (8): 2548-2560.

[209] YAO J, TENG J G, CHEN J F. Experimental study on FRP-to-concrete bonded joints [J]. Composites Part B: Engineering, 2005, 36 (2): 99-113.

[210] KATSUKI F, UOMOTO T. Prediction of Deterioration of FRP Rods Due to Alkali Attack [C]. Proceedings of the Second International RILEM Symposium (FRPRCS-2), Non-Metallic (FRP) Reinforcement for Concrete Structures, London, 1995.

[211] MUKBERJEE A, ARWIKAR S. Performance of Glass Fiber-reinforced Polymer Reinforcing Bars in Tropical Environments-

Part Ⅱ: Microstructural tests [J]. ACI Structural Journal, 2005, 102 (6): 632.

[212] YANG W R, HE X J, DAI L. Fracture Performance of GFRP Bars Embedded in Concrete Beams with Cracks in an Alkaline Environment [J]. Journal of Composites for Construction, 2016, 20 (6): 04016040.

[213] NANNI A, LIU J. Modeling of Bond Behavior of Hybrid Rods for Concrete Reinforcement [J]. Structure Engineering Mechanics, 1997, 5 (4): 355-368.

[214] BAKIS C E, OSPINA C E, BRADBERRY T E, et al. Evaluation of Crack Widths in Concrete Flexural Members Reinforced with FRP Bars [C]. Proceedings of the 3th International Conference on FRP Composites in Civil Engineering, Florida, 2006.

[215] 陈培霞. 碱环境下GFRP筋粘结性能宏细观研究 [D]. 武汉: 武汉科技大学, 2019.

[216] KARBHARI V M, ENGINEER M, Eckelii D A. On the Durability of Composite Rehabilitation Schemes for Concrete: Use of a peel test [J]. Journal Material Science, 1997, 32 (1): 147-156.

[217] TÄLJSTEN B. Strengthening of concrete prisms using the platebonding technique [J]. Internatio-nal Journal Fracture, 1996, 82 (3): 253-266.

[218] SAVOIA M, FERRACUTI B, MAZZOTTI C. Non Linear Bond-slip Law for FRP-concrete Interface [C]. Proc., of the Sixth Int. Symposium on FRP Reinforcement for Concrete Structures (FRPRCS), World Scientific, Singapore, 2003.

[219] 郝庆多. GFRP/钢绞线复合筋混凝土梁力学性能及设计方法 [D]. 哈尔滨: 哈尔滨工业大学, 2009.

[220] 王召. FRP筋混凝土界面粘结性能的研究 [D]. 大连: 大连理工大学, 2015.

[221] 高丹盈, BRAHIM B. 纤维聚合物筋与混凝土粘结性能的影响因素 [J]. 工业建筑, 2001, 31 (2): 9-14.

[222] 郭恒宁. FRP筋与混凝土粘结锚固性能的试验研究和理论分析 [D]. 南京: 东南大学, 2006.

[223] Al-ZAHRANI M M, Al-DULAIJAN S U, NANNI A, et al. Evaluation of Bond using FRP Rods with Axisymmetric Deformations [J]. Construction and Building Materials, 1999, 13 (6): 299-309.

[224] 朱浮声, 张海霞. FRP筋与混凝土粘结滑移力学性能研究综述 [J]. 混凝土, 2006 (2): 12-15.

[225] GE W J, ZHANG J W, CAO D F, et al. Flexural Behaviors of Hybrid Concrete Beams Reinforced with BFRP Bars and Steel Bars [J]. Construction and Building Materials, 2015, 87 (1): 28-37.

[226] PECCE M, MANFREDI G, COSENZA E. Experimental Response and Code Models of GFRP RC Beams in Bending [J]. Journal of Composites for Construction, 2000, 4 (4): 182-190.

[227] YOST J R, GROSS S P, DINEHART D W. Effective Moment of Inertia for Glass Fiber-reinforced Polymer-reinforced Concrete Beams [J]. ACI Structural Journal, 2003, 100 (6): 732-739.

[228] SILVA M, CIDADE M, BISCAIA H, et al. Composites and FRP-Strengthened Beams Subjected to Dry/Wet and Salt Fog Cycles [J]. Journal of Materials in Civil Engineering, 2014, 26 (12): 04014092.

[229] ADAM M A, SAID M, MAHMOUD A A, et al. Analytical and Experimental Flexural Behavior of Concrete Beams Reinforced with Glass Fiber Reinforced Polymers Bars [J]. Construction and Building Materials, 2015, 84 (2): 354-366.

[230] KARA I F, ASFOUR A F, KÖROĞLU M A. Flexural Behavior of Hybrid FRP/steel Reinforced Concrete Beams [J]. Composite Structures, 2015, 129 (2): 111-121.

[231] SAFAN M A. Flexural Behavior and Design of Steel-GFRP Reinforced Concrete Beams [J]. ACI Material Journal, 2013, 110 (6): 677-685.

[232] DUNDAR C, TANRIKULU A K, FROSCH R J. Prediction of Load-deflection Behavior of Multi-span FRP and Steel Reinforced Concrete Beams [J]. Composite Structures, 2015, 132 (3): 680-693.

[233] JAKUBOVSKIS R, KAKLAUSKAS G, GRIBNIAK V, et al. Serviceability Analysis of Concrete Beams with Different Arrangements of GFRP Bars in the Tensile Zone [J]. Journal Composite Construction, 2014, 18 (5): 3049-3060.

[234] 蔺新艳, 曹双寅, 黄凤霞. FRP加固钢筋混凝土构件裂缝研究进展与探讨 [J]. 工程抗震与加固改造, 2007, 29 (2): 59-62.

[235] WU Z S, YIN J. Fracturing Behaviors of FRP-strengthened Concrete Structures [J]. Engineering Fracture Mechanics, 2003, 70 (10): 1339-1355.

[236] YUAN H, WU Z S, Yoshizawa H. Theoretical Solutions on Interfacial Stress Transfer of Externally Bonded Steel/composite Laminates [J]. Journal of Structural Mechanics and Earthquake Engineering, 2001, 675 (1): 27-39.

［237］ GAO B, RUBBER K J, LEUNG C K Y. Experimental Study on RC Beams Modified Resins ［J］. Composites Science and with FRP strips bonded with Technology, 2004, 64（16）: 2557-2564.

［238］ LU X Z, YE L P, TENG J G, et al. Meso-scale Finite Element Model for FRP Sheets/plates Bonded to Concrete ［J］. Engineering Structures, 2005, 27（4）: 564-575.

［239］ SELMAN E, GHIAMI A, ALVER N. Study of Fracture Evolution in FRP-strengthened Reinforced Concrete Beam under Cyclic Load by Acoustic Emission Technique: An Integrated Mechanical-acoustic Energy Approach ［J］. Construction and Building Materials, 2015, 95（3）: 832-841.

［240］ ACHINTHA M, BURGOYNE C. Fracture Energy of the Concrete-FRP Interface in Strengthened Beams ［J］. Engineering Fracture Mechanics, 2013, 110（3）: 38-51.

［241］ ZIDANI B, BELAKHDAR K, TOUNSI A, et al. Finite Element Analysis of Initially Damaged Beams Repaired with FRP Plates ［J］. Composite Structures, 2015, 134（2）: 429-439.

［242］ 陈瑛, 乔丕忠, 姜弘道, 等. FRP-混凝土三点受弯梁损伤粘结模型有限元分析 ［J］. 工程力学, 2008（3）: 120-125, 131.

［243］ 杨树桐. 基于断裂力学的钢筋、FRP 与混凝土界面力学特性研究 ［D］. 大连: 大连理工大学, 2008.

［244］ 易富民. CFRP 加固带缝混凝土梁的断裂特性 ［D］. 大连: 大连理工大学, 2010.

［245］ 何小兵, 郭晓博, 李亚, 等. GFRP/CFRP 混杂加固混凝土梁阻裂增强机理 ［J］. 华中科技大学学报（自然科学版）, 2014（1）: 78-83.

［246］ 夏晓舟. 混凝土细观数值仿真及宏细观力学研究 ［D］. 南京: 河海大学, 2007.

［247］ 张其云. 混凝土随机损伤本构关系研究 ［D］. 上海: 同济大学, 2001.

［248］ BASISTA M. Micromechanical and Lattice Modeling of Brittle Damage ［D］. Warszawa: Praca Habilitacyjna, 2001.

［249］ CHEN G M, CHEN J F, TENG J G. On the Finite Element Modelling of RC Beams Shear-strengthened with FRP ［J］. Construction and Building Materials, 2012, 32（2）: 13-26.

［250］ 梁利利. FRP 筋混凝土梁受弯性能分析和数值模拟 ［D］. 西安: 西安建筑科技大学, 2011.

［251］ 王硕. CFRP 加固带裂纹混凝土梁的断裂力学分析 ［D］. 太原: 太原科技大学, 2015.

［252］ 沈培锋. 配筋率对混凝土断裂参数的影响 ［J］. 防灾减灾工程学报, 2013（2）: 235-240.

［253］ 金丰年, 蒋美蓉, 高小玲. 基于能量耗散定义损伤变量的方法 ［J］. 岩石力学与工程学报, 2004（12）: 1976-1980.

［254］ American Concrete Institute. Guide for the Design and Construction of Structural Concrete Reinforced with Fiber-reinforced Polymer（FRP）Bars: ACI 440. 1R-15 ［S］. Farmington Hills, American Concrete Inst., 2015.

［255］ 李乔. 混凝土结构设计原理 ［M］. 北京: 中国铁道出版社, 2013.

［256］ 张志春. 结构新型热固性 FRP 复合筋及其性能 ［D］. 哈尔滨: 哈尔滨工业大学, 2008.

［257］ TANNOUS F E, SAADATMANESH H. Durability of AR Glass Fiber Reinforced Plastic Bars ［J］. Journal of Composites For Construction, 1999, 3（1）: 11-19.

［258］ 田莉莉, 刘道新. 温度和应力对碳纤维环氧复合材料吸湿行为的影响 ［J］. 玻璃钢/复合材料, 2006（5）: 14-18.

［259］ 吕海宝. 玻璃钢在海洋环境下的腐蚀机制和性能演变规律 ［D］. 哈尔滨: 哈尔滨工业大学, 2006.

［260］ BANK L, GENTRY T R, THOMPSON B P, et al. A Model Specification for FRP Composites for Civil Engineering Structures ［J］. Construction and Building Materials, 2003, 17（3）: 405-437.

［261］ MALVAR L J. Bond Stress-Slip Characteristics of FRP Rebar ［C］. California: Report TR-2013-SHR, Naval facilities Engineering Service Center, 1994.

［262］ ELIGEHAUSER R, POROV E P, BERTERO V V. Local Bond stress-slip relationships of deformed bars under gheneralized excitations ［D］. Stuttgart: Uni Stuttgart-Universitätsbibliothek, 1982.

［263］ COSENZA E, MANFREDI G, REALLFONZO R. Analytical Modeling of Bond Between FRP Reinforcing Bars and Concrete ［C］. Ghent Proc., 2nd Int. RILEM Symp.（FRPRCS-2）, 1995.

［264］ KATZ A. Bond mechanism of FRP rebars to concrete ［J］. Materials and Structures, 1999, 32（10）: 761-768.

［265］ FAORO M, Bearing and Deformation Behaviour of Structural Components with Reinforcements Comprising Resin Bounded

Glass Fibre Bars and Conventional Ribbed Steel Bars [J]. Proc. Int. Conf. on Bond in concrete. 1992, 21 (2): 113-128.

[266] TIGHIOUAR B, BENMOKRANE B, GAO D. Investigation of Bond in Concrete Member with Fiber Reinforced Polymer (FRP) bars [J]. Construction and Building Materials, 1998, 12 (8): 453-462.

[267] KLAMER E L, HORDIJK D A, HERMES M C J. The influence of temperature on RC beams strengrhened with externaly bonded CFRP reinforcement [J]. Indian Concrete Journal, 2008, 53 (3): 58-66.

[268] 任慧韬, 胡安妮, 赵国藩. 纤维增强塑料与混凝土粘结抗冻融性能研究 [J]. 大连理工大学学报, 2003, 43 (4): 495-499.

[269] 周长东. GFRP筋增强混凝土结构抗火性能研究 [D]. 上海: 同济大学, 2005.

[270] 姚晨纯. 海洋潮汐作用下纤维筋与混凝土粘结性能试验研究 [D]. 杭州: 浙江大学, 2013.

[271] 陈剑. GFRP筋与纤维混凝土粘结滑移试验研究 [D]. 大连: 大连理工大学, 2007.

[272] 薛伟辰, 刘华杰, 王小辉. 新型FRP筋粘结性能研究 [J]. 建筑结构学报, 2004, 25 (2): 104-123.

[273] 郑乔文, 薛伟辰. 黏砂变形GFRP筋的粘结滑移本构关系 [J]. 工程力学, 2008 (9): 162-169.

[274] ZAFAR A, ANDRAWES B. Experimental Flexural Behavior of SMA-FRP Reinforced Concrete Beam [J]. Frontiers of Structural and Civil Engineering, 2013, 7 (4): 341-355.

[275] ZOU Y, HUCKELBRIDGE A. Experimental Analysis of Crack Growth in GFRP Reinfored Concrete [J]. Journal of Bridge Engineering, 2014, 12 (2): 246-255.

[276] Fib-International Federation. Fib Model Code for Concrete Structures: CEB-FIP 2010 [S]. Lausanne: DCC Document Competence Certer Siegmar kästl e. k. , 2010.

[277] 徐振华. 钢筋混凝土受弯构件长期裂缝机理分析 [D]. 长沙: 中南大学, 2012.

[278] 赵英策, 高鹏, 徐嵩基. 混凝土裂缝产生机理、分类与成因综述 [J]. 工程与建设, 2006 (5): 407-409.

[279] BISHCHOFF P H. Reevaluation of Deflection Prediction for Concrete Beams Reinforced with Steel and Fiber Reinforced Polymer Bars [J]. Journal of Structural Engineering, 2005, 131: 752-767.

[280] 张耀, 曹小平, 王春芬, 等. 材料力学 [M]. 北京: 清华大学出版社, 2015.

[281] 陈肇元, 崔京浩, 朱金铨, 等. 钢筋混凝土裂缝机理与控制措施 [J]. 工程力学, 2006 (S1): 86-107.

[282] 张鹏, 薛伟辰, 李冰, 等. FRP筋混凝土梁裂缝控制验算方法的研究 [J]. 武汉理工大学学报, 2007 (7): 89-91.